JN186238

# 村上陽一郎の科学論

## 批判と応答

柿原 泰・加藤茂生・川田 勝 編

村上陽一郎
小川眞里子　小松美彦
坂野　徹　瀬戸一夫
高橋憲一　塚原東吾
成定　薫　野家啓一
橋本毅彦　横山輝雄

新曜社

# 序文

科学史・科学哲学という新興の学問に身を投じてから約半世紀、村上陽一郎は、疑いなく、科学をめぐる議論の幅広い領野において、日本のオピニオン・リーダーの一人であり続けてきた。村上は、一九六八年に『日本近代科学の歩み――西欧と日本の接点』、一九七一年に『西欧近代科学――その自然観の歴史と構造』と、日本近代科学と西欧近代科学をそれぞれ広く射程に入れた書物を相次いで書き下ろし、日本における科学論研究の最前線に躍り出た。以降、村上は、科学史と哲学の融合を目指し、それまでもその後も村上一人にしかできないような、分野の垣根を越えて縦横に横断する独自な科学史・科学哲学研究を展開した。七〇年代から八〇年代にかけては、N・R・ハンソンや、P・K・ファイヤアーベントなどの「新科学哲学」を積極的に紹介して、科学論に新風を吹き込むとともに、日本におけるそれまでの常識的な科学観を一変させた。九〇年代以降は、日本のＳＴＳ（科学技術社会論）の主唱者として、現代社会における科学・技術をめぐる問題に、新しい視点から切り込み、「安全学」という新たな学問分野を提唱し、主導した。

このように科学論の幅広い分野で、アカデミズムの枠を越えて刺激的な議論を長く展開してきた村上には、従来から、有形無形の多くの共感と、またそれと同時に、批判が寄せられてきた。それらは、表層的な共感・批判から、村上の思想に深く食い込むものまで、広いスペクトラムを構成していようが、村上の思想を批判的に検討しておくことは、これまでの科学論が何であったのかを探り、そして今後の科学論のゆくえを展望するために重要な意味を持つだろう。アカデミズムの内部に留まらず、実践世界での日常性に強く影響を与える場所に位置してきた村上の幅広い議論を検討することを通じて、科学論の来し方行く末に思いを巡らせ、われわれが村上の思索をいかに批判的に継承すべきかを考察し、そしてそれを世に問うことは枢要なことに相違ない。このように考えて本書は企画された。

ここで、村上の科学論の全体を、主要な著書を中心にして、本書の諸論文との関連についても言及しつつ、簡単に紹介しよう。

村上の最初の単著は、先述した、日本科学史論である『日本近代科学の歩み』だが、科学史と哲学の融合を図る村上の方法論が初めて全面的に展開されたのは、本書の野家論文、坂野論文などが扱っている『西欧近代科学』だと言えよう。H・バターフィールドを嚆矢として、西欧近代科学は十七世紀のいわゆる「科学革命」を中心に描かれることが多い。村上のこの本もその点では軌を一にしている。しかし、村上は、科学は客観的・普遍的存在ではなく、西欧近代という文化圏で歴史的に選びとられた一つの文化現象であるとして、科学を相対化する主張を強く打ち出した。近代科学とそれを生み出した文化との関係という点においては、村上は、多くの論考で、科学革命期のヨーロッパの知識人の知識追究の営みには、神の意志の理解という目的があったと論じ、科学とキリスト教が対立していたという誤解を解き、キリスト教文化のなかに科学が生まれたことの持つ様々な特徴を論ずることに努めた。その主張は、『科学・哲学・信仰』（一九七七年）や『新しい科学論——「事実」は理論をたおせるか』（一九七九年）などのコンパクトな書物で明解に論じられ、とりわけ、ときに現在もなお書店で平積みにされている様子が見受けられる後者で広く世に知られることとなった。

本書の高橋論文や川田論文などによると、科学革命期におけるコスモロジーに包括された科学が「神・人間・自然」という三層構造に基づいているのに対し、現在の科学は「人間・自然」という二層構造に基づいている。そのように知識生産の構造から神が脱落する変化を「聖俗革命」と村上が名づけて論じたのが、『近代科学と聖俗革命』（一九七六年）である。聖俗革命論は村上科学史における非常に特徴的な議論なのだが、本書の高橋論文は、それに対し、村上が科学革命期をキリスト教色で染め上げすぎていると厳しく批判している。さらに、小川論文はイギリス科学史の視点から、川田論文は日常的宗教という観点から、それぞれ聖俗革命論に鋭く切り込んでいる。

村上はその後、聖俗革命論をさらに拡大し、ギリシア・ローマ・アラビアの知識が西欧のキリスト教文化と結合し始める十二世紀から、知識がキリスト教から離脱しようとする十八世紀の聖俗革命までを、「大ルネサンス」と称して西欧の知識の歴史を時代区分する、斬新で壮大な歴史観を『新しい科学史の見方』（一九九七年）で提示した。

さらに、村上は『文化としての科学／技術』（二〇〇一年）において、聖俗革命以後に誕生した科学をプロトタイプの科学と名づけ、二十世紀半ばにはネオタイプの科学が生まれたとし、現代まで視野に入れた広いパースペクティヴによる科学史像を示している。本書の柿原論文は、これらの科学の諸タイプについて検討を加え、それぞれに対する村上の評価について問いを立てている。

このような村上科学史におけるビッグ・ピクチャーを、結果として生み出すこととなった村上の歴史記述の方法論は、『科学史の逆遠近法――ルネサンスの再評価』（一九八二年）で論じられている。村上は、歴史を現在の視点から遡及して解釈する勝利者史観も、その逆の行き過ぎをも斥け、歴史を「正面向き」に眺めることを提唱した。そして、その方法を用いて、ルネサンスを古代思想とキリスト教との「錬金術的アマルガメーション」としてとらえている。この村上の歴史記述の方法を徹底することは可能なのか、と歴史哲学の視点から問うているのが本書の野家論文である。また、横山論文は科学哲学の観点から、村上の科学史記述の方法について、村上の科学観の変化と関連させて論じている。そして、坂野論文では、『日本近代科学の歩み』『西欧近代科学』『近代科学と聖俗革命』『科学史の逆遠近法』という四冊の著作を対象として、村上の歴史記述の困難さについて、厳しい指摘が行われている。

科学が、それを包括する文化に依存するという村上の基本的な科学史観が、一九七一年に村上が翻訳したN・R・ハンソンの『科学理論はいかにして生まれるか』や、T・クーンの『科学革命の構造』の科学論に部分的に支えられるものであったことは、論文集『近代科学を超えて』（一九七四年）で告白されている。哲学的色彩が濃い『近代科学を超えて』では、事実が理論に依存すること、さらに科学のパラダイムが特定の文化圏の価値観、世界観にまで遡り得ることが論じられた。その議論は、本書の加藤論文が検討しているように、「新しい神学」という村上の特異な提案へとつながっている。「新しい神学」を含め、信仰と科学の関係については『科学・哲学・信仰』で歴史的かつ哲学的視点から論じられている。

村上は、科学と、文化や信仰といった比較的マクロな視点から見た文脈との関係だけでなく、よりミクロな人間の日常性の文脈と科学の文脈との関係についても、特に日常言語と理論言語の相違に注意を払いつつ『科学と日常性の文脈』（一九七九年）で論じている。本書の瀬戸論文は、主に『科学と日常性の文脈』の検討を通じて、日常的な知識と科学的な知識の関係を含む村上の知識構造モデルについて論じており、知識論として高いオリジナリティーを誇っている。

過去を現在の規準で裁断せず、過去は過去の文脈において理解するという村上科学史の方法論は、「理論の共約不可能性」という科学哲学のテーゼと共通する部分がある。科学理論が文脈に依存し、それぞれの理論が共約不可能であるならば、理論変化はいかにして起こるのか。一九七〇年代の終わりから、村上の考察には理論変化への関心が色濃く現れてくる。その取り組みの結果が『科学と日常性の文脈』、『科学のダイナミックス――理論転換の新しいモデル』（一九八〇年）、論文集『歴史としての科学』（一九八三年）に結実している。本書の橋本論文は、「科学理論」よりもむしろ「科学活動」に光をあてる最新の科学論の観点から、『歴史としての科学』に収録された「理論の共約不可能性」に関する論文を批判的に論じている。ほぼ同時期、村上は『方法への挑戦――科学的創造と知のアナーキズム』（一九八一年）、『自由人のための知――科学論の解体へ』（一九八二年）など、科学哲学者ファイヤアーベントのラディカルな相対主義的科学論を日本に紹介し、日本における「新科学哲学」の流行を生み出した。

一九八〇年代後半から九〇年代にかけて、村上の論考には医療論や生命論が増加する。『生と死への眼差し』（一九九三年）、日本の近代医療史である『医療――高齢社会に向かって』（一九九六年）、『生命を語る視座――先端医療が問いかけること』（二〇〇二年）などが医療・生命論の主な著書である。本書でしばしば村上が言及しているように、基礎医学研究者を父に持つ村上は医学に興味を持っていた。本書の小松論文は、村上の医療・生命論に敬意を払いつつ、村上の人間観・存在観にまで及ぶ考察を深く掘り進めている。

また、一九九〇年代以降、村上は科学・技術と社会の関係に関する考察へと傾斜を強めていく。その変化については、本書の横山論文と柿原論文で分析が行われている。著書としては、同年に出された『文明のなかの科学』(一九九四年)、『科学者とは何か』(一九九四年)が充実した好著である。前者はこれまでの村上科学史論を整理した上で、文明論にまで議論を及ばせており、「(機能的)寛容」という重要な概念も提出されている。『科学者とは何か』では科学者の行動様式が科学社会学の視角から分析され、科学者が科学者共同体の外部に対して責任をとることとの重要性が論じられている。本書の塚原論文は、上記の二作に対し、社会思想的観点から、愛情を込めた批判を行っている。

さらに、村上は、一九九八年に日本で行われたSTS国際会議の組織委員長を務めるなど、日本のSTSの成長を支えた。そして、『安全学』(一九九八年)、『科学・技術と社会――文・理を越える新しい科学・技術論』(一九九九年)、『科学の現在を問う』(二〇〇〇年)、『安全学の現在』(二〇〇三年)、『安全と安心の科学』(二〇〇五年)など科学技術倫理や科学・技術と社会に関わる書籍を相次いで著した。また、政府の諮問委員会などの要職も歴任した。本書の成定論文は、村上の年来の主張ならびに『安全学』を高く評価した上で、村上の原子力発電に関する言説に鋭い批判の矢を放っている。

本書は、P・A・シルプ編の『生きている哲学者』シリーズ(*Library of Living Philosophers*, 一九四一年――）、および、野家啓一編『哲学の迷路――大森哲学 批判と応答』（産業図書、一九八四年）を参考にして、村上の学問的自伝、村上への批判論文、村上の応答、という構成をとっている。村上への批判論文は、ややエッセイ風で読みやすい「村上科学論への誘《いざな》い」の三本と、学術論文形式の一〇本からなる。それぞれの内容の重複を厳密に排除することはせず、全体としてなるべく村上科学論を幅広くカバーするよう意図した。とはいえ、じゅうぶん扱えなかった領域も残されている。

本書が扱う範囲の説明と、それに関連する、本書の成立の経緯について述べておく。そもそも本書は、村上の学生だった柿原泰、加藤茂生、川田勝（イニシャルが全員Kなので、３Kと自称していた）によって、一九九〇年代後半に構想された。一九九〇年代半ばに、科学史を専攻する大学院生だった三人は、村上の新著の合評会を何度か企画し、村上の胸を借りながら、科学史・科学論における議論の活性化に繋げようとし、また村上が一九九五年に東京大学を退職する機会に、やや大きめの合評会を主催したことを契機にして、本書を構想した。その当時、まだ日本のＳＴＳは草創期であり、村上の科学・技術と社会に関する考察にもその後の新たな展開が予想されたため、本書ではＳＴＳ関連の著作は中心的にはとりあげないこととした。村上に対して建設的かつ徹底した批判を行うため、執筆者の選定に際しては、村上と非常に近い人物はあえて避けるように配慮し、結果として本書の陣容に落ち着いた。かつて村上の学生だったことがある執筆者も多いが、学問的議論を行うマナーに則り、あえて「村上先生」と敬称をつけて記すことは避けることとした。

しかし、村上の学問を最も強く継承しており、企画の中心であった川田が一九九九年に不慮の病を得て、半身不随で寝たきりになるなどのアクシデントに見舞われ、企画の実現には長い時間がかかることとなった。今初めて企画を立てるとしたら、本書の扱う範囲も違うものになっただろうが、編者の力不足で、企画の大幅な修正はかなわなかった。最終的に、二〇〇八年三月に行った村上の国際基督教大学退職を記念したシンポジウムの記録を基礎として、本書は構成されることとなった。ただ、残念ながら、事情により、シンポジウムでお話しいただいた方全員の御論考を本書に掲載するには至らなかった。

遅々として編集作業が進まない編者に、愛想を尽かさず、長年辛抱強くつきあっていただいた各執筆者には、心底感謝している。この企画を新曜社に持ち込んだとき、「ぜひ当社で出版しましょう」と、まだ学生だった我々を励ましてくださった元社長の堀江洪氏は残念ながら鬼籍に入られてしまったが、同社編集部の渦岡謙一氏と髙橋直樹氏は、実務に不慣れな編者を大いに助けてくださった。心からお礼を申し上げたい。そしてなにより、自らへの批判が意図される書物の企画を、大きな心で受け止めて、当初から全面的に協力していただいた村上には、感謝の言葉も無い。

二〇一四年一月十三日に川田が亡くなったことは、加藤、柿原にとって、半身がもがれたような苦痛であり続けている。川田の生前に本書を完成できなかったことが強く悔やまれる。本書を、天の、川田勝に捧げたい。

二〇一六年十月

編者

# 村上陽一郎の科学論　批判と応答——目次

装幀——難波園子

## 凡例

・本文中での村上陽一郎の著書の書誌情報は、原則として、省略した。巻末の主要著作リストに記載されている。

・引用文中での引用者の注記は、〔　〕で括って表記した。

# 学問的自伝

村上陽一郎

## はじめに

本書の企画が擬《なぞら》えようとしている、アメリカの「生きている哲学者」シリーズでは、寄せられた多くの批判に対して、当該の哲学者が応答する方法の一端として、当人の知的自叙伝とでも呼ぶべき文章が綴られることが多い。なかにはそこだけ独立させて一冊の書物に造られる例もある。もとより、あのシリーズで扱われてきた諸哲学者に、自らを並べようとするような不遜な倨傲は、私からは最も遠いものだが、単なる方法論としてここでも踏襲することをお許し戴きたい。なお「批判」という言葉は、通常はネガティヴな意味で使われる〈ヨーロッパ語の世界でも、例えば英語の〈critique〉に関して、現在はその傾向が強いようだ〉が、元になったギリシャ語の原意では、「判断」に近い〈この言葉にも〈判〉が含まれている〉。業績稼ぎには一文にもならないこの企画に、寄せて下さった熱心な論稿の中には、もとより厳しい批判もあるが、それも本来の「批判」を逸脱したものとはならず、最初にその点を深く感謝しておきたい。なお、この文章は、本書の性格上、基本的には科学史・科学哲学の世界の内部を扱っている。ただ、僅かなりと、一般の読者がおられるかもしれないことを考慮して、内部の人間には冗長と思われるような書き方も取り入れていることを、お断りしておく。

### 一　生い立ち

自叙伝的記述と言っても、すでに私は『私のお気に入り』（二〇一二年）で、気ままな書きようではあるが、それを果たしている。ここでは、重複をできるだけ避けながら、私の知的遍歴の前提となることがらを述べて置きたい。
私は、昭和一一(一九三六)年、東京上原の借家で生まれた。父は東京帝国大学医学部を出て、恒産に恵まれなかったために、研究室には残らず、海軍軍医として生きていた時代のことである。母は関西生まれ、事情があって、若いころは住まいを転々としていたようだが、名古屋の高等女学校を卒業し、上京の後、彼女の兄と第一高等学校で同窓であった父と結婚した。父は明治三四(一九〇一)年静岡の産、母は明治三七(一九〇四)年大阪生まれであった。私の三歳上(学齢では四歳上になる)に姉が一人いた。

父は、いわゆる「一中・一高・帝大」というコースを辿った典型的な大正教養人で、医学部では病理学を専攻し、海軍軍医に任官してから、依託学生として古巣の病理教室で、糖尿腎をテーマとした論文で学位を得た。その際いわゆる恩賜の銀時計を戴いている。息子の欲目だけではないと思うが、緻密な頭脳としっかりした観察眼を持ち、しかも、優れた表現力を示した人間だった。後に、私が山梨医科大学に非常勤講師として通っていたときに、知遇を得た病理学の教授が、わざわざ病理学会誌に掲載された父の学位論文のコピーを送って下さり、発表された時点では、国際的に評価さるべき新しい知見を幾つか含んでいたというコメントを戴いた。ただ父は温厚で内向的な人柄で、野心家からはほど遠く、海軍では、紀元二千六百年奉祝の観艦式の際は、臨時の連合艦隊軍医長などを務めたことからも判るように、軽視されていたわけではなかったにせよ、野心のなさから昇進は遅れがちで、中佐時代が異様に長く、敗戦時には軍医大佐で終わっている。

母は十人近い兄弟妹の間で育った(母は長女であった)関西の元資産家の娘で、彼女の代には、家は傾きがちだった。長男・長女と言えば、おっとりとしたのんびり屋というのが通例かもしれないが、母はどちらかと言えば勝気で、芯の強い人だった。早くに父親がさる事情から出奔したため、母親（私にとっての祖母）と、第三高等学校から東京帝国大学法学部を経て官職についた長兄（私の父と高校で同期だったのは次兄で、同じ大学の農学部で当時最先端であったウィルス学を専攻し、後に国際的に活動するようになり、国際ウィルス学会の会長も務め、日本生物科学研究所を設立した研究者であった）とが作る家族の一員として、東京に居を構えるようになった。

**生物《いきもの》への関心**

父は、顕鏡下の映像を描図化するという、病理の基礎的能力の賜物だったのか、スケッチの能力に優れ、私の小学校時代、夏休みの宿題で、動物や植物の生態観察などでは、記録のための色鉛筆での描図作りに、何時も見事なお手本を示してくれた。二年生のとき、蚕を飼育して、卵から幼虫、蛹化（繭造り）そして羽化の観察記録を造ったが、捨てられずに最近まで残っていた。こうして生物への関心は、父に育てられたのだと思うが、普通の少年時代の通例でもあって、敗戦後の小学校高学年では、昆虫採集に夢中になった。

今は品川の方に移転したようだが、渋谷の宮益坂に志賀昆虫社というのがあって、昆虫採集のためのあらゆる道具や装備を売っていた。お小遣いを貰う習慣のなかった私は、そこへ行く時だけは、母からしかるべき金子を貰って、一人で出かけるのを許されていた。ただ、私の昆虫採集は、カブトムシやクワガタではなく、また美麗な種が多い蝶類でもなく、普通は人々が触れたがらない蛾が対象であった。オホミズアヲのたおやかな美しさに恍惚とし、キイロスズメやベニガラスズメのような天蛾（スズメガ）類の機能美に憧れ、とりわけクチナシに幼虫が寄生するオホスカシバには、ほとんど畏敬の念さえ覚えた。このホウジャク類にしては大型の蛾は、蛾の常識を超えるもので、翅はスカシバの名前の通りセミのそれのように透き通っており、しかも夜分灯火を慕うのではなく、日盛りに花の蜜を吸いに飛来する。蛹の背を破って羽化するときには、普通の蛾と同じように翅には鱗粉が着いており、縮んだ翅を伸ばしていく際に、それが振い落とされてしまうのである。この有様を幼虫から観察したときには、大げさに聞こえるかもしれないが、背筋に戦慄を覚えたものである。

子供の足でも十分ほどのところに、井の頭公園があったせいもあり、[*] 幼虫や成虫の採取には、極めて恵まれていたので、昼夜を分かたずの採集、あるいは幼虫の飼育器での飼育、展翅板を使っての成虫の標本造り、展翅形を修正するための軟化作業など、中学三年まで、趣味の段階を超えるほど励んでいた。中学二年の際に三つの標本箱を夏休みの課題として提出して、何か賞を戴いたような記憶がある。今でも、世界最大の蛾ヨナクニサン（与那国蚕）の飛翔する姿に出会えたら、どんなに幸せだろう、と夢想することがある。

＊　当時私の座右にあった、松村松年校閲、平山修次郎著『原色千種昆虫圖譜』（正續二巻、三省堂、一九三七年）は私にとって聖書のような存在だったが、掲載されている昆虫（無論蛾ばかりではない）標本写真のうち八割近くが「東京井の頭産」と表記されている。また著者の平山氏の昆虫記念館が井の頭公園の一角にあって（今はない）、何度も繰り返し訪れている。つまり、井の頭公園は昆虫採集のメッカであった。なお、上記の図譜集は手塚治虫の愛読書でもあり、彼が、ペンネームで、本名の治に「虫」を加えたのは、その影響だと

伝えられる。

## 教育環境

母は、琴や小鼓などの習い事にも、それなりの才能を示したようだが、結婚した相手が、かなりリゴリスティックな人間だったせいで、若いころに手ほどきを受けたはずの三絃は、私たちの前では決して手にとらなかった。その点父は妙な潔癖感を持った人で、三絃は花柳界（という言葉も死語に近いが）のもの、と思い込んでいたようだ。母は、筆でもペンや鉛筆でも、字の上手な人で、今私が曲がりなりにも、ある程度まともな字が書けるのは、母のお蔭である。平仮名を教えるときに、必ず元になった漢字を先ず書かせる、というような方法を使っていた。もう一つ、年上の姉がいたことは、私にとっては幸運で、何をすれば親が怒るか、何をすれば親の気に入るか、つまり躾や行動規範の上での先達であったばかりでなく、字を覚えるとか、音楽の基本を身に着けるとかいった事柄についても、先行者がいることは、まことに便利であった。私は結局、幼稚園には行かなかった（途中でいじめっ子に会うのが嫌なことも原因の一つだった）が、学校に上がる前には、仮名はもちろん、幾つかの漢字は読み書きができるようになっていたし、歌を歌うことが好きだったせいもあって、音楽的な素養も、それなりに身に着けていた。

親は、最初は講談社の絵本などを与えていたが、多少とも字が読めるようになると、学校に上がる前から、宮沢賢治の童話集（坪田譲治の監修による）を読ませるようになった。『風の又三郎』（羽田書店、一九三九年）は今も書棚にあるが、表題作のほか、珠玉の名品がいくつも含まれており、小学校低学年での私の知的・情緒的な力を育てるための、最も大きな源の一つとなった。

もう一つの大きな源は、これはすでに色々な機会に繰り返し書いてきたことなので、一言で済ませるが、漱石の作品群であった。小学四年生から、父の書棚にあった漱石全集を端から次々に読んでいった。判ったとは言わない。当然だろう。しかし、確かに小学生を馬鹿にすることもできない。最初に気に入ったのは『猫』でも『坊っちゃん』でもなく、『虞美人草』だったことからも判るように、大人の世界、とりわけ男女の世界の一端に、確かに私は踏み込んだ自覚を持ったし、藤尾のように、女のなかにはファム・ファタール的な（無論そんな言葉は夢にも知らなかったが）要素があることを、しっかりと胸の奥に受け止めた思いがあった。宗近君の妹の糸子の可憐さは救いだったが、甲野さんの優柔さや小野さんの「卑怯さ」は、十分自分の中にも認められるものであった。「卑怯」と言えば、『彼岸過迄』の「須永の話」で、高木を巡る陰湿な確執のなかで、市蔵が千代子から受ける激しい面罵の言葉、「あなたは卑怯です、徳義的に卑怯です」は、まるで自分の胸に刺しこまれた刃のように感じられたものだ。

## 初等から中等教育へ

小学校は最寄りの私立の小学校、ミッション・スクールと名乗ってはいないが、キリスト教系の信仰者が教員の間に多く、なかには日曜学校を開いておられる先生もあった。敗戦の年には閉鎖され、父の職場の移動で、神奈川県寒川、長野県松本と疎開めいた移住を重ねたが、同年東京、三鷹の家に戻り、小学校も何とか再開された。中学は豊島師範（現学芸大学）付属を受験したが、仔細あって、失敗。最初の挫折だったかもしれない。公立の中学を探すうちに、千代田区の麹町中学に、区内に寄留の上二年から就学、三年の時は、何の権力意識も持たぬまま生徒会長を務めた。そのまま、同学区内の日比谷高校に入学、父と同窓という形になった。中学では、勉強はオールラウンドにまあまあの成績、倉田百三や阿部次郎らの書物を読む一方で、ドイツ・リートを歌うなど、生意気な生徒だったが、高校へ入ると、そのくらいの水準の生徒は山ほどいて、凡庸な生徒として日々を送ったというのが実感である。

もっとも読書の幅は少し広がって、日本では、九鬼修造、田辺元、西田幾多郎など、欧米系ではM・ウェーバーの『プロテスタンティズムの倫理と資本主義の精神』や、カントの三批判書など、旧制高等学校の生徒の読書レパートリーに近い状態であったのは、やはり父親の無言の導きがあったのだろうか。そう言えば、あまり干渉しなかった父が、有言で読めといったのは、自分のかつて読んだドストイェフスキーの代表的作品、つまり『罪と罰』『カラマーゾフの兄弟』『虐げられし人々』『悪霊』『白痴』、それにT・マンの『魔の山』だった。そのほか、当時ようやく出版状況が上向いて、新潮社がいち早く世界文学全集を出し始め、父は発売ごとに毎回買ってきては何も言わずに私の机の上に置いてくれた。マンの『選ばれし人』、D・H・ローレンスの『虹』、J・ロマンの『プシケ』などがあった。さらにはM・デュ・ガールの『チボー家の人々』や吉川英治の『新平家物語』のような長尺ものも、黙って買ってくれた。

戦前は軍医学校の教官としての研究・教育の時間が長かった父は、戦後、職業軍人ということで、一も二もなく連合軍によって公職追放（パージ）になり、生活の資を失った父は、健康を損ないながら、辛うじて自宅で患者を診たり、小さな診療所に務めたりしていたから、決して経済状態は豊かではなかったはずだ。しかし書物に関しては、子供に一切不自由をさせないつもりだったのだろう。その父は私が高校三年生の暮れも押し詰まった三十日の夜、貧しいラジオから流れる「第九」を聞きながら世を去った。

## 高校では

高校での私は、こいつには敵わない、と思える級友が何人かいたこともあって、自ら凡庸の自覚はあったが、さりとて、学力で大学への進学を諦めるなどという選択肢は、およそなかった。当然の目標となっていた東大は、当時文科系、理科系ともに二類ずつ、生物が嫌いではなかったし、成績も悪くはなかったことと、病理の医師（晩年はやむを得ず細ぼそと、臨床医を務めたが）であった父親の背中も誘っていたので、医学部進学課程に相当する理科二類に出願するつもりだった。

もともと引っ込み思案で、複数の仲間と写真を撮るときは、いつも黙って一番後ろに回るような性格の私は、臨床医には向かないと思い、父と同じように、出来れば基礎医学の途に進めれば、という淡い期待をもっていた。ところが、相次いで二つの問題が生じた。一つは、高校二年生の秋の健康診断で、間接撮影のフィルムに影が見つかったことである。健康に不安があって、理学生として徹夜の実験などに耐えられるか。もう一つは、受験直前に生じた父の突然の死である。経済的な先行きの不安も膨れ上がった。そんな混乱のなかで、受験に成功する筈もなく、理科二類に拒絶されたあと、病勢は思いがけず進み、理科系を断念するのにさして決断力は要らなかった。二番目に訪れた挫折である。

## 大学へ

家計の中心を失った後の貧乏物語は、別のところでも書いたから、ここでは省略するが、結局学生生活で最も身体的負担の軽そうな文科二類に、何とか合格したものの、合格後の健康診断で、「命休」つまり大学側の判断による休学、という処置を受けた。一年間の休学の間、激しい焦りや不安に苦しみながら、それでも理科系が諦められ難い状態で、教養学科（教養学部の後期課程）紹介の文書の中に見つけた、文系、理系の学生に平等に開かれている科学史・科学哲学分科という制度は、私にとっては文字通り天上から垂らされた一本の細い糸のように感じられた。カリキュラムの中には、物理、化学、生物学の理論や実験も組み込まれている。私にとって、行く道はここしかないように思われたのだった。

自分のなかで、一応目標を定めたものの、科学史や科学哲学なるものが一体何なのか、それを学んだら行く先はどうなるのか、皆目見当がつかなかった。とにかく、大学のなかに、自分の身を置いてくれるかもしれない場所があった、というささやかな喜びとともに、その方面の啓蒙書らしきものを図書館や本屋で探すことから始めるほかはなかった。そのころ読んだ書物は、G・サートンの『科学史と新ヒューマニズム』、リンゼー編『近代科学のあゆみ』、ヴィーン学団『統一科学論集』などで、前二者はどちらも岩波新書、最後のものは創元科学叢書の一冊である。

こうして、ほとんど何の準備も、具体的な問題意識もないまま、文科二類の学生として点取り虫に徹底したお蔭で、首尾よく教養学科に進学でき、科学史・科学哲学教室の扉を叩いたのである。昭和三〇年代半ばのことであった。

## 二　科学史・科学哲学教室

### 教養学部・教養学科

教養学科、あるいはその上位概念である教養学部そのものが、戦後の学制改革の下で生まれた若い組織である。東大の場合は旧制第一高等学校、それに東京高校などを土台に「学部」として構成されたもので、国立大学では、新設の埼玉大学と並んで、他に例を見ない学部であった。新体制といえども、旧制の大学は残存する。東大の場合それは本郷キャンパスにそっくり残された。従って駒場の教養学部は、新入生すべての教養教育の他に、学部として四年のカリキュラムを組み、卒業生を出さなければならない義務を負う以上、本郷の旧制の学問構成とは重ならないような領域で、教養学科独自のカリキュラムを構築しなければならなかった。国際関係論、文化人類学、地域研究などと並んで、アメリカの大学のなかでは少しずつ認められてきていた学問上の双子（academic twins）である科学史・科学哲学が、一つのデパートメント（分科）として導入された。

戦前の制度からすれば、東京（帝国）大学にない領域は「学問ではない」と考えられていたから、要するに科学史も科学哲学も、制度的には全く新しい学問領域であったと言えよう。内実は、戦前にも、アマチュアリズムのなかで、こうした領域に含まれると考えてよい、優れた仕事がなかったわけではない。例えば唯物論研究会（唯研）出身の小倉金之助、三枝博音、戸坂潤、岡邦雄、本多修郎らは、まさしく科学を巡る哲学的、あるいは歴史的な分析を試みる、という点で、科学史・科学哲学の先達であったと言ってよいだろう。日本科学史学会は昭和一六（一九四一）年に発足している（初代会長は、物理学者の桑木彧雄）ことも、科学史研究は戦前からの歴史があったことを物語っている。ただ、戦前の権力からは弾圧された唯研関係者が主流であったこの学会は、戦後の思想解放の波のなかで、一挙に力を得て、一つの体制として君臨することになったのは、否めない事実である。

**科学史・科学哲学教室——科学史では**

それはともかく、駒場の科学史・科学哲学の教室は、そうした動きとは一線を画していたと言えるだろう。しかし、逆に言えば、私が進学した頃の、とりわけ科学史の分野は、依然としてアマチュアリズムに徹底していた。もっとも、そういうことを言えば、本郷がドイツ流の「学識イデオロギー」（Wissenschaftideologie）、言い替えれば学問のプロフェッショナリズムで固まっていたから、対抗上教養学科全体にアマチュアリズムの風が吹いていた、ということは確かである。そしてある意味で、そのころから何でも屋だった私に、そうした空気は、決して厭わしいものではなかった。

科学史・科学哲学の教室でも、例えば科学史の教授であった木村陽二郎（先生をつけたくなるが、本書ではすべて尊称なしで通す、とのことで、以後も、私にとって恩師に当たる方々もすべて、〈先生〉なしで書く）は、本来植物分類学の大家で、科学史は余技であった。またガリレオの『天文対話』を原著購読（と言っても、邦訳が主であったが）で付き合って下さったのは、物性物理の領域で名高い小野健一であった。曲りなり（失礼！）にも科学史の専門家と呼べる方々は、むしろ学外にあって、平田寛

（彼も本来は古代ギリシャ哲学が専門であった）が早稲田大学から非常勤講師で来講され、あるいは八杉龍一、矢島祐利も非常勤講師として、外部からの招聘者であったことも、その間の事情を物語っている。

そんな私の学生時代に、その後深刻な事件に発展する出来事が起こったことは触れる価値があろう。それは天文学教室のメンバーで、アメリカで科学史の専門教育を受けた中山茂が、科学史・科学哲学のカリキュラムの一つ、天文学史の講義を初めて受け持ったことであった。アメリカ帰りということもあり、磊落な中山の授業は学生だった私にとっても、仲々魅力的であったが、その後彼は天文学教室の深刻なトラブルの源になっていく。というのは当時「講師」の身分であった中山は、同じ天文学教室の助教授だった小尾信彌がアメリカへ研修に赴く補充として、小尾の帰国までの了解で、言わば暫定的な講師の身分であった。ところが、小尾が帰国して、天文学教室や、後には教養学部の責任で、外部の大学の助教授ポストなどを提供しようとしたが、中山はすべて拒否したのだった。科学史・科学哲学教室は、直接このトラブルには関係がないはずであったが、実質上中山の専門が、完全に天文学を離れて科学史に移っていたので、トラブルの結果として、中山の昇進は凍結され、講義担当も外される、というような事情が生まれたとき、科学史の教室も、外部から色々といわれのない中傷を被ることになった（中山は定年間際まで、講師の身分のままで、退職の際のルーティンで助教授として退職している）。法的には中山に分があったのであろうが、大学教師の身の処し方として、考えさせられる例となった。

## 同窓生のキャリア

ところで、そもそも私の前に、同教室から巣立った卒業生は、すでにかなりな数に上っていたが、化学や数学、あるいは生物学や医学の大学院に進んで、それらの固有の分野で専門の研究者として大学でのキャリアを歩んだ人々は何人もあったが、科学史・科学哲学プロパーで大学でのキャリアの途を辿った人は皆無であった。卒業生の活躍が最も顕著だったのはジャーナリズム、新聞や勃興しつつあるテレヴィジョンの世界で、その中心的な役割を果たす人材の宝庫のように受け取られていた。カール・セーガンの訳者としても知られる木村繁は、死後「科学を一面にした男」の異名をもって称えられたが、彼が科学史・科学哲学教室の卒業であることもあって、暫くの間、朝日新聞では、一般募集とは別枠で、教室の卒業者を科学部記者に採用する、という処置をとったほどであった。

科学史（科学哲学でも同じだが）を学ぶことのメリットのなかに、たとえどのような分野に進むにせよ、またそれがアカデミアの世界であれ実社会であれ、広い俯瞰的な視野と、健全な批判的（この語の使い方については、本論の最初で述べた）判断基準を培うことができる、という点がある。こうした考えが、この教室の設立理念のなかにあったことは確かである。

だからこそ、回り道になるにもかかわらず、理系の専門的研究者を目指しながら、直接本郷の専門デパートメントには進まず、教養学科科学史・科学哲学のコースを経由する、というキャリアを辿った人々が何人もあったし、他方実社会でも、戦後の極貧期を経て、ようやく科学・技術の進展が社会を動かす原動力になるという了解が生まれ、社会の様々な場所で、科学・技術に相応の理解のある人材が求められるようになっていた。それはとりわけジャーナリズムにおいて顕著だった、と言える。

もっとも、教養学科の初期の卒業生たちは、就職活動に関しては、大きな困難に等しく出会っている。私は就職活動の経験がないが、先輩や同僚の話を聞くと、私の時代でさえ、企業の人事部の常識に、教養学科などは含まれておらず、募集の際の学部・学科指定からは常に外され（つまり、そもそも応募の基礎資格さえないわけである）、仮に面接まで漕ぎつけても、要するに君の専門は何かね、というような問答のなかで、結局は「法学部出身」「経済学部出身」「工学部出身」などという肩書を持つ応募者が有利を獲得するという事情があったからである。

## 科学史・科学哲学教室——科学哲学では

科学哲学は、当時の国際的状況もあって、論理実証主義とほとんど同義的な扱いを受けていた。従って、論理主義的な立場に基づいて、数学基礎論の入り口や、ヴィトゲンシュタイン研究、あるいはウィーン学団、それが飛び火して当時の哲学界の主軸の一つとなっていたアメリカ哲学などが、主たるテーマであって、少壮助教授（間もなく教授）大森荘蔵を中心に、杖下隆英、論理学担当の末木剛博、外部からは吉田夏彦、永井博、中村秀吉らが非常勤講師を務めていた。

学会としては科学基礎論学会があるが、これは昭和二九（一九五四）年設立だから、それほど古い話ではない。設立メンバーは哲学からは三宅剛一、下村寅太郎、大江精三、物理学からは湯川秀樹、山内恭彦、数学からは末綱恕一、黒田成勝、生物学の丘英通、心理学の高木貞二らで、様々な分野を糾合した形となっている。論理学と関連する数学基礎論を除けば、ここでも一種のアマチュアリズムを見て取ることができる。

教室に戻れば、当然ながら、ここでも科学哲学プロパーでカリキュラムが構成されるのではなく、同じキャンパス内の哲学のセクションの教授たち、例えばドイツ近代哲学の原佑、イギリス近代哲学の山崎正一、古代・中世哲学の井上忠らが、入れ替わり支援のプログラムを組んでいた。そして、助手には、後にこの世界で、稀代の碩学となる伊東俊太郎がいた。しかし、当時の習慣に従って、助手には講義を務める資格がなかったから、学生としての私は、ただその仕事振りを仰ぎ見るだけであった。なお伊東は、私が学生時代に渡米し、ウィスコンシン大学のM・クラーゲットの下で、古代数学史に関連する学位を取得すると同時に、アラビア語の基本を習得し、帰国後は、教室のなかで、イスラム文化圏の科学史上の重要さを、身をもって伝える役割も演じることになった。

なお、本郷との関係は、哲学の分野では比較的良好で、当時の本郷哲学教室の岩崎武雄、山本信、黒田亘などは、学内非常勤講師として講義を受け持つこともあり、学生や院生も、黒崎宏のようなヴィトゲンシュタインの専門家になる人はもちろん、後には日本哲学会の会長にまでなる坂部恵らも、しばしば駒場まで足を運んで、大森の講義などに顔を出していた。

ただ、教養学科全体になると、話は違ってくる。例えば地域研究の領域では、細分化すればアメリカ研究やフランス研究などに分かれる。特にフランス研究では、駒場に芳賀徹、渡辺守章など威勢のよい若手の俊英が「本郷何するものぞ」の気概で活動していたし、本郷の方も、かなり奇妙な圧力をかける事例もなくはなかった。これは、私の学生時代ではないが、駒場にも杉山好（独文学者、バッハ研究者）や高辻知義（独文学者、ワグナー研究者）のような音楽美学に近い学者があって、教養学科的な観点から芸術に迫る分野の創設を志した際、本郷の美学・美術史学教室から、設立趣意書や教室の理念を示す文書に「芸術」という言葉は一切使ってはならない、という条件付きでのみ、設立に反対しない、という申し入れがあった、というようなエピソードもある（結局、駒場では「表象文化」という不思議な言葉で纏めるほかなかった）。

## 専門家養成という点では

しかし、と言わねばなるまい。当時の同教室は、科学史・科学哲学の専門家を養成する、という意識は稀薄だったし、ファカルティ・スタッフの能力や人格とは全く別次元の話として、制度的に十分に整っていたとは言い難い。むしろ、教養学部の自然科学系の教授たちの支援を得て、周辺領域としての、物理学、化学、生物学関係の講義や実験が極めて充実していたし、理学系以外でも同様である。例えば、後に高エネルギー研究で一人者になった高良《こうら》和武の物理学の講義、山川均・菊栄のご子息であった山川振作の生物学の講義、教養学科全体を対象にしたものだが、中世史の木村尚三郎、本間長世のアメリカ史、比較文学の寺田透らの講義は、今思い出しても刺激的であった。そのうえ、教養学科に属するものとして常に叩き込まれた〈later specialization〉（他人よりできるだけ遅く専門を決めなさい）の鉄則に従って、教室のコア・カリキュラム以外の外国語、文学、政治学、芸術学、比較文化論、人類学など幅広く単位をとることが求められていたから、逆に、科学史・科学哲学の専門家になろうとするなら、自分で自らを磨くより方法はなかった。

一方で、大森との運命的な出会いがあり、もう一方で、胸部疾患の前歴が残る私には、通常の就職の望みも絶たれていた（そういう時代であった）こともあって、経済状態の不安は極めて大きかったが、大学院に進む以外の選択肢は、自分の中に残されていなかった。大森の仕事に近づきたいという強烈な願望はあったが、時間の限られているなかで仕上げなければならない卒業論文としては、あてどのない哲学的思索に基礎を置く哲学のトピックスは敬遠せざるを得ず、木村陽二郎の指導の下で、生物進化論の日本における受容史をテーマに書くことにした。この論稿を修士論文として発展させたものが、私の最初の活字化された作品になる（東京大学教養学部人文学科紀要『比較文化研究』第五集所収、後『日本人と近代科学』一九八〇年、に再録）。

話が後先になったが、当時東京大学には（ほかのどこの大学にも）、科学史・科学哲学の大学院専門課程は存在しなかった。それまでも、多くの先生方の学恩を被ってはいたが、そして科学哲学に関しては、自分にとってかけがえのない師となった大森荘蔵の存在があったが、少なくとも科学史、特に古代や中世のそれに関しては、制度的かつ継続的な指導をしてくれる教員がいなかったがために、ほとんど独学で勉強を進めるほかはなかった。心強かったのは、後輩として吉田忠（現東北大学名誉教授）が教室に加わったので、様々な文献をプライヴェイトに読み合う時間を作れたことだった。それはともかく、勉強を続けるには、とにかく大学院へ進まなければならない。駒場を離れることは、ほとんど選択肢の中になかった私は、結局教養学部の上に立っていた、人文科学系研究科比較文学・比較文化課程（以下「比較」と略す）へ進むことになった。科学史・科学哲学で生きていこうとする私の前に、予め用意された途はなかったのである。道は自分で開いていかなければならなかった。

そんな風に書くと、ひどく悲壮感に駆られて、遮二無二前途を切り開こうとするような状態を想像されるかもしれないが、実際には、のんびり屋で、最後の大きなところは、自分を超えるものに任せる（私は、大学に入った年のクリスマスに、名古屋の南山教会で、カトリックの洗礼を受けていた）、別の面からみれば、ドジな物知らずだったとも言える私は、自分でできることを実直にやっていくほかはないと、思い定めていた。大森は、この課程には制度上加わっていなかったために、比較哲学という立場で、課程の責任者であった山崎正一に指導教員を引き受けて頂いた。およそ外様の私を、継子扱いせずに、その名目上の役目を果たし続けてくれた山崎には、今も感謝のほかはない。

勿論仮に籍を置いたといっても、そこで修士論文を書き、ひょっとすれば博士論文まで書かなければならないかもしれない身分である。課程が要求するカリキュラムは、最低限度こなさなければならない。ここでも私は、専門としようとしている領域を超えて、広く様々な分野に手を広げなければならなかったのである。当時の比較の課程では、大御所では、文芸の佐伯彰一や、東洋音楽の岸辺成雄、若手では芳賀徹や渡辺守章、高階秀爾、阿部良雄（父君は阿部知二）ら、錚々たる教員陣が揃っていたから、そうした義務を果たすのは、むしろ楽しかったし、その後の自分にも、大きな影響を与えた。今回寄せられた諸氏の論稿のなかに、私の仕事の「幅広さ」を指摘して下さる方が何人かあったが、良い方の面で言えば、それは、学部学生、および大学院生時代に、専門とする領域の外に目を向けるような制度を設けていた教養学部のお蔭であり、直接的には、そこで学恩を被った諸先生のお蔭である。

先にも書いたように、修士論文は、安易な方法との批判はあろうが、卒業論文の発展形を提出した。そのころの私は、科学哲学と科学史とをほとんど同じ比重で考えていた。調べ物を積み重ねれば、とりあえず論文が書ける科学史（と思ったのは、当面は日本のことを扱ったので、発掘すべき古文書類や史料が周囲にいくらでもあり、それらを探し当て、接写カメラを使ってマイクロフィルムにし、*解読すれば、それだけで、ある種の手柄になるからだった）の分野で、業績を稼ぎながら、ひたすら考え抜くことをモットーにしている大森にあやかって、哲学の世界にも、時間はかかるだろうが、何らかの形でコミットできるよう努めよう、そんな思いでいたように思う。

* 念のために書いておくが、当時はコピー機としては、ようやく「青焼き」という湿式の機械が、研究室に導入されたころで、とても史料の複写には使えない。接写カメラによるマイクロフィルム化が、手書きに代わる最も「文明的」な複写方法であった。

そんな折、一つの新しい機会に恵まれた。それも大森の好意によるものだったが、物理学の山内恭彦を中心に、アジア財団が資金を提供し、読売新聞文化部が後援という形をとった新しい研究会「科学と哲学の会」を組織するという企画が持ち上がった。大森や坂本百大らの下工作で昭和三七（一九六二）年に発足するが、大森は大学院生だった私を、事務担当に任命した。この会は、常連の会員が、毎回ゲスト・スピーカーを呼んで話を聞く、というそれだけのものだったが、常連となったメンバーが凄かった。物理では、山内のほかに、パラメトロンの高橋秀俊、梅沢博臣、統計の林知己夫、数学の竹内外史、前原昭二、生理学の江橋節郎、生物学史の八杉龍一、心理学の印東太郎、武藤眞介、政治学の福田歓一、経済学の隅谷三喜男、国際政治の斉藤孝、哲学では、沢田允茂、市井三郎、中村秀吉、吉田夏彦、山本信、大出晁らであった。諸科学の世界では、当該領域で国際的な成果を上げている研究者ばかり、哲学の世界では、ようやくその名で書かれた研究書を読むことで、名前を知るようになったばかりのお歴々である。こうした人々と、事務取扱ながら、近付きを得させてやろう、という大森の親心があったに違いない。この会は五年ほど続いたが、メンバーも逐次増えたから、一介の大学院生が、とにかく日本の学界を代表するような多数の学者たちと交流できることになったのは、まことに幸運であった。そのなかで、新しく加わったメンバーの一人が、アメリカ帰りの柳瀬睦男であり、大森と並んで、私の研究者としての運命を決めた人であった。

## 留学しなかったこと

一つ付け加えるとすれば、ちょうどこのころ、私は海外留学を考え始めていた。ある事情から英語の日常生活にはあまり不自由がなくなっていた私にとって、まことに安易だがほとんど迷わずに、行く先はとりあえずは英語圏と考えていた。誰もが考えるアメリカのフルブライト奨学金は、結核の前歴者には厳しいという噂があった。当時の私は、一応健康を取り戻してはいたが、一年一回の経過観察のための検診は欠かさず、胸部X線写真を撮れば、病気の前歴ははっきりしていた（今でも病巣の石灰化像は残っている）ので、最初から敬遠することにした。アメリカへは、探せばほかの可能性もあったのだろうが、私はイギリスのどこの誰につきたい、という具体的なプランがあったわけではないが、ブリティッシュ・カウンシルの奨学金に応募することにした。第二次のペーパー・テストでは、自由記述課題のなかに、〈pink elephant〉と〈juvenile delinquency〉とがあったことを、記憶力の極度に低下した今でも、不思議によく覚えている（その双方に解答したからかもしれない）。後者はともかく、精神医学の術語でもある前者に関してどこで知識を得ていたのか、我ながらはっきりしない。まあ濫読も時には利益をもたらすと言っておこうか。

とにかく一次、二次のテストを通過して、最終の口述試験になった。色々な質問があったが、日本人の試験者の一人、当時メディアで活躍しておられたので、お顔は存じ上げていた坂西志保さんが、休学が記されている履歴書を見ながら、単刀直入に〈Were you ill?〉と尋ねられたのには、無論隠すつもりはなかったが、ちょっと鼻白んだ。

この最終試験の結果が私のもとに届く前に、私は提供されていた上智大学の職場を受け容れるか、否かの決断を迫られることになった。結局私は就職を選んだのだが、一つは海外での生活と自分の健康状態との兼ね合いに、もう一つ自信がなかったこと、また、父を失って、姉はピアニストになるべく貧しいなかで、必死に努力を重ね、ドイツの音楽大学の奨学金を得てミュンヘンに滞在中、老いつつある母と家計のことを考えざるを得なかったこと、そしてもう一つ、生来の私の積極性の欠如、これらがその理由だった。私はブリティッシュ・カウンシルに、直ちに応募を辞退する手紙を出して、留学の機会は去った。結局、私は、その後も海外留学は経験しないままに今日に至っている。

## 教え始める

高校時代からの親友に、現在は国際的な民族音楽学者になっている徳丸吉彦がいる。彼の口利きで、彼のご父君が学長をしておられた都立航空工業短期大学の科学史の講義を担当することになった。私の教歴のはじめである。昭和三八（一九六三）年、大学院修士課程に在学中のことだった。昨日まで黒板に向かって座っていた人間が、突然黒板を背にして立つことになったのだから、内心は落ち着かない状態であった。私は生涯に亘って講義ノートを造らない主義であるが、このときばかりは流石に、ノートを造った。今読み返してみると、青年の客気のようなものもあり、また知見の上でも未熟さは歴然としているが、しかし、一生懸命考えた末の結果という印象は伝わってくる。

そこそこ評判が悪くなかったのだろう、翌年からは同じキャンパスにあった都立航空工業高等専門学校にも招かれて、講義を一つ受け持つことになった。キャンパスは南千住にあったから、通うのは大変だったが、大学院博士課程に入って二年目の昭和四〇（一九六五）年に、上智大学理工学部に助手として就職するまで続いた。

上智大学は、昭和三七年に、理工学部を創設、教員構成は東京大学の定年退職者が目立つ布陣になった。特に物理学科は、群論など数学の分野でも巨大な業績を残した理論物理学者山内恭彦、レンズの理論と実際で大きな仕事をした小穴純、寺田寅彦の学統をついで、ユニークな物理学者として知られた平田森三（捕鯨で使われる平頭銛の着想でも知られる）らが、東大を終えて赴任したところであった。なお不幸なことに平田は、白血病で、上智ではあまり働く時間がなかったのは惜しまれる。

### 物理学基礎論

そうしたなかで、物理学基礎論というラボ（研究室）が予定されていた。数学基礎論という領域は、数学の中にれっきとして存在する。またすでに述べたように「科学基礎論」という言葉も、学会名に登録されているから、一応概念としても存在が認められる。しかし、物理学基礎論、あるいは物理基礎論という概念設定は、当時（おそらく今でも）非常にユニークであった。そしてこのラボ・ヘッドには、東京帝国大学理学部物理学科の出身で、量子力学の観測問題で学位を得た物理学者で、かつカトリック（イエズス会）の司祭でもあった柳瀬睦男が予定されていた。「予定」というのは、柳瀬は、当時アメリカのプリンストン大学高等研究所に滞在中で、理工学部創設当時は、不在であった。科学者、物理学者であって、かつ聖職者である、というのは、欧米では必ずしも珍しくないかもしれないが、日本では（仏教ならともかく）ユニークな存在で、確か江藤淳が、プリンストン滞在記を新聞に書いたときに、珍しい日本人に会ったという書き出しで、柳瀬に立ち入って言及している。いずれにせよ、柳瀬の帰国までは、物理学基礎論のラボは開店休業であった。

帰国した柳瀬が、ラボの助手の採用を考えた際に、たまたま上記の「科学と哲学の会」で事務局を担当していて、観測の問題をテーマに柳瀬にスピーカーを依頼した私を知り、大森の推挙もあって、私は新設の物理学基礎論教室付きの助手に就職することになった。私には、別段物理学の基礎について、傑出した論文があったわけではない、今のように公募で選抜されたなら、恐らくは最終選考にも残らなかったであろう。今から見れば、まことに牧歌的、天国的な状況だったと言えるだろう。

しかも、私はまだ国立大学の大学院博士課程に在籍中であって、その身分は返上しなくともよい、という有り難い扱いであった。もちろん助手（現在の助教）は、教授のゼミの手伝いという形で、そして教授の名目で開かれているゼミを実質上担当させて貰う、という形で、学生や院生と接触はできるが、正規には教壇に立てる身分ではない。特に実験講座なら、学生実験の指導など、かなりの負担があるが、理論の教室では、研究室の予算で、購入図書の選定、購入手続き、受け入れと整理、ゼミの準備、外国からのお客の受け入れや接従、助手会でのいくつかの義務などが主な仕事で、後は専ら研究に励むことができる恵まれた環境にあった。このころが、恐らく私にとって、科学史と科学哲学とを問わず、研究書、研究論文を読む密度において、人生の中で最も高かったと思う。

## 物理学基礎論の中身

勿論私自身の関心からすれば、廣重徹という、稀有の先達が日大物理学教室におられ、立場上物理学史も、究めなければならないテーマであったが、ラボ・ヘッドであった柳瀬の研究主題は、量子力学における「観測の問題」であった。ゼミも専らこの話題を巡る論文の講読であった。当然助手としては、その内容にある程度精通しておくことが求められた。物理学に関しては、教養学科時代に、幾つかの講義や実験をとっていたから、全くの白紙というわけではなかったが、それでも、量子力学の細部まで勉強したことがなかった私にとっては、とにかくその方面の予習が、クリアすべき大きな課題であった。

また、卒業研究のためのゼミが研究室毎に開かれているが、たまたま数学科の学生が数人、柳瀬研究室に入ってきた。実質上は私が受け持つことになったのは、学部学生時代、かなり集中的に数理論理学を勉強し、数学基礎論の入り口程度はフォローできたからであった。そこでは、ゲーデルの定理を巡る英文の文献を読んだが、その時の学生の一人は、今高校で数学を教えながら、数学史の研究者として独り立ちしている。

自分のための勉強では、後に翻訳することになるハンソンの〈*Patterns of Discovery*〉やクーンの〈*The Structure of Scientific Revolutions*〉あるいはファイヤアーベントの幾つかの著作を読んだ。つまり当時の国際的な流れで言えば「新科学哲学派」に親しんでいたことになる。彼らの仕事は、科学史的問題と科学哲学的問題とが、無理なく重ねられており、その意味では、先に述べたように、大学院の修士課程に入ったときに、この二つの領域を自分のなかで、どう処理すべきか、一応の原則のようなものを自分に課したことを、あまり意識しないで済むように、自分の学的構成が変化していった時期でもあった。

## 教員として

この助手生活は三年で終わりとなった。昭和四三（一九六八）年上智大学のなかでの身分が変わったからであった。文学部哲学科所属の常勤講師が、その新しい身分であった。大学院博士課程の身分も、「ドクター・キャンディダシー」（論文を提出して審査を受ける資格）は得たものの、論文は提出しないままで、終わりを迎えた。当時の「比較」（のみならず、文科系一般がそうであった）の大学院の雰囲気では、キャンディダシーを得たからすぐ論文を、というようなことは全く不可能であった。そもそも指導や審査に当たる教授陣が学位を持っていないのだから、それも当然だったかもしれない。文科系では、生涯のおわり頃までかかって、満を持した作品を仕上げて博士号を請求する、というのが通例であった。

さて、上智大学では、哲学科のカリキュラムのほかに、自然科学系列の一般教養科目として、私のために造られた科目、「自然科学史」を担当することになった。学部、学科を超えて誰でも履修できる科目であって、当時の学生の義務であった自然科学系列の単位取得に充当できるということもあって、三年目には四百人を超える最大の教室（というよりは講堂）のキャパシティでは収まらない数の履修者が集まり、とうとう一週間に同じ科目を二齣用意しなければならなくなった。

もっとも客観的状況として、この時期は大学存亡の危機でもあった。ちょうど私が講師に就任した昭和四三（一九六八）年は、いわゆる全共闘運動を基礎にした大学闘争が、東大をはじめあらゆる大学に拡大した年で、上智大学も例外ではなく、学生による大学のバリケード封鎖、機動隊の導入による占拠学生の排除、警備を外部に依頼しての暫時のロックアウト、冷却期間の後、厳重警戒の中での授業再開という手順を踏んだ（これは、世間では「上智方式」と言われた）経過を辿った年であった。一時期は大学の閉鎖案も出るほど（これは理事会側の一種の恫喝であったかもしれないが）で、この年は、授業どころではなかったのも確かである。

学部は文学部に変わったが、理工学部物理学科物理学基礎論というラボ（つまり柳瀬研）の正規のメンバーであることには変わりがなく、居室も元のままであったから、科学哲学的な世界は、そこに戻れば接することができた。その後再び上智大学のなかで、身分が変わって、一般科学研究室という、いささか曖昧な組織の助教授に昇進したが、研究や教育に実際上変化があったわけではない。

そして、昭和四八（一九七三）年、私は大森に呼び戻される形で、古巣の、教養学部教養学科科学史・科学哲学分科の助教授になった。これもほとんど偶然のような事情と、大森の好意とが重なった結果であった。私にとって、「先生」と本気で呼べる存在が、大森だけである理由は、そんなところにもある。

### 上智大学から駒場へ

その後の略歴については、公知のことが多い。東京大学教養学部では、文科系の一・二年生のための自然科学系としての教養科目である自然科学史のほか、三・四年生の科学史や科学哲学の講読や演習などを受け持つことになる。その当時の科学史は渡辺正雄教授、伊東俊太郎助教授、科学哲学は大森荘蔵教授、杖下隆英助教授という小さな所帯で、教養学部や本郷の他の教室から多くの助っ人の先生方をお願いしていた。私が駒場の組織からすっかり離れている間に、本格的に大学院の設置運動が行われていて、結局私が駒場に赴任する直前に理学系大学院に科学史・科学基礎論課程（前期・後期課程）が設置されることになった。本書の執筆者諸氏は概ね、その課程の修了者である。ただ、今だから書けるが、理学系の一課程として認められる際に、理学系の他の有力課程のメンバーから、科学史や科学哲学（課程の名称としては「科学基礎論」に変更させられていたが）のような領域で論文を書いても、それで「理学博士」を名乗られるのは困る、だから、ここ当分は、後期課程修了者に博士論文を提出させないで欲しい、という強い要望が出て、密約のような形で、申し送りされることになった。したがって初期の後期課程修了者は、入学時に、博士号は直ぐには出せない旨の説明を聞かされていたはずである。

### 教える

その頃は、戦後の大学院制度が漸く軌道に乗ったところで、少なくとも理工系では、後期課程を修了し、それなりの論文を書けば、比較的簡単に学位を受けられるようになっていた。もちろん課程によっては、学位請求論文を提出する前に、二本以上印刷された論文があることを前提にする、というような縛りを設けているところもあった。しかし、人文・社会系では、私自身が経験したように、後期課程を修了したことは、学位請求への最初のそして最少の第一歩であったとしても、本来一生かけた学問上の成果に対して授けられるのが学位である、という常識がまだ色濃く残っている時代であったので、少なくとも哲学研究、歴史研究に関する限り、この密約は、ひどく理不尽とは映らなかったかもしれないが、制度的には保証されている権利が奪われた状態で、大学院を終わらなければならなかった諸氏に対しては、今さらながら申し訳ない思いがする。

いずれにしても、何とか教育上の義務を果たしながら、という表現は、現在例えば企業や官庁の管理職の方々を対象にしたセミナーなどで、かつて駒場で単位を採りました、とおっしゃる方にしばしば出会うのは、多少ともその頃の授業内容を（いや、内容は怪しいが）、少なくとも私が教師であったことを、覚えて戴いていることによって、一応裏書きされているとみてよいだろうか。さらには、最近世間の寵児となった感のある林修氏が、学生時代に影響を受けた教師の一人に私を挙げておられるのも、その裏書の一つに数えてよいだろうか。慶応義塾大学（日吉、三田ともに）、広島市立大学（大学院）、新潟大学、埼玉大学、山梨医科大学など、数多くの大学で、非常勤講師を務めることにもなった（首都圏以外の大学はすべて集中講義であった）。海外では、国立ウィーン工科大学、北京人民大学、大連工科大学などの客員教授（中国では「客座教授」と呼ぶようだが）などが含まれる。なお放送大学には昭和五六年創立以来、ラジオだけの実験電波の時代から、テレヴィジョンの番組まで、担当する機会があったが、その際の印刷教材は、後に『宇宙像の変遷』（一九八七年）となっている。なお広島市立大学は、本年光栄にも名誉博士号を授与して下さった。

一言付け加えると、教師として、という点では、私は教養学部に助教授として就任すると同時に、大学院担当を命じられている、言い替えれば、大学院での教育・指導資格（通称「丸号」と呼び、文部省〔当時〕の人事記録には残るらしい。今では、とくに後期課程の院生の指導には学位を持つことが基礎資格のようだが）を何の審査も受けた覚えはないのに取得していたのである。私自身は、そうした制度にはまるで無知で、何の自覚もなかったが、要するにそのころは、制度が甘かったのか、東大というところの特権だったのか、未だによく判らない。

## 本を書く

一般的著述という形での処女作（処女という言葉――実体もかしら――が、現代には完全に死語になったが、この男性にも適用される不思議なメタファーだけは、辛うじて残っている）は、前述の紀要論文や学会誌に投稿、採用された専門的論文を除けば、三省堂が出版してくれた『日本近代科学の歩み――西欧と日本の接点』（一九六八年）である。これを駒場に奉職する遙かに前、大学院博士課程に在学中（上智大学の助手ではあった）の時代に刊行できたという点では、幸運であったが、取次をして下さったのは、学部学生時代にガリレオを一緒に読んで下さった小野健一教授だった。小野は『美と豪奢と静謐と悦楽と』（三省堂、一九七〇年）という、目を瞠るような魅力的なタイトルで、レオナルド・ダ・ヴィンチを扱った書物（昭和四六年上智大学の紀要に当たる『ソフィア』という雑誌で、私はこの書の書評を書いているが、昭和四一年のやはり『ソフィア』で、ギリスピー『科学思想の歴史』〔島尾永康訳〕を扱って以来二冊目の書評であった）を執筆中で、その関係で、私を推挙して下さったのである。実は翻訳としては半年ほど早くW・P・オルストンの『ことばの哲学』を培風館から出版（一九六八年一月）している。アメリカで企画された「哲学の世界」というシリーズ全体の翻訳権を培風館が取得し、一冊ずつ翻訳が進行中で、上述の「科学と哲学の会」で交誼を戴くようになった吉田夏彦の推挙であったと思う。また部分執筆という形でなら、同じ年岩崎武雄・沢田允茂・永井成男編「講座現代哲学入門3」の『現代の科学と哲学』（有信堂、一九六八年八月）に「自然と人間」というタイトルの論稿を載せている。これは沢田の推挙だったと思うが、こうしてみると、昭和四三年が、書物の出版という仕事を始めた私の元年に当たる。そしてそれを導いて下さった人々が、前述の「科学と哲学の会」で面識を戴いた方々が多いということは、人との繋がりの持つ意味の大きさに、今更こころを動かされる。

こうした執筆の内容は、三省堂の場合は、卒業論文、修士論文の下敷きがあったことは確かだが、科学哲学関係で言えば、自発的な選択というよりは、与えられた役割を果たす意識が強かった、という点も指摘しておきたい。自発的な問題意識によるものとしては、少しずつ『科学哲学年報』（現在の日本科学哲学会会誌の前身）などに発表し始めた論文類があったからでもある。なおちょうどこの時期（まだ上智大学時代）、学生との講読の一冊に使っていたN・R・ハンソンの*Patterns of Discovery*に関して、上智での先任教授でもあった山内恭彦の紹介で、講談社から邦訳の出版ができることになった。実際に陽の目を見たのは昭和四六（一九七一）年のことであった。この書の翻訳は、私にとっては一つの事件になった。自分のなかで整理できずにああでもない、こうでもない、と行ったり来たりしていた科学の本性とその歴史の解釈方法が、読み進むうちにきれいに纏まって概念化されるように感じられたからであった。ハンソンのこの書は、第一級の書物というわけではないかもしれないが、私にとっては、学問的行末に大きな影響を与えた、とても大切な書物の一つとなったのであった。

その後、培風館の敏腕編集者として活躍しておられた故堀江洪氏（ここは学界の方ではないので、氏を付けて書かせていただく）が同志塩浦暲氏（現社長）らとともに独立され、新曜社という新しい出版社を始められたとき、その最初の出版書であった吉田夏彦編『哲学序説』（一九七〇年）に「哲学とは何か」というタイトルの一文を寄稿したのが縁となって、堀江氏の知遇を得ることになった。堀江氏は東大で社会学を専攻された識見豊かな方で、書き手としては未熟極まりない私にとって、得難い導き手となった。そして、科学史の講義のための教科書的な役割も兼ねた『西欧近代科学』（一九七一年）を上梓することができた。その後も、本書自身も含めて、また私事になるが、連れ合いも含めて、新曜社には大きな恩を受けている。

## 時間を巡って

上智から駒場への移行期に起こったもう一つの事件がある。それは国際時間学会（International Society for the Study of Time）の会議が昭和四八（一九七三）年に日本で開かれることになったことである。この学会は、J・T・フレイザーという一風変わった、アメリカの在野の研究者が立ち上げた、あまり制度化されない形式をとった会議で、フレイザーは *The Voices of Time*（George Braziller, 1966）を刊行して以来、公式・非公式にこのテーマで様々な研究会を組織してきた。この書物は副題に「自然科学と人文学によって理解され、記述されてきた、時間に関する人間の様々な考え方を、糾合的に検討する」となっているように、あらゆる分野を糾合して「時間」の問題に迫ろうとする試みであった。このグループに、戦後早く、アメリカへの頭脳流出組となった研究者の一人、物理学者の渡邊慧が同人として加わっていた。渡邊は、戦前理論物理学者として、量子力学の創成期に、フランスで波動力学のド・ブローイ、ドイツでは行列方式の力学を生み出していたハイゼンベルクという、両巨頭の下で学んだ経歴を持ち、戦後まもなく白日書院から『時間』（一九四八年）を出版するなど、多彩な仕事を重ねた研究者だが、フレイザーの試みに共感していた。そして、世界大会を日本で開こう、と決心したのであった。

当然日本側に受入れ組織が必要になる。上智大学理工学部物理学基礎論教室、つまり柳瀬研究室がその任に当たることになった。準備の段階では、私はまだ柳瀬研の一員であったので、結局この国際会議のジェネラル・セクレタリーとして働くことになった。この会議は、昭和四八（一九七三）年七月一日から一週間、山中湖のホテル・マウント富士で開かれた。その記録は *The Study of Time II* (Springer-Verlag, 1975) として刊行されているが、様々な分野から内外の大家、若手が集まった、大変興味深い会議となった。余計なことだが、そのとき若手（つまり、当時の私と全くの同世代）の参加者のなかに、ウィーンから来たヘルガ・ノヴォトニーもいた。同年配（彼女は一年下）ということで意気投合したが、その際（彼女とは主としてドイツ語で話したが）初めて「自然科学の社会学・社会史」と言うべき考え方（まだ学問領域という明確な表現にはなっていなかったが）を自分は目指しているのだ、と言われ、頭の隅にとどめたことを覚えている。ちょうど同じ年、中公自然選書の一冊として、廣重徹の『科学の社会史』（一九七三年）が出版されているが、廣重の著作は、こうした一般的・普遍的な問題意識を語るというよりは、戦中・戦後の日本の問題点に触れることを中心にしており、ヘルガから聞いた考え方とは必ずしも重ならなかったのは、まことに鈍なことと反省するほかはない。とにかく、後に彼女とは、科学社会学のジャーナルの編集（後述）で一緒になり、その後彼女はヨーロッパ研究協議会総裁、ETHチューリヒの科学社会学の教授（現在は名誉教授）にもなった。

それはともかく、科学哲学という領域のなかでの、ユニークなトピックスの一つ「時間論」に、その後私が多少とものめりこんだのは、まさしくこの会議のお蔭であった。その結果は貧しいながら『時間の科学』（岩波書店、一九八六年）に反映されている。別の面から見れば、国際会議の裏方を経験したことは、長期の留学経験のない私には、海外の学会との関わりという点でも、ずいぶん役に立った。

## 海外との繋がり

国際会議の話題になったので、ここで簡単に海外との繋がりについて、述べて置きたい。すでに書いたように、海外留学の経験のない私は、いろいろな機会を摑んで出かけることで、海外の研究者や機関と繋がりを得るしか方法がなかった。最初の大きな機会は、意外な方向からやってきた。昭和五三（一九七八）年本田宗一郎氏が「本田財団」を設立されたのを機に、その運営陣の末席に連なった私は、その最初の事業の一つ、第一回「本田賞」に、スウェーデンのIVA（王立工学アカデミー）会長だったG・ハンベリウス氏が決まり、その授賞式がストックホルム郊外のサルツヨーバーデンで一九八〇年に開かれるのを機会に、スウェーデンに出かけた。そのとき、IVAと親しいコンタクトが生まれ、その図書館のなかにシェグレン・コレクションと称される稀覯書の一角があって、そこの書物類の整理がついていないから、少し手伝ってくれないか、という依頼を受けた。

これを受けて、毎年夏休みを利用して、ストックホルムのＩＶＡの図書館に通ったが、この文庫はコペルニクスの初版本をはじめ、科学史のなかにいるものとしては、垂涎の書物で溢れていた。結局スウェーデンは、三十年戦争のあたりで、軍事大国として、ヨーロッパの中原に覇を唱え、領土や様々な文物を我が物にした、という事情が、そこからも浮び上がる。領土と言ったのは、科学史にとってはお馴染みのティコ・ブラーエが天文台を設けていたヴェン（Hven）島は、元来デンマーク領であったが、十七世紀中葉、スウェーデンが自領としたことはよく知られた事実である。スカンディナヴィア三国は親密な関係にあると言われるが、本音となったときのデンマークの友人は、あれはスウェーデンが掠め取った、とにべもなく言い捨てた。

それはともかく、この仕事が機縁となって、スウェーデン社会科学高等研究機関（ＳＣＡＳＳＳ）の責任者だったビヨルン・ウィットロックや、ストックホルム工科大学の教授（今はノーベル・ミュージアムの責任者のはず）スヴァンテ・リンドクヴィストらと親交を結ぶようになった。先述のヘルガ（ノヴォトニー）やビヨルンは、ヨーロッパの科学社会学のマフィアの一角を形成してきたと言ってよい。

## つくば博の経験

科学史の研究者にとって、たぶん多少とも興味を惹くもう一つの経験は、昭和六〇（一九八五）年のつくば国際博覧会に際してのものである。すでに別の機会にも書いたことだが、一応顛末を記しておく。日本ＩＢＭ社のパヴィリオンの展示責任者を依頼された私は、一階部分を科学・技術の歴史を一望できる場所にするつもりで、どういう展示項目を立てるか、ドラフトを書いた。そのなかに、アシロマ会議を入れた。会社に、その必要があったのか、今でも私には判らないが、とにかく日本ＩＢＭ社はアメリカの本社のアカデミック・コンサルタントと称する人に、ドラフトを送って、承認を求めた。その人物から強力な「ノー」が付されて返ってきたのが、アシロマ会議であった。私はその人物が誰だか聞かされていなかったが、とにかく駄目だと言う。ファックスのやり取り（まだインターネットのない時代である）では埒が空かず、会社の責任者、展示の現場責任者餌取章男氏（餌取氏は科学史・科学哲学教室の先輩に当たる）と二人で渡米して、その人物に会うことになった。そこで初めて私は知らされたのだが、相手の人物とは、ハーヴァード大学の科学史の教授で、ニュートン研究の第一人者と言われたＩ・Ｂ・コーエンであった。幸い彼の仕事の大半を読んでいた私は、ニュートン研究では一流でも、どうして生命科学の分野の出来事であるアシロマ会議に、これほど拘泥するのか、理解できず、論破は比較的簡単ではないか、と思った。

討議はハーヴァードの彼の研究室で一日続いた。コーエンの名誉のために書いておくが、こちらも馬鹿にされないように、対話のなかでニュートンの原著のラテン語の文章を引用したりしたことも、多少は影響したのかもしれないが、異国から来た若造の「同業者」を見下したような態度は、少なくとも表面上は見せなかった。その意味で応対は紳士的であった。しかし、アシロマ会議に関しては、私の説明をどうしても受け付けなかった。最後には、自分の後ろにはアメリカ物理学会がついている、というような発言をするに至って、何故か、この点では合理的な議論は意味が無いのだ、と悟るほかはなかった。私は、あなたは今アメリカ物理学会の会長で、決議でもしたのですか、という皮肉を口にする気にもなれず、問答無用として引き下がる決心をした。そこへ日本ＩＢＭ社の責任者が割って入った。よく判った、しかし、このプロジェクトはもともとアメリカのＩＢＭ社とは無関係に、日本ＩＢＭ社が、頭脳も予算も出して企画したものだ、だから自分としては、独自にこの項目は削除しないままにする。見上げた言い分であった。さすがのコーエンもそれを否定することはできなかった。ただし条件を付けた。その展示の誰にも判るところに、ＩＢＭ本社はこの企画に無関係である、という断り書きを入れろ、という条件である。私たちは喜んでその条件を呑んだ。この交渉が落着した後、私たちは科学史の幾つかの話題について穏やかに議論をした。因みにコーエンが全米物理学会の会長を務めたかどうかは、知らないが、彼はアメリカ科学史学会の会長、国際科学史学会会長、サートン・メダルの受賞者など、輝かしい栄誉を重ねた研究者であった。

## ハンガリー・プロジェクト

もう一つの海外との繋がりは、ハンガリーを相手にしたものである。一九七〇年代後半、東京大学工学部精密工学の吉川弘之教授（後同大学総長）が研究資金を得て、一つのプロジェクトを立ち上げた。工学の現代史的な観点からの再評価とでも呼べばよいのだろうか。特に当時吉川と親交があったハンガリー工学アカデミーの会長Ｊ・ハトヴァニーとの連携で、ハンガリーとの共同研究を始めよう、というのである。私も参加して、下準備を重ねた結果、一年ごとに交代で、ハンガリーと日本の双方で研究会を続けることになった。ハンガリー事件の後始末はついていたのだろうが、まだ解放前の東欧圏の一つ、日本から渡航するにも対外文化協会（対文協と略称されていた）という特殊な機関を通じてヴィザなどを取得しなければならなかった。ただ、実際にプライヴェートに付き合う限りでは、知識層だったからかもしれないが、かなり自由化された印象を持った。

ブダペシュトでも、ホテルの電気は暗く、シャワーもなかなか湯にならず、車は、一般庶民は東独製のトラバント（車体は紙で出来ているという話である）、少し富裕層はソ連製のラーダ、そして権力者層は西独製のＢＭＷかオペル、といった具合で、階級層がはっきりしていて、いかにも共産党独裁の国らしい趣きではあった。

しかし、ここで知り合った科学史家Ｇ・パロらとは、その後も長らく交流が続いたので、ハンガリーは旧東欧圏のなかでは、最も親しい国になった。

あと一つ書いておきたいのは、私もメンバーだった日韓科学史会議である。これも、日本と韓国の双方で交互に毎年開かれる会議で、日本側は藪内清、湯浅光朝、山田慶児ら、韓国側は全相運、朴星来、金容雲ら、韓国側は、歴史上の成り行きから日本語の達者な方ばかりだが、私たちはどちらの国においても、決して日本語を使わず、英語で押し通すことに徹せざるを得ない、という事情があった。韓半島におけるキリスト教の渡来、あるいはその受容と、日本との比較など興味深いトピックスが山ほどあったが、一時的に中断があり、現在では少し違った形で行われていると聞く。この頃はまだ「植民地科学」というような歴史の切り口はなかったのである。

学外活動

学会関係で言えば最も早く会員になったのは日本科学史学会で、昭和三八（一九六三）年のことであった（平成一九年に退会）。科学基礎論学会への入会は昭和四〇年、以降、評議員、理事、編集委員長などを務めた。日本科学哲学会は昭和四二年設立と同時に会員、評議員、理事などを務める。科学技術社会論学会はやはり平成一三（二〇〇一）年設立時に会員となり、評議員などを務めている。

海外ではヴァティカン市国が、平成六（一九九四）年に国立の社会科学アカデミーを設立した際に、初代会員に選出され、四年間会員であった。平成五年から二年間は、国際学術誌 *Sociology of the Sciences, A Yearbook* の編集委員であり、平成四年から八年まではスウェーデン国立社会科学高等研究機関（Swedish Collegium for Advanced Studies of Social Sciences＝略称ＳＣＡＳＳＳ）の国際諮問委員会メンバーであった。先端研時代には中国の幾つかの大学で「客座教授」なる職を務めている。

国内の政府関係の委員会に関して主なものを以下に挙げておく。最初のころの経験で、強く印象に残るのは、昭和五四（一九七九）年に生まれた大平内閣の首相私的諮問機関「大平総理の政策研究会」の分科会「科学技術の史的展開研究グループ」であった。その成果である報告書は、大平総理が急逝された後で、纏められることになったが、いくつもある分科会にほとんど必ず大平総理も出席され、白熱の論戦を繰り広げた当時の会議の模様を懐かしむ人は多い。

平成五年から五年間ほど務めたＯＥＣＤ科学技術政策委員会委員（日本政府代表、後の二年間は同委員会副議長）も、私にとってはまたとない経験になった。念のために書いておくが、私は当時科学技術会議（現総合科学技術会議）の政策委員会のメンバーで、その立場から、所管は本来科学技術庁にある。しかし、国としての対外機関への参加資格は「外交一元化」（という言葉もその際学んだ）の原則に従って、外務省管轄となり、旅券も個人旅券は使えず、その都度出される外交旅券を携行しなければならない。会議に赴く前には、予定されているアジェンダに関わる関係省庁の係官と集まって「対処方針」なるものを決める。従って、個人の意見を表現する余地はほとんどないに等しい。だとすれば、別段私でなくとも誰でもよいではないか、と嫌味の一つも言いたくなるが、逆に言えば、まさにそうなので、だから私でも務まる、ということにもなる。もちろん、予定以外のトピックスに関しては、臨機応変に対応するほかはないが、現地のテーブルに着いた席の後ろには、科学技術庁、通産省、文部省などの現地派遣の係官が居並んでいて、一応相談しなければならない。面白いのは投票はなし、という原則があったことである。

会議はパリの十六区、ブーローニュの森に近いOECDの本部で行われる。初仕事は、当時世界的な話題になっていたアメリカの超大型加速器計画（SSC計画）の問題で、日本にも巨額の資金援助のかなり強い圧力がかかっていた。私は、国内の科学技術会議でも、宮沢首相に私的に尋ねられたときにも、一貫して、のらりくらりと逃げていては如何でしょうか、と答えていたが、事前の対処方針でもその線で行くことになっていた。初めて顔を合わせたアメリカの代表は、典型的なワシントンの官僚で、手強そうだったが、いざ会議になって、アジェンダがそこまで進んだとき、彼は、アメリカの議会がこのプロジェクトに必要な膨大な費用におそれをなして、計画の廃止を決めた、と発言し、私たちは肩透かしにあった思いと、深い安堵感とを同時に味わうことになった。結局この五年間は、年一回の総会でパリへ行くほか、副議長になってからは、スタッフ・ミーティングが別に設けられるので、かなり頻繁にパリへ出かけることになった。

ユネスコのCOMEST（World Commission on the Ethics of Scientific Knowledge and Technology）の日本政府委員になったときには、国内の多忙もあって、なかなか出席ができず、早期に金沢工業大学の札野順氏（現東京工業大学）にポストを譲ったのだが、委員在職中、最も遠方の私を慮って、パリのシャルル・ドゴール空港の中にあるホテルで会議が開かれたこともある。そのときは、東京を昼に発って同日の夕刻パリに着き、夜会食しながら打ち合わせ、翌日いっぱい会議をして、夜の便で東京に発つ、という綱渡りのような旅程を組んだ。折角パリへ行きながら、空港―空港―空港で、街へは一切出ない、というのでは、萩原朔太郎なら切歯扼腕するだろうか。一泊四日（足掛け）の旅程は、アメリカ東海岸、例えば国務省のあるワシントンでの会議などでも、私のルーティンになったことだった。

## 国内での活動

比較的最近の国内における経験として、三つを挙げておきたい。一つは、極めて苦い後味を残したもので、経済産業省資源エネルギー庁の原子力安全・保安院保安部会の委員に平成一三（二〇〇一）年に就任、これは役所の側に伏線があったようで、就任二か月後、部会長の任期切れに伴う選出によって、突然部会長になってしまったことである。このポストは平成二二（二〇一〇）年二月まで続いた。退任ちょうど一年後、あの「三・一一」という未曾有の災害が襲うのだから、たまたま災害時には私は職務から退いていたわけだが、罪償感は、それではまるで軽減されない。その最大のポイントは、資源エネルギー庁や、電力会社の内部では、津波対策が十分であるかどうか、についての内々の議論があった（後に知ることになったが）にも拘わらず、私たちアジェンダ・セッティングの立場にある人間の耳には全く達せず、また私個人をとってみても、日本の原子力サイトが、アメリカのように大河の流域というわけにはいかず、必然的に海岸にあること、従って台風、津波に対する防護策は当然十分すぎるほど十分になされているはず、と思い込んでいたために、保安部会で取り上げるべきアジェンダにすることを怠っていた、という点にあった。

実際、私が担当していたころの安全対策のフォーカスは、全般に亘って、ひたすら対震に当てられており、保安部会でも、安全基準が更新されたり、私の任期中に起こった中越地震（平成一六年）で重要な新しいデータが多く得られたり、という状況のなかで、地震に対する安全対策のバックチェックに関心と努力が集中していた感がある。実際原子力サイト自身も、あるいは列車運行システムなども、東日本大震災では、その規模の大きさを考慮すれば、地震対策プロパーとしての技術はかなり的確に対応できていた、という見方ができるだろう。その意味で、保安部会の専門家委員の一人班目《まだらめ》春樹氏が語ったと伝えられる痛切な叫び（真偽のほどは知らない）、「三・一一の前に戻れるなら、悪魔に魂を売ってもよい」は、私のものでもある。なお原子力発電に関する私の立場については、本書に論を寄せられた諸兄からも、批判が多く見受けられる。その点での私の態度表明は、「批判に応えて」での記述を読まれたい。

これほど深刻でない経験は、ＪＳＰＳ（日本学術振興会）のプロジェクトの一つにＦｏＳというのがある。〈Frontiers of Sciences〉の略称であるが、このプロジェクトの原型は二十世紀末からあったようだが、ＪＳＰＳが主催するようになったのは、世紀が変わったころである。当初はアメリカとのいわゆる「バイ」で始まり（アメリカ側の所管はＮＡＳ＝全米科学アカデミー）、その後「バイ」の原則はそのまま、ドイツ、フランスと相手国も増えた。趣旨は、四五歳以下を原則とする五つから八つくらいの領域（相手国の事情によって枠組みは柔軟に設定してある）の若手研究者を、両国から四〇名ほど選んで、合宿形式で、自らの専門とする最先端の研究内容を、他の領域の研究者にも判るように話し、自由な討論を重ねるという画期的なプログラムで、一年ごとの交互に開催地を設定する。私はＪＳＰＳのなかに出来たＪａＦｏｓの諮問委員会の責任者であった。数学、情報科学、物理学、宇宙論、生命科学、環境科学などから社会科学の一部まで、幅広い分野に亘って、油ののり切った研究者が、自分の得意とする研究の先端部を解説するのである（用語は、どの国とも英語で行う）。こちらは管理者側ではあるが、リハーサルから本番まで、活気溢れる研究現場の有様に、いながらに触れることができるのだから、この仕事は自分にとっても、ずいぶんためになった。

最後に触れておきたいのは、ＪＳＴ（日本科学技術振興機構）の下部部局「社会技術研究開発センター」（略称ＲＩＳＴＥＸ＝この名称は平成一七年から）で始まった公募プログラムの「社会システム・社会技術論」の領域統括、研究総括についてである（平成一三年に実質的に始まった際の名称は「社会技術研究システム」であった）。「社会技術」という言葉自体が、このとき恐る恐る使われたのだが、この定義を巡る国際シンポジウムなども経て、現在では広く使われるようになった。いわゆる「技術移転」とも絡んで、様々な科学・技術上の成果を、どのように社会に実装化するか、その際に生じるＥＬＳＩ（倫理的、法的、社会的な問題）をどのように処理すべきか、という観点からの研究公募プログラムであった。当然審査なども担当しなければならないが、ここでも思いがけないようなアイディアや問題意識、問題領域などに出会って、自分自身が裨益されるところも大きかった。

### 東大では

話を東大時代に戻すと、昭和六一（一九八六）年に、五〇歳での遅い昇任ではあったが、とにかく教授になった。当然ながら教授でなければ担えない義務を幾つか受け持たされることになる。例えば講座担当、教養学科第一主任、大学院の課程専攻主任などなどの役職が次々に降りかかってきた。大学内では、役職に早く慣れさせる、といえば聞こえはよいが、昇任者には「お礼奉公」をさせる、もっと言い替えれば、新入りに仕事を押し付けて先輩たちが楽をする、という仕来りがある。ようやくそうした立場に少しずつ慣れた矢先の昭和六三年、時の教養学部長毛利秀雄氏から、学部長室に呼び出しがかかった。いぶかしく思いながら話を伺うと、先端研（先端科学技術研究センター＝ＲＣＡＳＴ）という組織が新しく出来た、駒場の第二キャンパスとも言うべき元航空研究所の跡地である。この研究所はいわば「オール東大」とでも言うべき理念で運営されていて、各部局から期限を切って出向し、その新しい環境のなかで、旧来の職場では行えなかったような斬新な研究成果を出すことを期待する、という性格のものであった。教養学部からも人を出す必要がある、先方は名指しでお前を求めているが、行く気があるか、という寝耳に水の内容であった。別の機会にも書いたが、ちょうど人事部長から子会社に出向を命じられるサラリーマンの心境もかくや、という気分で、「はぁ」とお答えするほかはなかった。

一年間の緩衝期間が与えられたので、教養学部の仕事はすべてこなしながら、徒歩でも五分ほどの先端研の研究室づくりを少しずつ進めていった。先端研の主筋は工学系の研究室で、理学系や医学系の研究室もないわけではない。そこへ私が引き受けた研究室と、先着で数理統計学の竹内啓教授の研究室だけが、純粋理工学からは距離のあるものであった。その間、駒場の研究室には、プリンストンで学位論文を書いていた佐々木力が、伊東俊太郎教授の強い推挽で助教授として招聘されており、哲学畑では科学史・科学哲学教室出身の村田純一が着任するなど、教室の若返りが進んでいたこともあって、結局私は、退職まで先端研で過ごすことになり、最後の二年間はセンター長を務めた。本書に論稿を寄せてくれた何人かの著者が指摘するように、この職場環境の変化は、否応なく私の学問的な関心の方向にも影響を与えたことは確かである。

なお私の公式の履歴によると、先端研に正式に移籍する（と言っても文部省の書類上は先端研併任であることに変わりはない）前の平成四（一九九二）年、私は、東京大学教養学部から工学部に身分替えになっている（つまり先端研の併任は、工学部および工学系大学院教授としてであり、後述のように退職した際も工学部から、名誉教授を頂戴している）。工学上何の業績もない私が、こうした処置を受けたことには、先端研への移籍が齎す問題が絡んでいた。先端研は学生にとっては、先端学際工学専攻課程という後期課程を持つ大学院制度である。そして、その担当教員になるためには、工学部に在籍している必要があった。実は、私自身そのような処置を受けているということは、はるかに後になって知った始末であった。

先端研では、原則は在籍期限を八年間と定めており、基本はもとの古巣に戻る、という方法をルーティン化していた。もっとも、この原則は送り出す学部、組織にとっては極めて迷惑な話で、というのも、実働教員が先端研に移ってしまうのに、八年後には戻ってくることを保証するためには、そのポストは空けておかねばならない。まあ、八年の間には、ある程度の人事の移動（例えば定年退職者が出る、など）があるだろうから、何とかなるだろう、というラフな考え方も、人事枠の広い大きな組織では、ある程度通用するだろうが、それでも八年後にもとの職場に復帰したとき空きポストがないとなっては大変である。センター長としての私の最も大きな仕事は、放っておくと、先方は組織エゴイズムから、組織のなかの厄介者を押し付ける傾向がある（これは当然と言えば当然なのだが）のをかいくぐって、できるだけエース級を受け入れる算段をすること、もう一つが、八年後に必ず空きポストを用意することを保証する念書を交わすことであった。

### さらなる転機

先端研の任期も終わりに近づいたころ、私には、定年までに残された一年間を、工学部か教養学部に戻るという選択肢もないではなかった。しかし、たとえ僅か一年とはいえ、空きポストのない組織に戻るには、組織内で色々と無理な人事調整を重ねなければならないことは目に見えている。だとすれば、一年定年には早いが、退職して新しい職場を探すことを考えよう、と思っていた。幸いなことに、以前から科学史と科学哲学という二つの教科の非常勤講師を務めていた国際基督教大学（ＩＣ

U）から、常勤職のお誘いを受けていた。ICUでは、C・コード（クリスチャン・コード）というのがあって、常勤の教職に就くには、キリスト教の洗礼（宗派は問わない）を受けていることが必須の条件となっている。さらに、自宅からは徒歩でもいけない距離ではない（約三十分はかかるだろうが）。お世話になろう、と思い定めたちょうどそのころ、思いがけないオファーが飛び込んできた。

先端研のセンター長室に、京都の国際日本文化研究センター（日文研）の生みの親である梅原猛氏が訪ねて来られた。話の趣意は、そろそろ定年でしょう、日文研に来てくれませんか、という単刀直入のご依頼であった。実は日文研のあり方にはもともと強い関心があって、東京から離れて、暫く京都暮らしもよいかな、などという夢想も、以前から時にちらついていたところだった上に、梅原氏直々のご依頼である、心は大変に動いた。しかし結局、ここに示された人生の二つのかなり異なる岐れ途の、ある意味では安易な方を私は選択することになった。

一つの理由は、同居の母が老いつつあり（と言っても、それから母は二〇年以上生きて、一〇六歳で亡くなるのだが）、ピアニストの姉は基本的にドイツ暮らし、今更京都へ連れていくには忍びない、ということがあった。もう一つは生来の退嬰的な性格が働いたのでは、と今にして思う。車を使えば一五分で行けるという条件も、有り難かった。

二つの、予期せぬことが付随した。一つは、私のこの文章のなかで一回だけのつもりだが、お金の話である。東大を辞めるとき、定年の一年前ではあったが、いわゆる定年退職奨励期間内でもあった。つまり早目に後進に道を譲るご褒美に、退職金に多少の割増があるのである。大きな期待を抱いていたわけではなかったが、そういうものだ、ということは知っていた。すべての手続きが終わってしばらくして、先端研の事務長が、先生、退職金で相当損をしていますね、と言う。ここでもドジな私は全く知らなかったのだが、三月三十一日に退職して、年度代わりの翌日（四月一日）から新たに就職すると、これは退職奨励の対象にはならないのだそうだ。もともと、官庁における定年退職は、もうぼろぼろになって働くに堪えませんから辞めます、という意味で設けられている制度なので、次の日から働くというのでは、この趣旨から外れる、という理屈なのだそうだ。それなら、次の職場の就職日を四月二日にしたらどうだ、というと、過去にそういうことをした猛者がいたが、それだけは勘弁して下さい、という。私の場合はいずれにしても手遅れだから、勘弁も何もないのだが、結局戴いた退職金額は三割がた目減りをしていたことになるそうである。読者諸子もお気をつけ下さい。

もう一つも大変プライヴェートなことだが、ICUに就職のころ、私の連れ合いもICUで非常勤講師を務めていた。いずれは常勤職に変われる可能性もなくはなかったようだ。ところが、ICUでは、夫婦で教職に就くことは避けるという不文律があったらしい。つまり、私がICUのオファーを受けた瞬間に、彼女の常勤職への途は閉ざされたことになった。別段深刻な家庭不和が起きたわけではないが、私としては、いささか負い目を背負ったことになった。今彼女は曲折を経て早稲田大学の教授であるから、むしろ、彼女にとっては幸便な道が開けた、とも言えるのだが。

## ICUで

ICUに着任して、最初の教授たちのミーティングで、私は大きな衝撃を受ける出来事に遭遇した。何かの話の成り行きのなかで、私は何気なく「研究・教育」という言葉を使ったのである。直ちにある教授が聞き咎めた。先生、それは順序が違います、このキャンパスでは「教育・研究」ですよ。なるほど、そういえば、日常生活する研究室のある建物の名前も「教育研究棟」である。私は、ここでは根本から考えを改めなければならない、と肝に銘じたのである。

大学全体が教養学部一学部という珍しい構成を持った大学である。学部学生から大学院生まで、また教師としても教養学部で過ごしてきた私にとって、考え方を改めてみれば、まことに居心地のよい環境である。そのころは未だあった（今はそうした構造もなくなったのだが）理学科の必須科目として掲げられていた、科学史、科学哲学の二つの科目を中心に、オスマー科学特別教授職（Osmar Distinguished Professorship of Science）の称号も戴きながら、教養学部制度に特有の音楽学から物理学までの幅広い学問環境のなかで、教育と研究に没頭できるのは、まことに有り難いことであった。

## ICUの定年後

六五歳で定年を迎え、大学院特任教授としての定年である七〇歳をさらに超えたが、文科省のCOEプログラムの責任者であるという理由で、それが終わるまで、一年間定年を猶予して戴いて、無事に七一歳で、ICUを卒業することができた。その際東京理科大学から、大学院科学教育専攻課程の責任者に、というオファーを戴いたので、有り難くお引き受けすることにし、飯田橋のキャンパスや野田のキャンパスのありようにも少し慣れたころ、ある意味では青天の霹靂のような出来事が起こった。それまでに全くご縁のなかった東洋英和女学院大学の責任者の方が見えて、次期学長に迎えたいというお申し出であった。確かに非常勤講師としては、聖心女子大学、清泉女子大学、お茶の水女子大学に務めたことはあるが、典型的なプロテスタントの女子大学、しかも、全く未知の環境にある大学の責任者など自分に務まるわけがない、第一、東京理科大学には、とにかく最短二年間のお約束がある。最初は固辞するほかはなかった。しかし、説得に来て下さった教授の方が、全力でお支えします、とまでおっしゃって下さる熱意を、最後まで斥ける力は私には残っていなかった。半信半疑の形で、いわゆる「落下傘」のような人事ではあったが、東京理科大学には違約の深甚たるお詫びを繰り返しながら、恐る恐る全く新しい環境に飛び込むことになった。

ここでも、学長職の定年は七五歳であるにもかかわらず、二年の特別延長があって、三年前に何とか無事終了することができた。今は完全に定職からは退いた形になっている。これまでに経験したすべての組織で、先輩、同僚、後輩、そして事務関係で助けて戴いた方々に、心から感謝の意をここに記すことをお許し願いたい。

## 再び東大では

時間は再び遡る。これまでの記述は、履歴の解説に終始していて、一向に「知的」ではないのではないか、とご批判があろう。これから述べることも、知的からほど遠いとお叱りを受けるかもしれない。ただ、学問的内容に関して、全体の俯瞰的な展望は、「批判に応えて」の冒頭で試みることで、ご理解いただくこととして、大学にあって、書き残しておきたい一つの問題は、私が東京大学教養学部に在任中の昭和六二（一九八七）年におきた、世に言う「中沢事件」である。細かい事情は、関係者（西部邁、山脇直司、見田宗介ら）の、それぞれの立場からの証言があるので、ここでは繰り返さない。要するに、駒場の社会科学関係部局から提案された、外部から中沢新一氏を招聘しようという人事案件が、最終的な意志決定機関である教養学部教授会で否決されたことである。前代未聞のことであった。というのも、教養学部教授会というのは、教授人事は教授だけ、助教授人事は助教授以上、というように議案によって、定数が変化するが、あらゆる分野の教員の集合体だから、大まかに数えれば四百人の大所帯であり、形式上も、実質的にも、他部局の人事案件に口を挟む余地などないために、当該部局から上がった案件はフリーパスというのが習慣になっていたからである。

もともとこの人事は、社会科学関係部局内で、思想的、勢力的等々、色々な面から対立があり、もめる要素がなかったわけではない。ただ、とにかく当該部局内で意見が纏まり、西部氏を委員長とする全学部的な人事委員会が発足し、私もその委員の一人に任じられた。そして、綿密な検討のうえで、教授会に上程が決まったのである。しかし、教授会では、社会科学関係でこの人事に不満を抱く人々からの、予めの根回しがあったのではと思う(この推測の根拠は、通常は上に述べたように他部局の人事には、およそ関心がないにもかかわらず、教授会でおよそ畑違いの候補者の著作を読んだ上で強い反対を唱えた人は、自然科学系であったからで、これも異例のことである)が、天文学のS氏を中心に、激しい反対論が集まった結果、否決という結果に終わったのである。

余計なことかもしれないが、中沢新一の伯父に当たる中沢護人は、東大生産技術研究所を経て、技術史の分野で仕事を重ねた研究者で、L・ベックの大著『鉄の歴史』(たたら書房、一九六八年以降、分冊で十年以上かけた刊行になった)や『鋼の時代』(岩波新書、一九六四年)などは、発売当時から私の書棚にあったし、後には面識を得ることもできた。

話を戻すと、S氏らのかなり激越な中沢批判の中心は、碌に理解もしていない（この判断は中傷に近いと私は思うが）自然科学のなかで使われる術語を、安易に、しかも自説の権威付けのために（これも、中傷に近いと思うが）専門違いの自己の言説のなかに織り込むのはけしからん、という点にあった。恐らく今の読者のなかには、一種の既視感を抱かれた方もおられるのではないか、と思う。そう、既視感というには、時間が逆転しているが、二十世紀末に国際的に思想界を揺るがせたソーカル事件である。そして、この事件も、いわゆるポスト・モダンの流れの一つカルチュラル・スタディーズの流行に対する自然科学系の反発に根源があったが、具体的には自然科学の専門用語を勝手に、妄りに引用するな、というところにあった。確かに、偏屈な親父が飯台に立つ寿司屋で、うっかり「ナミダ」（わさびのこと）や「ヅメ」（アナゴの上にかけるタレのこと）などと、業界用語の知ったかぶりをすると、追い出されかねない。

なお、このときの私自身の決着は、『朝日ジャーナル』（一九八八年四月二十二日号、一一八頁以下）に載せた文章「東大〝中沢問題〟を考える」に集約されている。この文章は、大学における学問の在り方や、教養教育とは何かについての私の考え方が、明確に示されており、今でも自分の書いた文章のなかで好きなものの一つである。残念ながら書物として収録されたことはないので、実物で読んでいただくほかはないが。

### 社会構成主義の流行

さて、「この事件も」と書いたが、中沢問題が起こった時代は、ポスト・モダンの全盛期であり、浅田彰と中沢とは、「ニュー・アカ」（つまり、アカデミズムに新風を吹き込む立場）の旗手として高い評価を得ていた。そうした傾向の一つの源泉は（当事者の意識の有無とは別に）ピーター・バーガーとトーマス・ルックマンの共著『日常世界の構成』（山口節郎訳、一九七七年、新曜社、原著は一九六六年）であったと思われる。この段階では、まだ社会構成主義（または社会構築主義）という思想運動としての自己確認は明確にされていなかったが、原著のタイトル〈*The Social Construction of Reality*〉は、まさしく、社会構成主義の高らかな旗揚げ宣言に読める。

私も、この原著に接したときには、いささか興奮して読みふけった覚えがある。科学についての、ハンソン以来クーンやファイヤアーベントらの所説に、またそれらに影響を受けた私の思考枠組みに、訴えるものが大きかったのは事実である。ただ、自分は社会学者ではないという奇妙な自己規制が働いて、社会構成主義や、その後のカルチュラル・スタディースのような方向に進むことはなかった。もともと、専門学問の間に建てられる壁を嫌悪し、越境を望む性癖からすれば、この自己規制は何であったのか、今振り返っても、必ずしも明確ではない。しかも、私は、その後「科学・技術の」という限定詞付ではあるが、社会学へとシフトしていくのだから、奇妙さは残る。ただ、社会構成主義の主張と、私の思考枠組みとの間には、微妙ながらはっきりと違いもあるように思う。その一つは、私が関心を持つ「科学・技術と社会」論（ＳＴＳ）は、私の前半生に捉われていた、概念の社会依存性という問題設定のなかでの「社会学」から少し離れて、科学・技術の所産と一般社会との関係を対象とする社会学にシフトした結果である、というところにある。したがって、私の書いたもののなかに、バーガー＝ルックマンの引用は多分ないはずである。

その意味では、バーガー＝ルックマンを読んだ時の私は、まだ認識論に足場を置いてはいたが、ちょうど社会学の方へと関心が移り始めていて、本能的にそのシフトを恐れていたのでは、と今になって思う。結局、このシフトを外から加速させたのが、先端研への移籍だったことになる。もう一つは、流行を追いかけることへの本能的な忌避感も働いたのかもしれない。それくらい社会構成主義やカルチュラル・スタディースは、一時期熱狂的なブームを巻き起こしたのだった。

今私の学問的関心の一つは、近代科学論の総まとめにあり、すでに覚悟だけは幾つかの機会に書いてきたが、「大ルネサンス」構想を仕上げることである。十二世紀ルネサンスと通常のルネサンスを換骨奪胎して新しい光を当ててみる。大きな物語を卒業したはずの私の中に、それでもこんな野心だけは残っているのを、我ながら面白く感じている。新曜社にも、もう一度ご迷惑をおかけして、その出版を引き受けて戴く約束だけはできている。ただ、現在の健康状態と知的能力が、その完成を許すか、気がかりではある。

## 信仰の問題

最後に、信仰の問題にも触れないわけにはいかないだろう。すでに述べたように、私は昭和三三（一九五八）年のクリスマスに、名古屋の南山教会で、キリスト教カトリックの洗礼を受けた。しかし、幼いころからの環境は、むしろプロテスタント最左派とでも言うべき性格のものであった。父親が信頼していたのは、極めて独自のキリスト者である本間俊平であったし、小学校で出会って、日曜学校も主宰していた教師は、内村鑑三の直弟子に当たる人であった。内村の『余は如何にして基督信徒となりし乎』（岩波文庫に翻訳あり）や『四福音書の研究』（上下、筑摩書房）などは、中学、高校での愛読書でもあった。自分の心の中だけに教会はある。とても純粋で美しいと思った。ここでは、私の回心の理由づけについては（別の機会に多少は触れている）、敢えて述べないが、大学生になって、言わばキリスト教の最左派から最右派へ転向したことになる。

ただ、私はキリスト者であることが、学問上の仕事に直接的な影響を与えることは避けてきたつもりである。さらに、信者として誇るべきことではないかもしれないが、他人を入信させようという振舞いは、生涯に一度もないと言い切れると思っている。また「異教徒」である、あるいは無神論者である、という理由で他人を判断したことも断じてない。もし私が他人の入信のきっかけを造るとすれば、それは私自身の存在が物語ることの結果以外にはあり得ない。そう堅く信じてきたからである。反対の面から言えば、キリスト者とはあんなものか、と背を向けられる存在にだけはなるまい、と考えてきたとも言える。

今人生の終りを迎えるに当たって、その思いが僅かなりと実を結んでいるのであれば、という思いだけが、私の心を占めている。

# 主要著作紹介

## 日本近代科学の歩み――西欧と日本の接点
三省堂、一九六八年

村上陽一郎の初めての単著である。冒頭の「Ⅰ　西欧の科学・技術」で、ギリシア科学と近代科学の性格規定が行われた後、一五四三年の鉄砲伝来から太平洋戦争にかけての、西欧科学の日本における受容の歴史が語られている（新版では一九七〇年代まで追記されている）。そして、「Ⅶ　日本文化と西欧科学」では、西欧科学の受容史から見た日本文化の特徴が論じられている。弱冠三二歳で、四百年間もの日本の科学史をわずか一九一頁の小著にまとめた力量には驚嘆せざるを得ない。思考の対象をなるべく大きく広げ、その対象の全体を論じようとする村上の議論の方法の特質が、この処女作に明瞭に現れている。

扱われている内容は、鉄砲などの火薬兵器、蘭学における天文学と医学、幕末の洋学、明治期以降のダーウィニズムや国家・産業と科学の関係などであり、村上が卒業論文や修士論文で扱った日本でのダーウィニズムの受容が特に詳しく記述されていることを除けば、オーソドックスな内容であると言えよう。第二次大戦中、科学研究は国家の厚い庇護を受け、科学者も軍事科学に挙国一致的協力をしたという鋭利な指摘も行われている。その一方、植民地支配と科学の関係についての言及は無い。

終章で村上は、日本に科学が生まれなかったことから、日本人は自然に「なぜ」を問いかけないのであり、日本の思想的基盤は西欧とは異なるものであったと論ずる。そして、蘭学以降、日本は西欧科学を受容してきたが、それはあくまで借りものとしてであったり、また、自然を統御する道具＝技術としてだけであったりするものであって、「日本人本来の自然との付き合い方」は不変であった、と日本文化の二重構造論を唱える。いっけん、全面的な西欧化を進めたかのように思える近代日本でも、生物進化論が国体主義を擁護する武器とされたように、科学は表面的な道具に過ぎず、日本人の思想構造の基底部にある自然との付き合い方は揺るがなかったという。

しかし、この本の執筆時点の「現在」、日本文化の二重構造は崩れ始めており、西欧科学とその背景とが、日本の基本文化としての位置を獲得しつつあるのではないかと述べる。その「現在」についての観察は、今この本を読むと本質主義的な筆致が気になることの原因を示しているように思える。

## 西欧近代科学——その自然観の歴史と構造

新曜社、一九七一年

「永い間私は、科学史と哲学との融合を求めてきた」という文で始まるこの本は、科学における思考の「準拠枠」に対する強い関心が全面に横溢した科学思想史となっている。序章において、日本には日本の、インドにはインドの「自然との関わり合い方」があったように、西欧近代には西欧近代の「自然との関わり合い方」があり、それが科学なのだと述べられている。つまり、科学は「必然」ではなく、複数の可能性のなかから、西欧近代が、ある価値判断によって「選択」したものなのだ。科学は唯一の客観的な「真理」なのではなく、西欧近代が選択した一つの枠組み・鋳型によって自然から選びとられた「事実」で構築された体系なのだ。その選択がいかに行われてきたのかを記述したのが、この本なのである。

第一章で、古代ギリシアの科学から、科学とキリスト教との関係、イスラムの科学、中世の科学まで、その展開の概要が記述される。第二章以降では、様々な分野における古代から中世にかけての知識が述べられた上で、十六世紀半ばに始まる「科学革命」期における知識の転換について、思考の「準拠枠」の選択への関心を中心にして、論じられている。第二章では、惑星の運動に関する天文学の革命における、コペルニクスとケプラーの「準拠枠」が探究されている。第三章では、血液循環に関する生理学の革命における、ヴェサリウスとハーヴィの「準拠枠」が議論の中心となっている。第四章では、運動論に関する力学の革命における、ガリレオとニュートンの、やはり「準拠枠」が検討されている。第五章では、原子論的物質観に関する化学の革命における、ボイルとラヴォアジェ、ドルトンの「準拠枠」が探究されている。第六章では、種に関する理論における「準拠枠」について、ダーウィンの進化論を中心に論じられている。

以上のように、西欧近代科学の地質学以外の分野について、網の目は粗いとしても、ほぼ網羅的に論じられていると言えるだろう。そして、西欧近代科学の柱となる準拠枠は、分析的方法による要素論的な枠組みであると指摘されている。さらに、たとえば個体の生や死、心などを捉えるには、全体を要素の集まりとして分析的に捉えるのではなく、全体を「全体」として捉える枠組みが必要だ、という提言も行われている。

## 近代科学を超えて

日本経済新聞社、一九七四年

村上陽一郎の初めての論文集。科学哲学に重点が置かれているものの、科学史と科学哲学の両方に目を向けた村上らしい論文とエッセイが集められている。

この本での中心的な関心は、「事実」はいかに理論の構築に関わりをもつのか、科学は文化圏の思想構造とどのように結び合っているか、という問題にある。これらの問題に対する村上の基本姿勢は、「事実」の端的な客観性を斥け、「意味」の世界の議論に持ち込むというものである。そして、答えを出すにあたって村上が影響を受けたのは、N・R・ハンソンの『科学的発見のパターン』（一九五八年）とT・S・クーンの『科学革命の構造』（一九六二年）だったと、「はじめに」に記されている。ハンソンもクーンも、科学史と科学哲学の両方に強い関心を持っていた点では、村上と共通性があると言えよう。

「I　科学のなりたち」では、事実が理論に依存していること、そして、理論は複数組み合わさっているものなので、新理論の形成の鍵は下位理論にあることが論じられている。どちらの議論も、単純な蓄積的科学観を否定する内容である。次いで「II　科学と価値」では、科学が基礎としていて、それ以上遡らない前提が、他の価値に依存している、という哲学的分析が行われている。

「I」「II」では主に理論の推論について、事実や価値との相互関係が哲学的に論じられていたが、「III　現代科学の境位」では、「分析」という方法や、「擬人主義」の拒否などの、科学的知識の持つ特徴について、思想的な議論が行われている。そして、「人類のために」という目的を科学内部に設定する必要がある、と述べるなど、科学の目的にまで議論が及んでいる。

「IV　科学技術の前途」と「V　科学の可能性」では、反科学主義へのカウンターバランスを取ることが念頭に置かれた論陣が張られている。まず、「IV」では、科学における進歩思想と終末思想、機械と人間の関係などについて考察されている。「V」では、「IV」より明確に反科学主義への批判が行われた上で、科学では扱われにくい「共時的」秩序に注目することと、全体を鳥瞰的に捉えることとの重要性が訴えられている。このブルクハルト的な共時性への注目や全体を見ることとの重視は、まさに村上自身のほぼすべての論考を特徴づけるものだと言えよう。

## 近代科学と聖俗革命

新曜社、一九七六年

『西欧近代科学』（一九七一年）において、村上陽一郎は中世と近代との境界を画するものとしての科学革命に主たる関心を置いていた。その『西欧近代科学』に登場するコペルニクス、ガリレオ、ニュートンらにとっては、自然についての知識が人間と神との関係においていかなる位置を占めるのか、という問題が緊要であったのだが、十八世紀には、神が「棚上げ」され、知識論は神抜きで人間と自然との関係のなかだけで問われるようになる。村上は、このような知識の位置づけの文脈の転換を、宗教学者エリアーデのひそみに倣って「聖俗革命」と呼び、それをこの本での主たる関心としている。村上は、この「聖俗革命」が、ある時期に明確な形で起こっていると主張しているわけではなく、十九世紀中葉、ダーウィンの時代においても必ずしも完結してはいなかったし、さらにいえば欧米には今日でさえ、神―自然―人間という文脈が抜きがたく組み込まれているとさえ言える、と留保をつけている。とはいえ、十七世紀に知識の世界を支配していた聖なる構造が、十八世紀から十九世紀にかけてゆるんでいったのは確かだろう、と言うのである。

「I部　近代を分つもの」では、聖俗革命が、デカルト主義の一部、ニュートンとロック、「自由思想家」などを源泉として、フランス啓蒙主義によって遂行されていく様子が描かれている。特に、ヴォルテール、ディドロ、ダランベールの言説において、知識を人間が感覚を通じて自然から取り込まれるものとし、神なしで人間と自然という二者のみで完結する知識論が展開されていくことを示している。そして、十七世紀以降の近代科学をひとまとめにしてとらえるべきではないと主張している。

「II部　近代的人間観への離陸」は、意識の存在に注意した「人間」に関する思想史であり、特に後半は、心理学での人間の心の扱いに関する哲学的考察となっている。ギリシアにおいては、空気と霊魂を一致すると考えるような「人間の拡大化傾向」があり、キリスト教には、汎心論を否定する「人間の縮小化傾向」と聖フランチェスコのような逆の傾向もあった。そして、近代科学は、デカルトをきっかけとして「縮小化傾向」を強く志向し、擬人主義を否定し、他の動物にも用いる方法のみを人間にも適用することとなったと論じられている。

## 新しい科学論――「事実」は理論をたおせるか

講談社、一九七九年

初めて科学哲学に触れるような一般的な読者を想定して書かれた科学哲学の入門書である。ただ、科学哲学だけでなく、村上科学史の内容も盛り込まれている。

「第一章　科学についての常識的な考え方」では、まず、科学方法論における帰納主義や仮説演繹法などが、そのような術語を使わずに紹介されている。次に、法則はデータを蓄積すれば蓄積するほど、より包括的な法則に進歩するという「法則の進歩主義」が示される。たとえば、ニュートン力学の運動法則は特殊相対性理論の運動法則の特殊事例とみなせるということが、法則の包括性の例として述べられている。ポパーの「バケツ理論」を引き合いに出して認識の受動性が示され、そして、科学はできる限り先入観や偏見を捨てて、ありのままの自然を受け取ることで初めて成立するという「裸好み」の精神について紹介されている。

「第二章　新しい科学観のあらまし」の「第一節　文化史的観点から」では、コペルニクスやガリレオらの発見が、キリスト教の非科学的な迷信から解き放たれ、誤った先入観や偏見を捨て去った結果として生まれたのではない、と論じられている。さらに、聖俗革命について説明され、聖俗革命以前の科学は、キリスト教的な自然観の構図とギリシア科学、アラビア科学などとのアマルガムであった、と述べられている。

「第二節　認識論的観点から」では、「見る」ことは「バケツ理論」が示すような受動的行為なのではなく、知識、とりわけ言葉によって分節化し、理解する能動的行為なのだと論じられている。たとえば、「酸素がある」という事実は酸化還元の理論によって初めて事実の資格を得る。その事実の「客観性」は、科学者共同体で知識が共有されていることにより、共同体内で保証される。そして、理論の前提なしに事実を見ることはできないのだから、理論の変化は必ずしも事実の増大によるのではなく、事実を見るための様々な理論の網の目構造の変化によるのだと論じられ、第一章で示された進歩主義や包括性の原理が否定されている。そして、ニュートン力学と特殊相対性理論の特殊事例とは同じものではないとして「共約不可能性」概念が紹介されている。以上の観点から、最後に、科学は人間から中立ではないと主張されている。

## 科学と日常性の文脈

海鳴社、一九七九年

本書は人間の科学的営みと科学「外」の営みを統一的に理解しようとする試みで、次のような内容である。

私が灰皿を灰皿として見るとき、それには、灰皿の周りのものの配置が関わっているし、私には灰皿についての様々な知識のネットワークが存在している。私が灰皿を灰皿として見ることは、そのような全体的文脈に依拠している。そして、灰皿のような日常的世界を構成する事物が依拠している文脈は、「火を着けようとしても燃えない素材でできている」など、われわれの社会ではトリヴィアルで、あえて明文化する必要がない、暗黙のうちに公共的に了解されている前提である。

事物だけでなく、「われ（私）」にもそのような文脈依存性が言える。「われ」が何であるかは、社会的空間や人間関係などの文脈に依拠している。そして、社会共同体の成員どうしである「われ」が結合することで、公共的な「われわれ」が構成される。「われわれ」もまた文脈依存的で、異なった文脈のなかでは、異なった「われわれ」があり得る。そして、灰皿は「われわれ」にとってトリヴィアルな条件に従って灰皿として表出する。つまり、われわれの日常的世界は、「われわれ」性のなかに潜む共通のパターンを通じて構成される。

この「われわれ」性のなかの共通のパターンとして、最も大きな位置を占めているのは「日常言語」である。日常言語は、世界を分節化するための最重要な因子だと思われる。そして、言語の意味も、孤立的に限定されるものではなく、広汎な語彙のネットワークの意味空間によって限定される。「われわれ」の成立、日常的世界の組織化、日常言語の意味空間の構造成立という三つは同じ事態を三つの視角から眺めたものと言える。

同様なことが、「科学者共同体」「科学的世界」「理論言語」という三つについても言いうる。そして、それらはもっと細分化されたり、重複しあったりすることもある。日常言語においては、ある用語が依存する文脈はトリヴィアルまたは曖昧だが、理論言語においては、ある用語が依存する文脈はトリヴィアルではないし、明文化され得る。ただし、理論言語と日常言語とには、「質量」と「重さ」とのようにつながりがあり、理論言語の変換に日常言語が関連し得るのである。

## 科学史の逆遠近法――ルネサンスの再評価
中央公論社、一九八二年

ある科学理論の先駆を過去に探し、さらにその先駆を過去に探し、見つけたその連鎖を正順に語り直して歴史とする態度を、村上陽一郎は遡及主義と言う。遡及主義では、現在の理論と知の全体的枠組みの関係を、過去の理論と知の全体的枠組みの関係に投影してしまいがちである。そうではなく、過去の理論を、それを包み込んでいる全体的文脈のなかに定位し、捉えきることを目指すこと。村上はその方法を、歴史の断片主義、「正面向き」の立場、科学史の逆遠近法などと呼び、この本でルネサンス期に適用している。

村上は、ルネサンスの神秘思想として、イェイツに倣って、曖昧なネオプラトニズムよりもヘルメティシズムに着目する。そして、ヘルメス文書が成立した一～三世紀のアウグスティヌスによる魔術批判を論じたのち、イタリア・ルネサンス、とりわけフィレンツェ・プラトニズムの中心的人物であり、ヘルメティシズムの本格的紹介者となったフィチーノの思想を検討している。そして、合理的なスコラ主義と拮抗して存在していた魔術的伝統の雰囲気が、フィチーノのヘルメティシズム紹介を爆発的に受容する培地を形成していたと述べ、そうした雰囲気を作り上げていたのは、東方からのプラトニズム的影響と占星術の流れだったとしている。次に、占星術と並んで、ヘルメティシズムの伝統のなかで重要な地位にあった錬金術について触れており、アリストテレス主義とキリスト教とのアマルガメーションと並行して、ヘルメティシズム流の錬金術もキリスト教との融合が図られようとしていたと論じている。

続いて、村上はピコ・デラ・ミランドラやアグリッパらのカバリズムを取り上げ、それらは魔術と関わるものでありながら、キリスト教信仰と折衷したキリスト教的カバリズムであったと指摘している。そして、医化学派のパラケルススにおける、キリスト教的理念と錬金術とが融合した哲学にも注目している。

最後に、「近代科学者」とされるケプラーとパラケルスス派錬金術哲学者との距離は大きくないのではないか、さらに、そのような諸々の異教的要素とキリスト教は、科学革命期の思想の傍流ではなく主流ではなかったか、と初期近代の思想史の再考を促しているのである。

## 文明のなかの科学

青土社、一九九四年

村上陽一郎は、「科学」は聖俗革命を経て誕生したと論じてきたが、この本ではさらに踏み込んで、「科学」は「文明のイデオロギー」のもとで誕生したと論じている。そして、西欧近代文明の危機を指摘し、それに対する処方箋として、機能的概念としての「寛容」を提唱している。この本は科学論の枠を越えて、文明批判の書となっていると言えよう。

村上は、「文明」とは、普遍化への意志と、その意志の実現のための社会装置を持ち、自然および異文化を支配しようとする攻撃性を持つような、特殊な「文化」であると定義している。また、「文明」は、自然からの人為の分離、人為による自然支配というイデオロギーを持つという。そして、西欧近代文明は、普遍化の意志によって世界的拡大を果たし、その結果、地球規模の自然破壊や異文化への干渉が生じた、と村上は「文明」を非難する。

そして、「文明」のもつヨーロッパ至上主義、近代至上主義に異和を唱えた文化人類学を評価し、その方法論的特徴は、ある行為の持つ意味や価値は、その行為が行われる文化的文脈によって決まるとする「文脈主義」にあるという。それと共通な議論の構造を持つパラダイム論は、異なるパラダイム間では、一見同じに見える概念も、その意味や価値が異なるという「共約不可能性」の主張を持つ。しかし、共約不可能性を言い立てるために異なるパラダイムを比較できるということは、共約可能であることを意味しないか、と村上は問題にする。

その矛盾の一つの解決策は、人間として普遍的な「地平」を設定することだが、それを拒否することが、村上の議論のそもそもの前提である。だが、これを他者理解の問題として考えるとき、他者を理解できないとしても、自分が動いて、自己を相対化することはできる。その動きを「寛容」と村上は呼ぶのである。

そして村上は、現実世界における「文明」の普遍主義と諸「文化」の多元主義との共約不可能な対立に対する処方箋としても、「寛容」を提案する。普遍主義と多元主義の間に絶対的な唯一解を得ることは放棄し、様々な価値の間を動くことによって、相互にとってより摩擦の少ないと思われる解を暫定的に採用する他はない、というのである。

## 科学者とは何か

新潮社、一九九四年

村上陽一郎は、まず、科学者は研究に関しては何ものにも抑制されずに「自由競争」する権利をもつという行動原理はどのようにして形成されたのか、と問うている。そして、科学者のヨーロッパ中世における先輩知的職能集団であった医師、聖職者、法曹家の行動規範はキリスト教の神との約束のなかでできまっていたが、神を最高原理として考えることが放棄された後、十九世紀に出現した科学者という職能集団は神とのかかわりが存在せず、基本的に誰にも責任を負わないのだと指摘している。

そして、村上は、そのような科学者共同体には、知識の「進歩」に貢献すべきだという暗黙の倫理規定はあるが、不正への自浄機構や外部からの批判を受け入れる回路はないと述べ、科学者共同体は、内部の知識体の増加が無条件に善とされる、アクセルだけの車のような状態だと批判する。科学者共同体は外部と影響・利益関係をもつにもかかわらず内部の評価規準のみに従い、外部からは責任を求められないというのは非対称である、とも言う。

だが、科学者共同体にも変化が生じており、例えば、遺伝子組み替えに関するアシロマ会議では、研究自体を制限する同意が初めて自主的に行われ、また、専門家以外のメンバーを含む機関内評価委員会（ＩＲＢ）が研究機関に附置され、活動が審査されるようになった。科学者共同体が自ら研究の自由に対する束縛を認め、評価を外部者に開いたことは初めての動きだ、と村上は評価している。

一方、一九八〇年代後半以降、研究費が国家・社会側の限度に達し、科学者が研究費獲得のため外部に説明する義務と責任を負い、また、研究動向の外部による決定を容認するという事態が生じた。村上はこれを科学者共同体の閉鎖性に対する外部からの衝撃だとし、また、理系と文系の区別をこえて総合的な立場から考える場を造るべきだという考えの広がりを指摘している。

最後に村上は、外部への説明の義務を生むＩＲＢ制度、同僚評価とは異なった規準による褒賞制度、人文・自然・社会科学を超えた視野をもつ人材の養成、研究者の資格として遠い将来にわたる社会と人類に対する責任を倫理とすることなどが求められると提言している。そして、科学者はこのような変革の要求に対応して、新しい行動様式の衣を着るべきだと主張する。

## 新しい科学史の見方

日本放送出版協会、一九九七年

これは「NHK人間大学」というテレビ番組のテキストで、わずか一一四頁の小冊子である。しかし、村上陽一郎の最も新しい科学史観の全体像に触れることができる貴重な書物だと言える。この冊子は、「勝利者史観」の科学史記述への批判、科学とキリスト教の関係、科学革命に対する村上の見方、聖俗革命論、十九世紀における「科学」の誕生、二十世紀における「科学」の変質、現代の科学研究のあり方など、村上科学史の重要なポイントを広く網羅しており、村上科学史全体への入門篇と呼びうるものだ。ただ、それらについてはより詳しく記されている書籍が他にある。

ほぼこの小冊子にしか記されていない、もっとも特徴的な内容は、「GRA（グレコ・ロマーノ・アラビック）時代」と「大ルネサンス」という二つの新しい時代区分の提案である。

通常、「古代世界」はギリシア・ローマ時代を意味し、西ローマ帝国が滅亡する五世紀までだと考えられている。しかし、ギリシア・ローマの学問的伝統は東ローマ帝国とイスラム世界でたんに継承されるだけでなく様々な点で新たな発展を見せた。東ローマ帝国は十五世紀まで続いたことから、村上は、少なくとも学問史という観点から見る限り、「古代世界」は十四〜十五世紀までは連続したと考えるべきだという。そこで、紀元前五〜四世紀から十四〜十五世紀までを「GRA時代」と呼ぶことを提案している。

十二世紀には、イスラムの学問が西ヨーロッパのキリスト教世界で受容される「十二世紀ルネサンス」が生まれ、その影響でスコラ学という「キリスト教的哲学」が形成される。十五世紀に始まる通常の意味でのルネサンス以降、コペルニクスやガリレオなどの仕事が登場するが、それらはスコラ哲学とは異なるものの、ギリシア・ローマの哲学をキリスト教と結びつける可能性を探究したという理由で、基本的にはやはり「キリスト教的哲学」だと村上は述べる。そこで、十二世紀から十七世紀までの六〇〇年間を「大ルネサンス」と呼ぼう、と村上は言う。

大ルネサンス以降は、十八世紀の聖俗革命を経て、十九世紀に「好奇心駆動型」の科学が誕生し、さらに二十世紀にかなりの研究が「使命誘導型」になったと、科学の変貌が述べられている。

## 安全学

青土社、一九九八年

安全学とはなんだろうか。村上陽一郎は、安全「学」であって、安全「科学」は適切ではないように思えるという。それは、「安全」が一つの価値観であり、科学は価値観に関する探究を専門化することはないからだと述べている。一方、安全工学と安全学とは、重なるところが少なくないという。「空振りに慣れる」とか、ヒューマン・エラーで起こったことを報告するなど、安全学で重視する点は、「フェイル・セーフ」で「フール・プルーフ」なシステムの設計と運営を目指す安全工学と共通するというのだ。ただし、安全工学は「メタ工学」であり、個々の工学を対象として、その上に成り立つべき工学であるのに対し、安全学は「メタ知識論」として、科学も含めて、われわれの知識を対象とし、それについて論ずる基盤を作るものである点が異なる、と述べられている。

だが、安全学はたんに安全工学より扱う対象が広いというだけではなく、村上は次の指摘を行っている。安全工学的な手続きのなかには、問題には唯一の合理的な解が存在し、ゆえに問題の解決とは、何らかの方法でその唯一解を見いだすことである、という前提がある。しかし、安全という価値には同一の価値のコンフリクトや多元的な価値のあいだの相克もある。たとえば、感染症の予防ワクチンの接種は、個人の安全と社会の安全とが、健康という同一の価値についてトレード・オフ関係にあるし、環境問題では世代間のコンフリクトがある。そのような問題の解決として、唯一解の存在を前提に、それに近づける方法を探し出すことだけに固執してよいのか、と村上は問うている。そして、最終的に一つの「解」を選択するとしても、それが「合理的な最適解」であり、「唯一解」である、という「解釈」を捨てよう、と提案している。つまり、ある特定の「解」が選ばれたのは、取り敢えずある特定の価値と視点に重きを置いたからであって、それ以外の可能性を否定し、捨てたわけではない、ということを常に強く認識しようという提言である。村上はそれを「複数解の容認」と表現している。

最後に村上は、二十世紀の社会が物理学のモデルで動き、その結果として「開発」と「進歩」に向かったのに対し、二十一世紀の社会は、生命のモデルに従って「安全」に向かって動くべきだと提唱している。

# 村上科学論への誘《いざな》い

# 「正面向き」の科学史は可能か？

野家啓一

## 『西欧近代科学』の衝撃

いまから四半世紀も前のことになるが、私は村上陽一郎の実質的な処女作『西欧近代科学』（一九七一年）について、遅ればせの書評を寄稿したことがある。発行元の新曜社が創業二〇周年を迎えるに当たって、記念の『総合図書目録』（一九九〇年）を刊行した折のことである。その冒頭で、私はドストエフスキーが語ったと伝えられる「私たちはみなゴーゴリの『外套』の中から生まれ出た」という言葉をもじって、「私たちはみな村上陽一郎の『西欧近代科学』の中から生まれ出た」と書いた。「私たち」とは、駒場に科学史・科学基礎論の大学院が開設された一九七〇年前後に、この「制度化」されたばかりの若い学問を志した仲間たちのことである。その思いは、いまでも変わっていない。

この書がわれわれの世代に与えたインパクトは、「初版まえがき」の「近代科学は、決して客観的、普遍的な存在ではない。西欧という文化圏の持つ特有の歴史とパターンとから自由な存在ではない」という一節に尽きると言ってよい。それまで「科学」といえば、西欧にのみ出現した普遍的知識のシンボルであり、非西欧地域が仰ぎ見る、彼方に聳える知の大伽藍であった。それを村上は、地理的には西ヨーロッパ、歴史的には近代という時間空間的に制約された一つの文化現象として「西欧近代科学」を見事に相対化してみせたのである。

従来の科学史は、良かれ悪しかれ「進歩史観」ないしは「勝利者史観（ウィッグ史観）」の弊を免れることはできなかった。つまり、科学は古代や中世の迷妄を脱し、誤謬を排除しながら正しい知識を積み重ねることによって、次第に真理の殿堂に漸近的に歩を進めてきたという右肩上がりのサクセス・ストーリーであり、さらには画期的な発明や発見をなしえた科学者たちの英雄列伝であった。

こうした啓蒙主義的な勝利者史観に対するアンチテーゼとして提起されたのが「遡及主義」であった。つまり「ある科学理論体系を論じようとする場合、その先駆となるべきものを時間的過去のなかに探し求め、そうしたものが見付かったときには、さらに、その先駆となるべきものを時間的な過去のなかに探し求める……」（『科学史の逆遠近法』三七頁）といった方法論である。だが村上は、それを「遡及主義に従えば、歴史的過去は、歴史的現在によって決定される」（同、四九頁）として批判する。遡及主義が記述の主題を選び出す基準は、あくまで現在の問題関心だからである。それゆえ遡及主義は「現在という名のプロクルステスの寝床」（同前）とならざるをえない。

では村上は勝利者史観と遡及主義をともに退けたうえで、いかなる立ち位置から科学の歴史を叙述しようとするのであろうか。それを彼は「歴史における逆遠近法」（同、五〇頁）ないしは「正面向き」の立場と名づける。その内実は以下の通りである。

私どもは、何よりもまず、当該の人物、当該の出来事、当該の科学理論などを、当該の時間において当該のそれらを包み込んでいる全体的な文脈の中に定位し、把え切ることを目指し、それに徹すべきではなかろうか。〔中略〕言い換えれば、私どもは、「前向き」でも「後向き」でもない、対象それ自体を全体的に見据えた第三の立場、言わば「正面向き」の立場を目指し、そこから出発すべきではなかろうか。（同、四六頁）

この作業が困難であることは、村上自身が「ほとんど論理的に不可能であり、実際にも至難であることは分かっているにせよ」（同前）と明確に自覚している。ただ、同時に彼はこの立場を「異文化理解」になぞらえ、文化人類学との並行性を揚言するのである。以下では、この科学史の「文化人類学化」についてささやかな批判的検討を試みたいが、それが天に向かって唾を飛ばす行為にほかならないことは私自身が十分に自覚している。私自身の科学史・科学哲学観の骨格が村上の著作によって形作られていることは、まぎれもない事実だからである。だとすれば、村上にならい「気は重いが、一歩を踏み出そう」（同、三二頁）とつぶやくほかはない。

## ウィッグ史観・再考

本題に入る前に、一つだけ触れておきたいことがある。二〇一五年に刊行され、最近翻訳が刊行されて大きな話題を呼んでいるスティーヴン・ワインバーグの科学史書『科学の発見』（赤根洋子訳、文藝春秋、二〇一六年。原題は *To explain the world*）のことである。著者のワインバーグがノーベル物理学賞の受賞者であり、現代素粒子論を支える「標準理論」の提唱者であることもさることながら、正面切って「ウィッグ史観」に依拠することを広言したことで、激しい論争を呼び起こした。解説者の大栗博司の言葉を借りれば「ウィッグ史観の確信犯」にほかならない。ともかく、ワインバーグの主張を聞いておこう。

本書の中で私は、現代の基準で過去に裁定を下すという、現代の歴史家が最も注意深く避けてきた危険地帯に足を踏み入れるつもりでいる。本書は不遜な歴史書だ。過去の方法や理論を、現代の観点から批判することに私は吝かではない。〔中略〕科学史家の中には、「過去の科学を研究する際に、現代の科学知識を引き合いに出さないこと」をモットーとして掲げる人もいる。私は逆に、過去の科学を明確にするために現代の科学知識を用いることを主義としている。(『科学の発見』一四―一五頁)

まさに掛け値なしの旗幟鮮明な「ウィッグ史観」である。ただし、学部学生向けの科学史の講義ノートから生まれたという本だけあって、科学史の事実関係に間違いはないし、古代や中世の専門的な文献もきちんと参照されている。その点では、歴史叙述の基本的な手続きは踏まえられていると言ってよい。また、ウィッグ史観に対する批判的見解に対する目配りもまた、それなりになされている。たとえば、トマス・クーンがアリストテレスの『自然学』をどう読むべきかに突然気づいたエピソードに触れて、ワインバーグは次のようなコメントを加えている。

クーンのこの発言を聞いたのは、私がクーンと同時にパドヴァ大学から名誉学位を授けられたときのことだった。その後、私がその発言の説明を求めると、彼は「(物理学に関するアリストテレスの著作を) 初めて自分が読んだことによって変わったのは、彼の業績を私がどう理解するかであって、どう評価するかではありません」と答えた。彼の言葉は私には理解できなかった。「非常に優れた物理学者」という言葉には、評価が含まれているようにしか思えなかった。(同、五二頁)

とはいえ、クーンはすぐ後で「ただし、そんな物理学者が存在しうるとはこれまで思ってもみなかった種類の物理学者」(同前) と付け加えているのだから、ワインバーグの評言は割り引いて聞かねばならない。それに続けてワインバーグは、科学史家デイヴィッド・リンドバーグの「どこまで現代科学を見越していたかという基準で (中略) アリストテレスの業績を判断するのはアンフェアだし、無意味である」というしごく当然な見解に対して、「この意見には賛成しかねる」と断言する。その理由は「(哲学についてはともかくとしても) 科学において重要なことは、その時代特有の問題を解決することではなく、世界を理解し、説明すること」(同、五三頁) だからである。

それゆえワインバーグはバターフィールドが提唱した十六世紀から十七世紀にかけての「科学革命」という出来事の存在を積極的に擁護する。つまり、そこにおいて現代科学に通じる「科学の方法」が確立されたからである。彼によれば「それは数学的に表現された、客観的な法則の探究である。

それらの法則が、様々な現象の正確な予測を可能にする。そしてそうした予測を観測や実験結果と比較することで、法則の正当性が立証される」（同、一九七頁）という一連の手続きにほかならない。付け加えておけば、「こと科学革命に関しては、バターフィールドは（私同様）徹底的にウィッグ史観的である」（同前）とのことである。

**科学史叙述と物語り論**

さて、村上の「正面向き」の立場、科学史の「文化人類学化」という提案に戻ることとしよう。むろん、ウィッグ史観を奉ずるワインバーグといえども、そうした見方に全く無理解であるわけではない。そのことは「L・P・ハートレーの小説に、「過去は外国。そこでは人の振る舞い方が違う」というよく引用される一節があるが、まさにその通りである」（同、一二頁）という一文からも窺うことができる。ただし、彼の「科学革命は、精神史をそれ以前とそれ以後に二分するリアルな転換点だったのだ」（同、一九七頁）という確信はゆるがない。それゆえ、科学革命以前の科学理論について論ずることは、ワインバーグにとっては、興味深くはあるが、頭の体操以上のものではないのである。

たとえば、ヘレニズム時代の天文学者アポロニオスやヒッパルコスが「惑星は周転円軌道を描いて太陽の周りを運行している」という理論をどのように編み出したのか、当時のデータだけを駆使して理解しようと試みるのは興味深い頭の体操かもしれないが、そのデータの多くが失われている以上、それは不可能である。（同、一五頁）

それに対して、現代人はすでに地球を含む惑星が太陽の周りを公転していることを知っている。この知識を基にすれば、古代の天文学者たちが当時のデータからいかにして周転円を導入したのかをほぼ推測することができる。それゆえワインバーグは「いずれにせよ、「太陽系の惑星は太陽を中心に公転している」という現代科学の知識をきれいに忘れて古代の天文学の書物を読める現代人がいるだろうか」（同前）と反問する。

もちろん私はワインバーグのウィッグ史観に与するものではないが、この反問は村上の「正面向き」の立場に対する急所を突いた批判になるのではないかと考えている。それに対する反論を伺いたいというのが、第一の質問である。

もう一つの質問は、歴史叙述と文化人類学化の問題に関わる。具体的には「歴史の物語り論（ナラトロジー）」の観点からする疑問である。村上は科学史を文化人類学化することの利点について次のように述べている。

そして文化人類学の一つの「効用」は、異文化と全体的に接触することを通じて、自分たち自身のなかで自明の前提とされ、それゆえにまた、自分たちの存在それ自体になりおおせていて、自分たちの文化のなかでべったりと共有されているために、自らの文化圏内部に相互のメンバーどうしで接触し合っているだけでは、ほとんど絶対に自覚されることのない、したがって、まして対自的に検討されることもないような要素を、発見することができるという点であろう。（『科学

史の逆遠近法』五一―五二頁）

まさにその通りであろう。文化人類学化がもたらすのは、異文化との接触によって惹き起こされる一種の「異化効果」と自己相対化の視点である。ただ、文化人類学の場合、異文化との隔たりは空間的距離であり、これは種々の交通手段とフィールドワークによって埋めることができる。それに対して科学史の場合、異文化との隔たりは時間的であり、これは直接に埋めることはできず、種々の史料や資料を媒介とせざるをえない。つまり、歴史叙述には絶えず時間的距離に伴う「回顧的性格」が付きまとうのである。

この回顧的性格をアーサー・ダントーは『物語としての歴史』（河本英夫訳、国文社、一九八九年）のなかで「物語り文」という概念を用いて明らかにした。彼によれば、歴史叙述に使われる文は、「ふたつの別個の時間的に離れた出来事、$E_1$および$E_2$を指示する。そして指示されたうち、より初期の出来事を記述する」（同、一八五頁）のである。

たとえば「『プリンキピア』の著者は一六四二年にウールスソープで生まれた」という文を取り上げてみよう。これは「ニュートンは一六四二年にウールスソープで生まれた」と「ニュートンは『プリンキピア』の著者である」という二つの出来事を指示している。しかし、この物語り文を一六四二年に書くことはできない。ニュートンが『プリンキピア』の著者となるのは一六八七年のことだからである。つまり、物語り文は以前に起こった出来事（$E_1$）を以後に起こった出来事（$E_2$）によって補足し特徴づける、という形式をとる。その意味で、歴史叙述は本質的に「後知恵」であり、常に回顧的視線を必要とするのである。この時間的距離、回顧的性格を必要不可欠とする限り、先に引用した「当該の人物、当該の出来事、当該の科学理論などを、当該の時間において当該のそれらを包み込んでいる全体的文脈のなかに定位し」という「正面向き」の叙述は、そもそもできない相談なのではあるまいか。できるとして、それはダントーの言う、ある瞬間に起こった出来事を起こったままに記録する「理想的年代記作者」、すなわち仮設された神の視点をどこかに密輸入せざるをえないのではないか、というのが私の率直な疑問である。

いささか揚げ足取りに類する疑問で恐縮だが、ご教示をお願いするとともに、天に向かって吐いた唾がわが顔に落ちてこないうちに筆を置くこととしたい。

# 科学の発展における連続性と不連続性

橋本毅彦

## 〈科学理論〉の連続性と不連続性

大学院時代に先輩の院生に勧められ、「本の広場」という生協のPR誌に書評を書いたことがある。書評に取り上げたのが、村上陽一郎の『歴史としての科学』だった。[1] 同書は、それまで書かれた科学史・科学哲学関係の新聞や雑誌に掲載された記事や論文をまとめたものであるが、今から読んでも読み応えのある（そして大変読みやすい）学術論文集になっている。

手元に当時の書評が残っていないのだが、その第一章と第二章の内容について特に取り上げたように覚えている。第一章の「自己の解体と変革」という章は、学問をメタレベルから取り上げて論評する科学史という学問の性格から、自分自身の科学史という学問にも自己言及的に論評することが論理的、倫理的に求められるという論点を展開したものである。

一方、第二章は「科学理論の連続と不連続——理論の「共約不可能性」をめぐって」と題され、もともとは『展望』の一九七八年三月号の巻頭論文に掲載されたものである。[2] 同論文の構成は以下のようになっている。

1　帰納主義の論理
2　データと「裸体偏愛」
3　帰納主義の欠陥
4　理論負荷性
5　知識の革命的変換
6　共約不可能性

最初にデータから理論を導くという帰納主義を紹介し、その前提となるデータの理論からの独立性・客観性への信奉を説き、帰納主義の方法論としての問題点を指摘する。科学理論が進歩する過程では、古い理論を反証するようなデータが明確に得られる訳ではないこと、また新しい理論の形成にあたって重要な事実の発見がなされるが、事実とは単なる裸のデータでないことを述べる。

続いて、N・R・ハンソンの「理論負荷性」の概念を導入し、理論の転換においてデータがその審判を担うような中立的な存在でないことを指摘し、それ故、理論の転換はデータの強制というよりも、データの「一種のゲシュタルト変換」によって支えられることを論じる。その上で、クーンやファイヤアーベントの議論を引用しつつ「共約不可能性」の概念を紹介し、理論的知識が蓄積的に進歩していくという考え方を否定する。すなわち相対論や量子論が、古典的なニュートン力学を包摂する形で拡張したという通例の科学観を否定するのである。

ここまで近年の科学哲学の議論を紹介した上で、「しかし、このような考え方に問題がないわけではない」として、村上自身の見解を最後に簡単に披露する。「共約不可能性」をめぐる問題とは、新旧理論の間の断絶が強調されることで、移行過程のダイナミクスが無視されてしまいがちであること、また意味はともかくも語句自体が存続し、科学者の意識においても新理論が旧理論の延長上にあると感じられていることである（フランス革命では革命後に王立科学アカデミーは閉鎖され、しばらくして創設されたフランス学士院では、「王立」や「アカデミー」といった言葉は忌避された）。そのように問題を指摘した上で、村上は論文の最後を次のような言葉で締めくくる。

ここに、科学理論の変換における連続性と不連続性の双方を正当に勘案できるような、もう一つのモデルが求められてくる所以がある。筆者に、そのモデルの候補となるべき試論がないわけではない。それは、簡単に言ってしまえば、人間の知識に多重構造的モデルを配し、その多重性のなかに、連続的な部分と非連続的な部分の双方を同時に認めようとするもので、しかも、その連続的変化と不連続的変化を、生物進化論における自然選択説に近い図式の中で定量化することを目指すものである。(3)

四〇年ばかり前に執筆された村上の論考を約三〇年ぶりに読み返し、この最後のパラグラフに書かれている言明に読み進めたところでやや意外な印象を受けた。村上の科学論、科学史論として理解していたことと少し違うことがそこに記されているように感じた。それまで理解していた村上の科学論は、連続性と不連続性の双方を勘案するというよりも、むしろ不連続性を強調するような科学観、歴史観のように思っていたからである。そうではないとすると、その双方を勘案する多重構造モデルとはどのようなものなのか。疑問を抱きながら、その後書かれた論文・著作を読み進めることにした。

村上が二年後に執筆した「科学史の哲学」を取り上げよう。それは『知の革命史』として朝倉書店から出版された七巻からなる科学・技術・医学の歴史のシリーズの第一巻第一章に寄稿された論文である。[4] 全七冊の先頭に位置する論考である。論文は「科学とは何か」「歴史とは何か」「科学史とは何か」、そして「科学史の方法」という四節に分けられ、後半の二節で、それまでの科学史に対する考え方を論駁し、新しい科学史に対する考え方、科学史記述の方法論を提案する。

「科学史とは何か」で批判されるのは、勝利者史観であり、啓蒙主義の近代至上主義である。歴史学や科学史でよく使われる「ホイッグ主義史観」という言葉でも表現されるが、現代や後世の視点から歴史上のできごとを評価し、歴史的発展を描く史観である。ここでは帰納主義や科学方法論の分析はなされないが、議論はほぼ並行関係にあると見てよいだろう。単純な進歩史観を排し、後世の勝利した理論の観点からの回顧的な歴史を斥ける。その典型例で重要な事例として、啓蒙主義による近代の肯定と中世の否定を取り上げることができる。村上はそこで、デュエムによる中世後期のスコラ哲学の再評価とイェイツらによるルネサンス思想の研究、錬金術・占星術・記憶術・カバリズム・ヘルメティシズムなどの思想の再評価などを紹介し、啓蒙主義的歴史観の再考を促す。

だがこの論文における村上の論点はさらにその一歩先にある。勝利者史観を排する一方で、いわば「敗北者」を過度に再評価する立場にも距離をおく。現在につながる真理が歴史上の科学的発見によって気づかれて、その後継承されたとする勝利者史観。いや科学的発見によって見いだされた真理の種は、それ以前の時代にも形を変えて存続されてきていたとする歴史観。その双方ともが「真理の遺伝説」とも言うべき陥穽にはまっており、そこから抜け出るべきであるとする。それは、歴史上の科学者の業績の「意義」とは別に、科学者の「意図」に注目し、その全体的脈絡の中で理解し把握することに務めるべきだとするのである。それを彼は「全体論的アプローチ」と呼び、その文化人類学のアプローチとの近縁性を指摘する。

論文はさらに、全体論的であるがゆえに全人格的であり、歴史上の他者の確認の営みであるとともに自己の確認の営みであると述べ、それ故「科学史は、強いて何であるかと問われれば、文学であると、答えざるをえない」という印象的な言葉で締めくくられる。

ここではこの言葉によって村上が意図したこと、科学史を専門的な学問領域として扱うことに対して否定的、消極的であったことについては踏み込まない。前節で注目した、一九七八年論文で村上が提案しようとしていた連続性と不連続性の双方を勘案できる試論的なモデルとは何であったかということにポイントを絞ることにしたい。

村上は「全体論的アプローチ」について次のように解説する。例えばコペルニクスの地動説をその後の展開という視点から捉えるのではなく、それ自体として理解することが目指されなければならないとする。それ故に地動説を全体論的に理解するとは、

> 地動説を、単に地球が運動するというモデルとして把握するのでなく、そのモデルを可能ならしめ、それを支えている科学的、科学外的なありとあらゆる概念のネットワークを問題にするということであり、そこには、宗教、政治、社会、人間、宇宙、……などありとあらゆる側面につい

てのコペルニクスの概念枠組が、介入してくる可能性を認めなければならない……。[5]

著者はここで「科学的」と「科学外的」に傍点を振り、その双方の脈絡を考慮に入れること、宗教や政治といった思想的、社会的文脈にも目を向けるべきことを強調する（筆者はその二語の代わりに、「概念のネットワーク」「概念枠組」という言葉の「概念」の二字に傍点を振りたいところである。それについては後で触れることにしよう）。

村上はその後、『科学史の逆遠近法』でこの「全体論的アプローチ」を前面に出して、その事例研究としてルネサンスの錯綜した諸思想を体系的に紐解いていく著作を出版した。[6] そこでは序論で全体論的アプローチとともに、イェイツの言う「前向き」でも「後ろ向き」でもなく、「正面向き」のヒストリオグラフィーを目指すことを述べた上で、プラトニズム、占星術、錬金術、カバラ的世界観、医科学派などが論じられていく。そして終章の最後の「近代再考」で、近代科学のとらえ方への抜本的な再考を提案する。つまり、以前の著作『近代科学と聖俗革命』で論じた聖俗革命（神の棚上げ現象）によって、近代は前期近代と後期近代に大きく分かれるとする。[7] その前期近代は、遡及主義によって十八世紀末以降の後期近代の科学的成果の視点から性格づけられ過ぎている。むしろ前期近代を正面向きに見ることにより、その本体は「十五～十六世紀のルネサンスを特徴付ける有機体的自然観であり、ネオプラトニズム、ヘルメティシズム、錬金術的な形而上学であった」という立論を提案する。[8] 歴史の不連続性を十八世紀の聖俗革命に認め、逆に歴史の連続性を十五―十六世紀のルネサンスと十六―十七世紀の近代科学の間に見ようとするのである。

村上はまたそこで、歴史における連続性とは歴史家の設定する座標軸に依存することも指摘する。したがって、議論すべきは単に特定の時代状況に連続性や不連続性を見いだすだけでなく、その論拠としていかなる座標軸をそこに設定したかだと説いている。ここまで読み、村上とは別の座標軸もあり得ると思うようになった。

## 〈科学活動〉の連続性と不連続性

村上が「科学理論の連続性と不連続性」を発表した二年後に、筆者は大学院を受験した。その入試問題で「科学史における連続性と不連続性について論ぜよ」といった問題が問われた（正確な文言は覚えていないが、そのような課題だった）。それに対して、十六世紀から十七世紀にかけての科学革命において不連続で革命的な理論の転換と、それとともに中世の自然学とのつながりをもつ事情について回答したように記憶している。村上が『科学史の逆遠近法』の終章で論じていることと同様の論題を、当時は「連続と不連続」というテーマから理解していたわけである。

今回村上の著作を久しぶりに再読し、改めて大変参考になるところもあり、冒頭で記したように、少し意外に思うところもあった。彼が歴史の連続性と不連続性を説き、その重層構造に言及したとき、筆者は村上とは違う議論、当時の自分とは違う議論を思い描いたようである。村上の文章を読み、彼とは異なる歴史解釈の座標軸を想起し、その文章を理解しようとしたのである。

筆者は一九八四年から九一年まで米国に留学し、帰国後に「実験と実験室をめぐる新しい科学史研究」と題するエッセー・レビューを執筆した(9)。そこで紹介した数編の論著の一つにピーター・ギャリソンの物理学史研究がある。彼は実験装置に着目しつつ素粒子論の発展を追った歴史研究で多くの論文や著作を著しているが、そのなかで理論転換の科学哲学にも踏み込み、実験の理論からの相対的な自律性を論じている[10]。いわゆる「ブロック・モデル」を提唱し、クーンが『科学革命の構造』で説いたように、理論が大規模に転換する際においても、それを支える下の層で実験の営みが連続して続いていると指摘するのである。

ギャリソンが追いかける素粒子論史のタイムスパンは長く、取り上げられる事例も多いが、そのなかで新しい素粒子論の理論を主張する物理学者が加速器での実験結果を前にして、どうしても自説を引き下げざるを得ない状況に言及したものがある。実験結果が理論を反証していると科学者が理解した事例を一つの事例として紹介しているのである。

その例として、現代物理学から離れ、科学史の古典的な事例である地動説の誕生を取り上げよう。近代においてプトレマイオス流の天動説からコペルニクスの地動説に転換した。そこに大きな不連続を見て取ることができる。だがその背後（あるいは下層）に、月・太陽・五惑星の位置天文学的な観測データが存在し、それはコペルニクスにも彼以前の天文学者にも共有されている。その共有に連続性を見ることはできないか。

コペルニクスらに共有された観測データは、地動説・天動説の理論とは一応独立に観測され記録されたものである。観測データはもちろん生の感覚などではなく、信頼のおける精密な機器とともに、よく考慮された方法と技能で観測し得られたものであり、時には一定の理論に基づく補正も必要になってくる。しかしそれでも地動説か天動説か、あるいはいかなるバージョンのプトレマイオス理論かということとは独立に精密なデータを生み出す伝統があり、それによりデータは時代とともにより精密になってきていたのではないか。

しかし、コペルニクスの地動説は位置天文観測によるデータによりよく一致することを目的として提案されたものではない。また同様のデータを同様に説明するとして、コペルニクスの地動説が格別に単純だったわけでもないことが知られている。地動説が気づかれ、提唱されるには観測データとの適合性だけではない、他の理論的要素が必要となってくる。だが地動説かどうかは括弧に括られた上で、観測データをよく説明する新理論としてコペルニクスの理論が好まれ、改暦の際に参照されたということも思い起こされるべきだろう。

観測データの精度の着実な発展に関しては、中国天文学の古代以来の伝統がよく知られるところである。中国の天文学では、精密なデータに合わせてそれを忠実に再現し予測もできるような計算公式が頻繁な改暦とともに編み出された。そこには幾何学モデルやそれと密接に連関する宇宙構造論の要素は欠けていた。そのような幾何学抜きの天文学の伝統と比較すれば、主として円の組合わせによって表現し説明する西洋の天文学理論は、プトレマイオスからコペルニクスに至るまで一貫して連続した伝統を形成していると言える。天動説から地動説への転換は科学史上最大ともいえる大きな転換であり、そこには大きな不連続性が認められるが、その一方で、円の組合わせという幾何学（数学）理論のレベルでは前後における連続性（連続性と言えなければ類同性と言えようか）を認めることもできる。

村上論文「科学理論の連続と不連続」の末尾を読んで筆者が勝手に連想していたのは、このような物理理論・数学形式・観測数値といった理論と観測をめぐる「重層構造」での連続性と不連続性だった。だが村上の場合は、より広く大きな歴史観の上での連続と不連続を対象にし、重層性に関しても もっぱら理論的・思想的レベルでの重層構造を問題にする。彼が見るのは科学「理論」の連続と不連続であり、重層構造の全体論的分析にあたって関心が向かうのは「概念のネットワーク」「概念枠組」なのであると言えよう。

それに対してここで筆者が強調したいのは、計測や観測のプロセスである。理論や概念との対比では実験や実践ということができる領域の科学活動についてである。コペルニクス以降、観測天文学においては大きな進展があった。ティコ・ブラーエはウラニボルク天文台において、大きな四分儀と精密な機械時計を利用して角度にして一分の精度の観測データを収集した。そのようなデータは、よく訓練された身体と思考を備えた観察者の能力とともに、四分儀の角度を正確に分割する機械職人の技術や、時間にして四秒程度の精度を達成する機械時計の製作技術などによって、その信頼性が担保されている。コペルニクスの地動説の背後に概念のネットワークが見いだされるように、ティコの天文観測の背後には器具製作技術のネットワークが控えている。

ティコの精密な観測データを駆使して新しい惑星運動の理論を提出したのがケプラーである。このように観測の側面に注目し、観測データの精度が時間とともに向上していったことを強調したとしても、ケプラーの新しい惑星理論がティコのより精密な観測データに合わせて導出されたと言いたいわけではない。ケプラーの惑星運動の法則の導出にあたっては、ティコのデータを前にして円や卵型の軌道を諦め、楕円軌道に思い至ったことが知られている。だがその前提として、距離の法則を導入し、それを解消発展させた面積速度一定の法則があったことを思い起こすべきである。データとの不一致に直面し、ケプラーには面積速度一定の法則の再考という道もあったが、その道を彼は取らなかった。それを理解するためには、村上の言うようにケプラーの同時代の視点から彼が関わる概念的ネットワークを見渡しておく必要があろう。

もっぱら数値をアウトプットとして生み出す計測とともに、形状やパターンを視覚的に把握する観察も、理論を形成していく過程で重要な役割を果たす。望遠鏡を利用した天文観測と対をなすのが、顕微鏡を利用した生命のミクロの構造の解明だろう。そのような顕微鏡を利用した生物の研究にあっても、顕微鏡下に見えるパターンは、生物に関する学理的理論や概念に完全に従属しているわけではない。生命に関する学説に大きく影響されて、見えるはずのないものを見るような事例も存在するが、そのような学説や理論的概念とは独立に顕微鏡の性能を向上させ、より精密で正確な画像を得ようとする工夫もなされている。そのような観点から初期の顕微鏡の歴史を論じた『顕微鏡と眼』という著作もあり、最近関心を寄せているところである(11)。

多少議論がずれるかもしれないが、ここで思い起こすのがハッキングの拡張されたデュエム＝クワイン・テーゼという議論であり、そのなかで言及される「観念 idea」「印 mark」「物 things」という三元項目である。彼は新しい現象が発見され、それへの対応が求められたとき、常に理論が修正されるだけではなく、実験装置や観測器具の読み方なども修正されることがあることを指摘する。強いて言えば、村上が「観念」に絞る傾向があったのに対し、「印」「物」の二項目の要素も含むこと、そして「科学理論の連続と不連続」に代わって「科学活動の連続と不連続」を論じることを提案したい。

## 注

（1）村上陽一郎『歴史としての科学』筑摩書房、一九八三年。
（2）村上陽一郎「科学理論の連続性と不連続性——理論の「共約不可能性」をめぐって」『展望』第二三一号、一九七八年、一六—二九頁。初出の『展望』論文のタイトルでは「連続性と不連続性」となっていたが、再掲された『歴史としての科学』では「連続と不連続」と文言が変えられている。
（3）村上「科学理論の連続性と不連続性」二九頁。
（4）村上陽一郎「科学史の哲学」（村上陽一郎編『科学史の哲学』朝倉書店、一九八〇年）一—四二頁。
（5）同上「科学史の哲学」三五頁。
（6）村上陽一郎『科学史の逆遠近法——ルネサンスの再評価』中央公論社、一九八二年。
（7）村上陽一郎『近代科学と聖俗革命』新曜社、一九七六年。
（8）前掲『科学史の逆遠近法』二七七頁。
（9）橋本毅彦「実験と実験室（ラボラトリー）をめぐる新しい科学史研究」『化学史研究』第二〇巻、一九九三年、一〇七—一二一頁。
（10）ギャリソンの主著は次の二つである。Peter Galison, *How Experiments End* (Chicago: University of Chicago Press, 1987); idem, *Image and Logic: A Material Culture of Microphysics* (Chicago: University of Chicago Press, 1997).
（11）Jutta Schickore, *The Microscope and the Eye: A History of Reflections, 1740–1870* (Chicago: University of Chicago Press, 2007).

# 村上陽一郎における総合科学と安全学

成定　薫

## 総合科学

筆者は、長年、広島大学の教員として禄を食んだ。当初は大学問題を研究するセンター[1]で助手を務め、その後総合科学部に転じて「科学史」を担当した。科学史は、一九七四年、広島大学教養部が総合科学部に改組するにあたって新しく設けられたポストである。「存在被拘束性Seinsverbundenheit」（マンハイム）によって、筆者は在職中、「大学とは何か」、そして「総合科学とは何か」について考えざるを得なかった。

総合科学部が創立二〇周年を迎えた一九九四年、記念シンポジウムが企画され、筆者も実行委員会の委員としてシンポジウムの企画立案から報告書[2]の作成まで深く関わった。テーマを語るにふさわしいパネリストの一人として、当然にも村上陽一郎の名前が挙がった。村上は実行委員会の要請に快く応じてシンポジウムに登壇した。

「二一世紀へのパラダイムシフト」と題したシンポジウムは、「学問論　学問にとって総合性とは何か」「大学論　新構想学部の理念・現実・課題」の二部構成で行われた。村上は第一部では「未だノーベル賞を目指すか」、第二部では「卒業のとき、どんな学生であって欲しいか」と題して講演した。

村上の二つの講演は、切り口は異なるものの、共通して、現代の学問が極度に専門細分化したことに伴う問題点を指摘した。専門細分化は知識生産を効率的にするが、研究課題の設定や研究業績の評価――その頂点にノーベル賞がある――の基準にも影響を及ぼし、その結果、研究者たちの視野を狭く限定するという弊害をもたらしている。現代社会が直面する課題の探究や解決には、深いが狭い知識だけではなく、多元的で幅広い知識やアプローチも必要であり、その方向へと大学教育や学問のあり方を見直すべきではないか、というのが村上の論点であった。これこそ、まさしく総合科学部が創設以来目指してきた方向であり、取り組んできた課題である。しかし、極めて実行・実現が困難な道でもある。

大学という組織を維持し再生産していくには教員と学生のリクルートが不可欠である。学生は学部学科の理念や目標と自らの「学力」を勘案して、大学の門を敲き、例えば総合科学部に入学する。総合科学部に入学した学生は当然にも「総合科学」を学ぼうとする。一方、多くの教員は専門細分化の極まった既存の大学で養成され、たまたま（の場合が多い）総合科学部に着任する。教員は、着任後、自らが体得した既存の個別専門分野を基盤に、学部の理念にそくして総合科学的アプローチを試みる。その試みが比較的容易な場合もあるが、難しい場合も多い。総合科学は課題やミッション（使命）に応じて専門分野を召喚する地位にあり、総合科学という専門分野は存在しないからである。そして、教員に対する（研究）業績の評価は、自分が育った専門分野における業績によってなされる場合が多く、総合科学的な業績は評価の対象になりにくいという事情がある。多くの教員にとって総合科学を実践するのは容易ではないのである。

総合科学部は、いくつかのコースを設けて総合科学の具体的な課題や目標を示し、それに適したカリキュラムを工夫するといった努力を行うが、個別専門分野の知識やアプローチを総合し、教員の指導の下、卒業研究に取り組むという困難な課題は、最終的には個々の学生に委ねられることになる。多くの教員にとって容易ではない総合科学の実践は、多くの学生にとって一層容易ではないだろう。

ところで、村上は、科学史・科学哲学を基盤に、医療、環境、安全といった現代社会における科学技術の諸問題を、時には解決の処方箋を示しつつ、縦横無尽に分析し、その成果を膨大な著作を通じて世に問うてきた。もし、総合科学とは何かと問われれば、筆者は躊躇なく村上の名前とその著作群を挙げるだろう。一九九四年のシンポジウムに際して村上に登壇を要請した所以である。

しかし、誰もが村上になれるはずもなく、まして若い学生に総合科学の実践を求めるのは酷であろう。総合科学を研究し教育することはきわめて困難なのである。とはいえ、この困難に立ち向かい挑戦することこそが、村上が一九九四年のシンポジウムで指摘したように、総合科学部だけでなく二十一世紀の大学と学問の重要な課題であり使命なのである。

一九九〇年代以降、我が国で進められてきたいわゆる大学改革の動きのなかで、多くの大学で学部名の変更が相次いだ。残念なことに、総合科学部という看板を降ろしてしまった大学もある。一方、広島大学は総合科学へのさらなる挑戦を企図して、二〇〇六年に大学院総合科学研究科を発足させた。二〇一六年、総合科学研究科設立一〇周年を記念して講演とシンポジウムが企画されているとの案内状が、定年退職した筆者のもとにも送られてきた。案内状によれば、村上が記念講演を担当するとのことである。二二年前にそうであったように、村上は二〇一六年現在も総合科学を語るのに最もふさわしい人物なのである。

## 安全学

総合科学者という言い方はしっくりこない。村上もそのように呼ばれることを拒否するだろう。しかし、安全学の提唱者と呼ばれることは村上も了解するのではあるまいか。自然的および人為的な危険に満ちた現代社会において、安全の問題は喫緊の課題であるだけでなく、総合科学的アプローチが不可欠の分野でもある。『安全学』(一九九八年)の出版によって、安全学構築の重要性を訴え、その構想を大胆に提示した村上の功績は大きいと言わねばなるまい。

『安全学』において、村上は科学史の立場から、安全学を文明論的なパースペクティヴに位置づけ(第Ⅰ部「文明と安全」)、飛行機事故(第Ⅱ部「社会と安全」)や医療事故(第Ⅲ部「医療」)などの多くの具体例を挙げて安全学の考え方を提示している。結論として、さまざまな事故の原因を当事者の不注意に帰し、それを道徳的に非難するという、従来よく見られた不毛な論議に終止符を打ち、人間は間違いをするものであるとの前提に立ち(「フール・プルーフ」)、人間による間違いや機器の故障が生じても危険を回避できる(「フェイル・セーフ」)システムの設計と運営を村上は提案している(同書、二一五頁)。

一九九五年一月の阪神淡路大震災後数年を経た時点での村上による安全学の提唱は、まことに時宜を得たものであったといえよう。我が国で唯一安全学を研究教育する関西大学社会安全学部の創設にあたっては、村上による安全学の提唱が直接あるいは間接にインパクトを及ぼしたのではないだろうか。また、村上が二〇〇二年に原子力安全・保安院の部会長に就任し、二〇一〇年二月に基本政策小委員会の委員長として「原子力安全規制に関する課題の整理」をまとめることになったのは、安全学の提唱者としての責務に促されたものであったのかもしれない。

二〇一一年三月、東日本大地震が発生した。地震および津波による人的・物的被害は甚大であった。就中、東京電力福島第一原子力発電所では四基の原発のうち三基が炉心溶融(メルトダウン)に至った。水素爆発に伴って大量の放射性物資が放出され、事故後五年以上たった現在も大量の汚染水を発生させている。一九七九年のスリーマイル事故(アメリカ)をはるかにしのぎ、一九八六年のチェルノブイリ事故(旧ソ連)に匹敵する原発事故であった。我が国の政府および電力会社(原発事業者)によって唱えられ、メディアを通じて流布し浸透してきた「原発安全神話」は福島であえなく崩壊したのである。

安全学の提唱者、そしておそらくは安全学の実践として我が国の原子力行政に関与したであろう村上は福島の原発事故をどう捉え、我が国の原発政策はどうあるべきだと論じているか。村上は原発再稼働を容認・支持する立場から、大要次のように述べている――福島の原発事故は大地震に伴う「想定外の」津波によって引き起こされたものであり、残念なことであった。しかし、事故を経て原発に対する規制基準は一層厳しくなり、さまざまな改良もなされたのだから、各地の原発は「より安全」になった。原発なしで我が国はやっていけないのだから、規制基準をクリアした原発を順次再稼働するのが合理的な選択である(3)。

しかし、このような原発事故後の村上の言説は、『安全学』で「ディーセンシー decency」の大切さを説いた村上自身の主張とは相容れないのではなかろうか。すなわち、村上は戦後民主主義が戦前の旧制度を十把一絡げで攻撃し、その結果、英語のディーセンシーに対応する「分相応」「勿体ない」「慎み」といった価値が、さらには言葉さえもが日本社会から失われてしまったことを嘆いている（同書、五二―五七頁）。そして、「現在の人類の危機のすべて、とは言わずとも、その相当部分が、飽くなき人間の欲望の解放と追求とにあることははっきりしている」と断じたうえで、

われわれが制御すべき当面の相手が、実際にわれわれの生存を脅かしているものが、われわれの解放された欲望の生産物であることを、十分切実に納得したときに、われわれは、賢明に行動することができるのではなかろうか。せめて、そこに新しい「ディーセンシー」誕生の場を期待できるのではないか。それが「新しい文明」の可能性でもある。そして、それが人類の安全への唯一の保証でもある。（同書、六一頁）

と結論している。まさに「安全学の文明論的基礎」ともいうべき至言である。

村上が構想する、安全に重きを置き、新しいディーセンシー誕生へと通ずる新しい文明に、核エネルギー――核兵器はもちろん原子力発電も――はふさわしくないと筆者は考える。安全学の提唱者村上は、原発再稼働を合理的と言い立てるのではなく、「核と人類は共存できない」と言うべきではないだろうか。

## 注

(1) 当時は大学教育研究センター、現在は高等教育研究開発センター。

(2) 広島大学総合科学部(編)『二一世紀へのパラダイムシフト――転換期の大学と学問』一九九五年、非売品。

(3) 村上陽一郎「「安全学」の提唱者に聞く――フクシマ以後、いかに「安全」を確立するか」『中央公論』二〇一一年九月号、一五二―一五八頁。同「エネルギー戦略の選択肢――熟議型調査の試金石に」『中国新聞』二〇一二年七月二十八日など。

# 村上科学論への批判

# 聖俗革命論に「正面向き」に対する

高橋憲一

## 一　村上の学問的相貌

村上の学問的仕事を評価・批判・継承しようとする者には、すぐさま厄介な問題が立ち現れて来る。村上の仕事の多彩さ、その相貌の多面性である。村上は科学哲学者なのか、科学史家なのか、科学社会学者なのか、あるいは科学史や科学論の啓蒙家なのか等々、まだまだ続くだろう。そのいずれであるかを決めるのは余り意味のあることではない。村上はそのいずれでもあるからであり、それは村上が自分の立ち位置に非常に敏感な（そして忠実な）著述家だからである。立ち位置の大きな変化は二つある。一つは一九七三年に東京大学教養学部の「科学史・科学基礎論」教室へ着任したこと、そして第二は一九八八年に同大学の先端科学技術研究センターへ移動し「科学技術倫理」担当となったことである。科学哲学から科学社会学へ、現代社会における科学技術の分析へと関心が移動し重層化していくことになる。

学問的相貌に注視しながら、本稿の主題を論ずるためにまず『西欧近代科学――その自然観の歴史と構造』（一九七一年）の「まえがき」を見ておくことにしよう。

近代科学は、決して客観的、普遍的な存在ではない。西欧という文化圏のもつ特有の歴史とパターンとから自由な存在ではない。そういう意味では、西欧の理解のために、あるいはそれを比較の鏡として、日本人たる「我」を映し出し、「我」を把握するために、そうした西欧の思想の一つの大きな準拠枠としての科学の歴史とパターンとを、同時に追求することは、不可欠の作業と信じる。（ⅰ頁。傍点は原文）

村上の関心が三つの軸をもって展開することを予示している。西欧近代科学の歴史、科学哲学と西欧思想一般、そして「我」。このうちの前二者については、世界記述に関して村上の用いる「継時的記述が縦糸、共時的記述が横糸」という織物の比喩（『動的世界像としての科学』二八二頁や『近代科学を超えて』二一三頁など）を、私なりに流用して、村上の著述を織物に喩え「科学史が縦糸、科学哲学が横糸」であるとしてみよう。村上は科学思想史家として出発したが、この比喩を敷衍すれば、時代とともに横糸は科学哲学から科学社会学、科学技術政策論、あるいはもっと一般的に言って科学論へと変遷し、縦糸には科学史が一貫して使われてきたといえるだろう。その時々の二つの糸の張り具合の均衡関係を評価することが、『村上陽一郎の科学論――批判と応答』の重要な論点になるだろう。本稿の筆者は科学史の研究者なので、村上の独自な主張である聖俗革命論に焦点を当てて縦糸の張り具合を検討してみたい。

そのためには聖俗革命論を提唱するまでの近代科学史の著述を概観し、その特徴を押さえておきたい。前述の『西欧近代科学』は、近代科学成立史あるいは科学革命論の著作である。近代以前のギリシャ・中世の前史を述べた後、天文学、生理学、運動力学、物質観、生物学における理論転換の過程が叙述され、最後にまとめの章が来る。横糸には、科学哲学者ハンソンのいう事実の「理論負荷性」やクーンのパラダイム論などいわゆる「新科学哲学」の知見が織り込まれ、縦糸には、科学革命を扱った類書に見られる人物や理論が取り上げられている。終章で「西欧近代科学の準拠枠」として二点が指摘される。すなわち、科学に関連する「原子論的な思考様式に代表されるような、分析的方法による「完全で、詳細で、網羅的で、機械論的な」自然記述」と、技術に関連する「自然の人為的支配」の二つである。至極穏当な指摘であり結論である。新版（二〇〇二年）の「あとがき」で、今もって通史としての有用性を自負するゆえんでもあるだろう。続く論文集『近代科学を超えて』（一九七四年）は、巻末の初稿一覧における掲載誌名（『科学基礎論研究』『理想』『現代思想』など）が示すように、横糸の科学哲学が強く出た論考である。そしてこの二著を踏まえて独自の構想を打ち出したのが『近代科学と聖俗革命』（一九七六年）である。二部構成のこの著作で、その横糸は科学哲学を含む西欧思想史一般へと拡張され、縦糸は、第一部（近代を分かつもの）では科学史であるが、心の問題や生命観を扱う第二部（近代的人間観への離陸）では「人間」（あえて言えば「我」）である。

ここで歴史の研究者を、便宜的に、二種類に分けておこう。全体的な通史を書く研究者と、特定の分野や時代に特化した研究者の二つである。いずれであれ歴史研究者なら史料に当たるのは最低限の条件だが、通史を書くか（または、書けるか）否かを指標に取ると、史料への関与の度合いに深浅が出てくる（勿論、両方を兼ね備えた研究者を排除するわけではない）。通史を書かない（正直に言うと、書けない）筆者からみると、村上が縦糸の科学史において、基本的に「通史の著者」として出発し、そこに留まったことは重要な意味をもっているように思われる。そして通史の著者の主たる関心と腕の見せ所が歴史叙述方法論に傾いてくるのは自然だろう。

繰り返しになるが、村上が科学革命の通史をまず書き、次に近代科学の科学哲学的分析とその含意の現代的境位へと進み、聖俗革命論を提唱するに至った事実をしっかりと押さえておきたい。著作の刊行ごとに横糸は強まってくるように見える。縦糸との関係はどうなって来るだろうか。

## 二　聖俗革命論の骨格構想

聖俗革命論を村上がどういう基本的なスタンスで構想したかということについて、私の理解をまず図式化して示しておこう（次頁図）。

科学の歴史叙述において、近代＝現代と見なしてきたことへの反省が出発点である。具体的に言えば、科学革命期に活躍した人物としてコペルニクス、ケプラー、ガリレオ、ハーヴィ、デカルト、ボイル、ニュートンなどを科学者として叙述してきたが、彼らは現代の科学者のイメージとは異なっている、と村上は言う。現代のイメージで過去にさかのぼっていくと、十九世紀まで辿ることはできる。英単語の scientist が一八三〇年代に新たに造語されたのは、それを象徴する事実である。そこで村

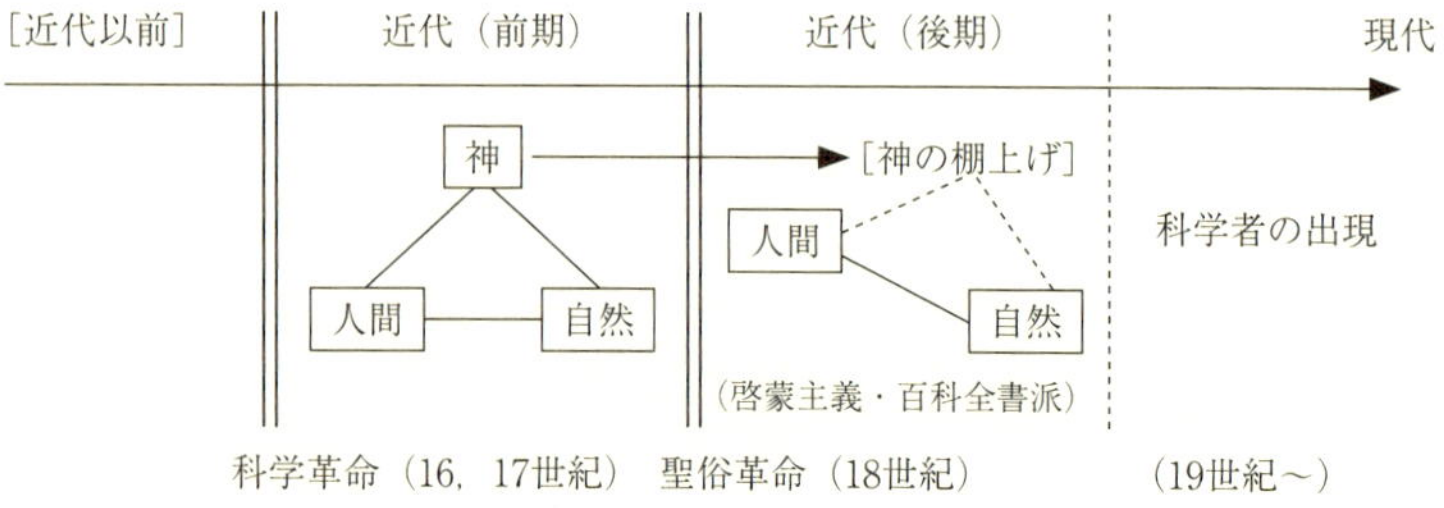


上は科学革命期の人物たちを括弧つきで「科学者」と表示して区別する。どこが違うかについて、村上は神・人間・自然という三者の関係で捉える。十七世紀の括弧つき「科学者」が何のために自然の知識を追求していたのかといえば、それは、「神を称える」「神に栄光を帰する」ことを目的とするものだった。村上のいう科学革命の時代は、キリスト教的に染め上げられる。しかし現代の科学者は宗教とは無縁に自然の知識を追求している。そこでこの二つの時期の間に大きな断絶を認める。知識を追求する活動から神が脱落してしまった、村上の有名な台詞を使えば「神の棚上げ」が起こった。自然知識の探求者（科学者）のエートスが違ってしまったと言い換えてもよいだろうし、人間が自然の支配者として君臨し始めたと言ってよいかもしれない。

この違いを生み出したものとして村上が注目するのが、前の時代つまり十八世紀のフランス啓蒙主義、とくに百科全書派の思想である。この啓蒙主義思想を分水嶺として村上は近代を二つに分け、近代前期を現代と切り離し、現代と接続するのは啓蒙主義的な近代（後期）であるとする。これが基本的主張で、近代前期が「科学革命」と称されてきたことに対比して、近代後期を「聖俗革命」と名づけた。そして前期と後期の違いを一言で（村上にしては不明瞭な表現だ、と筆者には映るが）「多くの選択と可能性を孕んだ多様性の時代」から「ある一価値的なものへと凝縮した一様性の時代」への転換と特徴づける。重要な言葉なので、その文脈を引用しておこう。

> あえて〔聖俗革命という〕この概念を導入しようとする所以は、近代＝現代が最初から一枚岩として、科学的真理なるものを前提とし追究してきているという神話を破壊し、近代＝現代という歴史は、自然科学にとっても、多くの選択と可能性を孕んだ多様性の時代としての近代初期から、ある一価値的なものへと凝縮した一様性の時代へ移行して行く過程だということを明らかにするところにある。（『近代科学と聖俗革命』一一頁）

そして、立論を軋ませかねない言葉が次のように続いている。

> この聖俗革命は近代のある時期からある時期までのなにがしかの期間の間に生起した、というような種類のものではなく、近代のいかなる時期、いかなる分野をとっても、その截口に、聖から俗への微分係数的な傾斜が浮び上る、とでも言うべき把握様式で、初めて明らかになるものである。（同上。傍点は引用者）

いずれにせよ、啓蒙思想として分析の俎上に載せられるのは、ディドロ（第三章　百科全書の成立）とダランベール（第四章　百科全書の哲学）である。序章での総論は「知識の「聖俗革命」の第二段階として真理における「神—人間—自然」の構造が崩壊し、「人間—自然」の構造に置き代わる場面」

と再述され、ディドロの思想傾向として「真理と知識とは、その源泉としての神から完全に離脱し、人間と自然という二者だけの構造のなかで、自立し独立することになった」（八七頁）と要約される。ダランベールについては「百科全書序論」が分析されるが、これは割愛しよう。そして第二部では、神が棚上げされてしまった世界における二項（人間と自然）のうち、「人間（我）」に焦点があてられ、「人間の拡大化傾向」と「人間の縮小化傾向」という作業仮説のもとに（一九〇頁）、生命・心・魂などの観念が古代のギリシャから近代ヨーロッパを経て現代の心理学の諸潮流まで概観される。

聖俗革命論のこの骨格構造は、『西欧近代科学』（新版、二〇〇二年）への補章においても強化されている。「近代科学＝現代のわれわれの知る「科学」と連続とした場合の難点」は、「「科学革命」を担った「科学者」たちが一様にキリスト教的な世界観を持っていたこと、いやむしろ、彼らの知的活動が、例外なく本来キリスト教の内部に限局されたものであったこと」と「現代の「科学」がおよそ宗教的な言説とは無縁であることとの極端な相違」にあり、「キリスト教をめぐる本質的な相違」がその核心にあるとの見立てがかなり率直に繰り返されている。そしてさらに一歩進んで、「十九世紀科学誕生説」が唱えられている（同、二九二頁）。

## 三　科学の歴史叙述論としての聖俗革命論の問題点

まずは軽くジャブから。聖俗革命という表現から手をつけよう。筆者には、概念的な問題があるのが気になる。「聖」と「俗」という二つのものを「革命」という言葉で結びつけて良いのだろうか？

普通、革命というのは古い体制を倒して新しい体制にすることであり、聖俗革命と聞くと、聖を俗が倒した(あるいはその逆)という風に、一方が他方を倒して、それに取って代わるという事態を連想させる。しかし聖と俗は、その一方が他方を打倒するという関係に立ってはいない。むしろ「正統と異端」や「自然と超自然」と同様に、聖と俗は相補的な概念である。つまり、ネーミングに問題がある(ただし、「科学革命」「フランス革命」「市民革命」のように、一単語に「~革命」と付けても問題はない。「~における」あるいは「~による」の意味であることは明瞭だからである)。

そして先程引用したように、村上が聖俗革命は「微分係数的な傾斜」という形で至る所にあるのだと言うのを聞くと、それは「世俗化 secularization」であって、「革命 revolution」と呼ぶような事態ではないのではなかろうか、との疑問が新たに出てくる。そして「世俗化」であるとすれば、特に新しい指摘ではないので、聖俗革命という事柄自身がなかなか浸透していかない嫌いがあるだろう。後に論ずるように、世俗化の契機を十七世紀のうちに見ることは十分可能だからである。

内容の点からは、骨格構想から露わになるいくつかの論点を指摘しておきたい。

まず、フランス啓蒙主義と十九世紀科学との関係から。近代を二つに分かつメルクマールとして十八世紀フランス啓蒙主義を設定したことで問題となるのは、十九世紀の科学者の誕生とその活動形態をどう関連づけるかである。たしかに科学史においてよく知られているように、十九世紀になると、科学者が一つの職能階層として成立し始め、またそうするために大学の再編が起こり、伝統的な神学・法学・医学の三学部体制の中に理学部(紆余曲折はあったが、後には工学部)が設置され、あるいは科学の専門学会がいろいろ出来ていった。現在の科学活動というものの雛形は、歴史的に遡れば、十九世紀まで行く。ここに問題はない。この十九世紀の事態は、従来、「科学の専門職業化・社会制度化（第二の科学革命）」と呼ばれてきた事態である。そこで問題となるのは、この歴史事態を生じさせるために、村上の論じている啓蒙主義の知識論や真理論がどのような社会的役割を演じたかを明らかにすることである。だが村上の提供する分析（「百科全書序論」にみえるダランベールの学問分類論、ポパーのいう「精神のバケツ理論」と進歩思想など）は、啓蒙主義思想がこの場面で重要な役割を演じたことを説得的に証しているようには見えない。政治史の場合なら、フランス啓蒙主義がフランス革命に大きく影響したことを、例えば、ルソーの急進的な「人民主権」の思想と個々の革命家の思想の史料（資料）分析から論じられてきて、それなりの説得力を持っているだろう。そのような具体的分析がここでも求められるのである。史料（資料）に裏付けられた立論が不足していれば、読者としては村上の論法が「post hoc, ergo propter hoc」（時間の前後関係から因果関係への推論）に思われてしまうだろう。さらに悪いことに、百科全書派には前代に（ante hoc）先行者がいたことが想起されてしまうのである。百科全書における知識の断片的集積化には、十七世紀に誕生したロンドン王立協会やフランス科学アカデミーの機関誌に掲載された報告という論文形式の出現、ディドロの目論見のうちに「科学と技術と人間の生活」の近代的科学技術の様相の意図的先取りを見るのであれば（一二〇頁）、それはF・ベーコンの「自然誌と技術誌」の試みのうちにも見られる、というように。村上自身も恐らくこの種の歴史事態があることを十分予想していたから、「微分係数的な傾斜」という表現を用いたのではなかろうか。つまり、横糸に対して、縦糸の情報が不足している議論があるばかりでなく、縦糸が過剰に織り込まれてしまう事例もあるのである。その意味でも、「革命」と称するよりは「世俗化」と呼ぶべきだろうということになる。

第二に、「キリスト教的な」近代前期という理解について。科学革命期の大多数の「科学者」が基本的にキリスト教的信念・信仰をもっていたことは疑いない。しかし、思想史の大枠から科学史を見ることについての問題を指摘せざるを得ないが、まずは村上のいう準拠枠の変更が意味するところを見ておこう。

……序章で提案した聖俗革命の最も重要な截断面の一つが、ここに現われていると言える。つまり、中世的な聖構造のなかでは、「理性」は、自然界に生起するあらゆる現象を理解するには不十分・不完全であり、「理性」が被覆するところは、その一部にすぎないと考えられているのに対し、ガリレイが「神は数学の言葉で自然という書物を書いた」と主張したのを一つのきっかけに、スピノザの「神即自然」《deus sive natura》に到るまでの動きのなかで次第に明らかになって行ったのは、人間の理性は、自然の光として、自然界すべてを原理的に覆うという立場が現われ、やがては、その光の源泉としての神自身が棚上げされることによって、俗構造が完成される、という移行過程が、この場面で起っていることが読みとれるだろう。(『聖俗革命』四五頁)

「神―人間―自然」という聖構造は中世以来の大局的な思考の準拠枠である(「聖なる書物」との対で、「自然という書物」の比喩は周知のことであった)。「恩寵の光」と対比される「自然の光」としての理性が準拠枠の内部で位置づけが変更されることが、科学理論の展開に新機軸を齎すというのは、余りにも大きな予断であろう。だから、キリスト教的世界観が彼らの科学活動にどのように影響したのか。その実態を見ないことには、思想構造が彼らの科学活動の内実をどう規定したかは明らかにならない。筆者としては、個々の科学者の問題関心とパラダイム（特に「見本例 exemplar」の機能）との関係から理解したいと考えているが、個々人について述べることは紙幅の関係上不可能なので、筆者も研究したことのあるコペルニクスをまず例に取ろう。

コペルニクスが地球中心説（天動説）から太陽中心説（地動説）への理論転換をどのようにしてなしたのかについて、村上の議論は思想的動機や教会サイドの好意的反応を強調しているように筆者には見える。例えば、ルネサンスの新プラトン主義的ヘルメス主義の太陽信仰（フィチーノの『太陽論』とポーランドにおける人文主義運動、および『天球回転論』第一巻十章の「太陽賛歌」）の強調や、著作の送付を求めるシェーンベルク枢機卿の好意的な書簡（一五三六年、『天球回転論』に所収）が「その〔時のローマ法皇クレメンス七世の？〕命を受け」て書かれたとする記述である。理論的革新の動機についてわれわれが手にし得る史料は僅かしかない。太陽中心説をはじめて書き記した小品『コメンタリオルス』、『回転論』の自筆序文と本来の序文（未出版）および散見される断片的記述、天球の大きさを書き記したウプサラ・ノートの数値群が主なものである。これらの入手可能な資料と研究文献に基づいて議論を展開すべきだが、村上は決定的に重要なウプサラ・ノートを考慮していない。太陽信仰は、地動説という新理論の動機を構成する要因だったのか、それとも新理論を得た後に謳われた賛歌なのかは、慎重に区別して論じなければならないだろう。そしてシェーンベルクの書簡について、コペルニクスがすぐに応答はせず、一五四三年の『回転論』出版の際に初めてそれを公表したことには触れずに、前記のような独自の「解釈」を下すのである（「太陽が宇宙の中心にあるべき」との発想から地動説に導かれたのではないとする筆者の「解釈」については、拙著『コペルニクス・天球回転論』の解説を参照されたい）。史料的裏付けを欠いた村上の発言は時間が経つにつれ増えてくる。例えば、『近代科学を超えて』（一九七四年）では、

> コペルニクスが太陽中心説を採用した理由の一つは、地球中心説を採った場合の諸天球の運動状態の計算が、太陽中心説を採った場合のそれよりもはるかに複雑になる、という点であった〔両説は幾何学的に等価なので、「はるかに複雑になる」ことはない—引用者〕。少なくともそれまでのプトレマイオスの地球中心説では、エカントという複雑な数学的しかけが必要であった。神の理性は、複雑さではなく、単純、簡潔さを選んだであろう、とコペルニクスは考えた。そして、科学に、こうした信仰に由来する一種の信念が持ち込まれるのは、「前近代的」である、と現代では見なされる。（一七頁。傍点は引用者）

さらに、ひろさちや氏との対談集『現代科学・発展の終焉』（一九九四年）では、

> コペルニクスは、太陽が宇宙の中心にあるべきだと考えた。その理由はいくつかあるんですが、まず、最も重要な理由の一つはユダヤ・キリスト教の聖典の一つである「創世記」なんです。

〔創造の第一日目に触れた後―引用者〕だから太陽はすべての中心になければならない、これがコペルニクスの考えです。……このような説をなすコペルニクスを科学者と呼ぶのは時代錯誤だと思うわけです。（五六頁）

と述べている。

一体どんな史料に基づいて、このような発言をするのだろうか。コペルニクスの著述のどこにもないし、唯一の直弟子レティクスが地動説弁明のために執筆した著作（科学史家のホーイカースが発見した文書、拙訳『最初のコペルニクス体系擁護論』すぐ書房、一九九五年）にも見られない。科学史家から見ると、史料の歯止めがかからない発言が増えてくるのである。聖俗革命論の構想の中で、科学革命のときの「科学者」をますますキリスト教的に染め上げていると の感がぬぐえない。聖俗革命論の内部で村上の思考が自己運動し、拡大再生産のスパイラルに入ってしまったようだ。

では、なぜ十七世紀のいわゆるカッコつきの「科学者」がキリスト教的な議論をしたのだろうか。この問題を考えるにあたって重要なことは、むしろ十七世紀はこの種のことが起こった例外的な期間だったことである。非常に大雑把に言うと、十三世紀以来、キリスト教的な世界観はアリストテレス主義と癒着していた。それを剝がそうという方向性が見えてくるのが十七世紀だった。つまりアリストテレス主義を切り離そうと思えば、どうしてももう一方の側のキリスト教的な世界観もやはり議論せざるを得ない状況になったのである。だからガリレオも好き好んでキリスト教的な話をしたわけではなく、地動説が聖書に矛盾するとの哲学者の発言に端を発して、弟子のカステリ宛ての書簡やその拡大版ともいうべき「クリスティーナ大公妃宛て書簡」を書いたのであり、『偽金鑑識官』も同様である。またデカルトが神を引き合いにだして『宇宙論』などの著述をものしたとき、それはある書簡で語っているように、彼の読者がそれと知らないうちに、アリストテレス自然学の基礎を掘り崩すためだった。ニュートンについては、彼が三位一体の正統教義を否定するユニテリアンの信仰をもっていたこと（聖書の預言研究と古代王国衰亡史の研究を見よ）とイングランドの政治的・社会的混乱を考慮して、そのキリスト教思想を分析しなければならないだろう。十七世紀の「科学者」がキリスト教の教義の枠内に入り込んできたのは、ある意味、止むを得ない状況がそれぞれ多々あったのであり、「そもそも十七世紀はキリスト教的な云々」という規定自体が非常に問題を孕んでいるだろう。

そしてこれは「文脈主義 contextualism」の必要性を要請することでもある。科学革命であれ聖俗革命であれ、一般に「~革命」という風に何かグランドデザインを描くと、時代を一つのものとして一枚岩的に塗り込めてしまう。そしてその一枚岩的なものが別のものに展開する様子を見ようとする。これは一般にグランドデザインに伴うものだが、最近の科学革命論について類書に見られる反省というのは、そういう風に時代を一つの色で塗りこめることについての反省である。だから十七世紀の「科学者」と信仰ということで再びガリレオを例に出すと、彼がいわゆる宗教に関わる問題領域に踏み込んだことについてはガリレオ当時の独特の文脈というものを考慮に入れなければならない。それはガリレオ自身の個性の問題もあるし――彼は非常に論争的だった――、そしてその当時カトリックが丁度「対抗宗教改革 Counter-Reformation」をやっている時だったから、それに伴ってトレントの公会議で、聖書の私的な解釈を禁じるとかの決定もなされた。要するに、十六~十七世紀のキリスト教と言ったときに、まさにそれぞれの文脈で個別的な事情がいろいろ働いていたと思われる（そして聖書解釈法の多様性を考慮すれば、事態はますます複雑化する）。だからそういう意味でいけば、ある種の大きなイベントというのは、いつでもローカルな出来事の集積だということを見ていかなければならない。したがってローカルな部分でかなりその時代あるいはその時々の特殊な事情が効いている。その特殊な事情というものを、通史風に「〜革命論」としてしまうと、それが掻き消されてしまう。そこがまた非常に大きな問題になるだろう。そして科学革命の通史の著者である村上もおそらくこの種の危惧とフラストレーションを抱いていたと思われる。後の著述『科学史の逆遠近法』（一九八二年）で村上はこう書いている。「「科学革命」論が、時代を「善・悪」に割り切ってしまうのは、この時代の実相を理解する助けとはならないのではないか」（同書、二九五頁）。この感慨に筆者は同感しながらも、これは歴史家のメンタリティからは程遠い発言との感も禁じ得ない。歴史家は対象とする時代（そして間接的にはその歴史家の生きる時代）の「理解」を求めるのであって、「善悪を判断」するのではない。村上の歴史叙述の縦糸が緩みがちになる遠因の一つはこれかもしれない。

そして第四に、十八世紀以降の科学の展開を十七世紀科学革命の展開過程と見る可能性について、再論しておきたい。それは「聖から俗への微分係数的な傾斜がいつでもある」という村上の言葉を、「十七世紀の展開の中に、後の時代へ展開していく流れがある」という自然な考え方に戻すことでもある。例えば村上は、有神論から無神論へと展開していくときに、十七世紀に理神論の立場が現れたことに触れている。神は世界を無から創造し、その創造世界はいわば機械のように、神の最初の一撃と課せられた自然法則とに従って動く。神はその全知全能でもって完全な世界機械を創造したので、後の世界の自己展開に介入できないとするか（デカルトやライプニッツ）、あるいはその遍在性によって不断に世界を維持し続け、世界は神の摂理の下にあるとするか（ニュートン）によって立場はさらに分かれるにせよ、理神論的立場から明瞭に見て取れるのは、神の属性として認定されるのは、人間理性が把握しうる限りの属性に限定されていることである。そして十八世紀フランス啓蒙主義の思想家たちが取った基本的な立場は、思想史の事典などによれば「人間の理性能力に信頼を置く人間主義」であった。そのフランスでは、デカルト自然学を駆逐してニュートンの自然哲学が支持を拡大していく。科学思想史家コイレはこの帰趨を見越して、『閉じた世界から無限宇宙へ』の末尾を次のように締め括った。

> 永遠な物質が永遠なかつ必然的な法則にしたがって永遠な空間の中を絶え間なく無目的に動いている新宇宙論の無限な――持続においても延長においても無限な――宇宙は、神のあらゆる存在論的な属性を、ただそれだけを相続した。その他の属性については、神は世界から離れるにあたってそれらを一緒に持ち去っていったのである。（横山雅彦訳、二二四頁以下。傍点は引用者）

絶対時間と絶対空間の中を、物質が必然的な法則の下に自己運動する力学的自然観。引用したコイレの言葉は、神の属性に関わる限りで、その潜在的な帰結がこれから現れ始めるであろうことを明瞭に見て取っている。神の「その他の属性」、別言すれば、価値に関わる一切の事柄は世界から消失し、その失われた穴は人間が埋めるしかない世界が出現してきた。人間はそこをどう埋めるのか。そのためにはまずそれに先立って、埋めようとする人間自身の自己理解が問われることになるだろう（次節を参照）。通史が語るように、科学革命の一応の完成をニュートンに見るとしても、それは決して科学革命の終焉を意味するものではなかった。後へ展開していく流れがすでに科学革命期に出来ているのである。自然観以外の文脈でも、それはいろいろな場面で指摘できるだろう。重要なものとして筆者が直ちに思い浮かべるのは、科学理論における数学の使用、それに伴う近代的な（そして問題含みの）物質概念の登場、実験という手続きを妥当なものとして確立していくこと、実験機器や装置の製作と現象の人為的制作、その意味では科学と技術の接近（後には融合）、それから研究組織としての学会の設立、科学教育施設・制度の整備構想（ベーコンの提唱した「サロモン学院」の構想）等々。したがって、十七世紀に起こった事柄が大々的に展開していくプロセスとして十八、十九世紀を見れば、啓蒙主義に大きな役割を認めることはできないのではなかろうか。

ただし、一言補足しておくべきだろう。「後へ展開していく流れ」は既定のものとして先在しているのではなく、潜在的可能性として存在していることである（そしてそれを「物語り」として顕在化させるのが、歴史家の仕事である）。コペルニクスが、伝統的な天文学者たちの了解を超えて、太陽中心説という天文理論を数学的フィクションとしてではなく、宇宙の真実の姿を示すものとして提出したとき、宇宙像を論ずる正統的学問としてのアリストテレス自然学を崩壊させる方向性はまだ見えていなかった。紆余曲折を経ながら、後の時代の人々の集団的営為としてその方向へ歩み出すのが、天文学における「科学革命」の歩みなのであるし、それは科学の歴史のいたる所に見られるであろう。当初は予想できなかった事態が歴史の流れの中で出現することは、科学の技術化が起こり、実験という手法が社会に浸透していき（このあたりの事情の詳細については、拙著『ガリレオの迷宮』第九章一・

三節を参照願いたい）、実験設備の巨大化・社会的費用の増大・社会の実験室化（人工環境の増大）・災害の巨大化等々を通じて、現代においても日々われわれが目撃していることである。

## 四　聖俗革命論の隠された次元

前節までの論述から明らかなように、「聖俗革命」は科学史の歴史叙述概念としては破れ目が多く、有効な概念とは思われない。織物の比喩で言い直せば、縦糸は次第に張を失ってきたとも、あるいは横糸に引きずられて歪んできたともいえるだろう。それにもかかわらず、村上が聖俗革命論を主張し続けているのには、きっと理由があるに違いない。そのためには、近代前期から近代後期への移行の過程を「多くの選択と可能性を孕んだ多様性の時代」から「ある一価値的なものへと凝縮した一様性の時代」と要約した村上の言葉に改めて目を向け、その意味するところを探ることが必要だろう。

「ある一価値的なもの」の意味するところは、比較的明瞭である。われわれが「近代科学」ということで了解している内容を、『聖俗革命』は「啓蒙主義のフィルターを通して見た一つの啓蒙主義による塑像としての「近代」科学なのだ」（一三二頁、傍点は引用者）と述べている。啓蒙主義がもたらしたものとは、現在も常識的な科学観として存続しているものであって、「科学は自己に内在する価値観をもって、複数の選択肢から、つねに唯一つのものを選びとり、それに「真理」の名を与えるのである」（『西欧近代科学』六頁）。つまり人間理性の名のもとに、科学が真理を独占する形態を指している。科学は原因—結果の系列について特定の語り方しか許さないのである。これに対し近代前期の特徴づけは、「啓蒙主義の汚染を被らないものである」と否定的にイメージする他ない。しかし敢えて言えば、前期の「聖構造」において、人間の理性は「神の理性」（と村上は述べたことがある）の下に服している。人間が神の創造作品である自然を汲み尽くすことはない。「多くの選択と可能性を孕んだ多様性」とは、おそらく「神の理性」のもとに拓かれる地平のことであると言ってよいかもしれない。下世話に言えば、「人の分限をわきまえる」ことと言い換えてもよいだろう。

ここで「村上の聖俗革命論は何を仮想敵としているのか？」を問わねばならないだろう。実は村上が何かそういう尖鋭な議論の端緒となるダイナモを持っていることは著作の端々から窺えるのだが、表にはっきりとは出さないというスタンスなのかもしれない。それが村上の読者には隔靴掻痒の感を与えているかもしれない（少なくとも筆者はその種の読者である）。ここでは、率直に表に出しているという意味で、ひろさちや氏との対談集『現代科学・発展の終焉』から、村上の発言をいくつか引用しておこう。

物質の時空内での振舞いを詳細に記述することに関しては、

「モノの原理の追求こそ科学の方法論」（一一二頁）

「心や魂やアニマやそんなものを一切持たない単なる空間の中に広がりを占めているモノ」（一一三頁）

科学のもつ価値判断と科学言語と人間については、

「私は科学に非常に強い価値判断が一つだけあると思っています。……モノの言葉以外を使ったときはノーと言う〔こと〕」(一九五頁)
「科学者という、中立の、モノの原理を追求してさえいれば私はそれで満足であるという人間は、これは科学者と人間とが一致しているんですね。ところが、人間をいうのはそこからはみ出した存在なんです」(一三〇頁)
「生きるとか死ぬとかという、生命体にとってある意味では宿命的な、いちばん基本的な言葉は、科学の外の何かをリファーしないと成立しないということは、非常にはっきりしていると思います」(二一七頁)

そして、「私はある一つの社会が一つの価値観や価値体系で塗りつぶされているというのはきわめて不健全だと思うものですから、……」(一六〇頁)という言葉があり、非常に率直な表白「私はヨーロッパ近代ヒューマニズムは嫌いです」(二一四頁)もあれば、「一八世紀以来ずっと」科学者たちがしてきたことを「共同謀議」(一一三頁)とする過激な発言もある。つまり、村上の仮想敵が「啓蒙主義近代＝現代」であったことは明らかである。

哲学者・大森荘蔵の主張によれば(「知の構築とその呪縛」『大森荘蔵著作集』第七巻、岩波書店)、客観的世界と主観的世界像という二元論的構図は「略画的世界観〔古代中世的世界観〕から密画的世界観〔近代的世界観〕へという不可避の路線の上で転轍機を切り間違えて、いわば待避線にはまり込んでしまったことの結果なのである」(同書、一一四頁)。近代的な物質(モノ)とは、幾何学的形状と運動変化のみをもつ「死物」物質であり、客観世界の側にあるのに対し、心や魂やアニマは主観的世界の側に存するにすぎない。この「死物的自然観」にあって、生きている人間の所在は非常に心許なくなってきた。おそらくここに村上が聖俗革命論に第二部を付した理由があるだろう。一節で注意したように、村上の関心の第三軸は「我」にあったからである。

その「我(人間)」とは、村上個人としての「我」、日本人としての「我」、現代人としての「我」、なかんずく啓蒙主義近代=現代に生きる人間であった。この第二部で村上は作業仮説として、「人間の縮小化傾向」と「人間の拡大化傾向」を提出している。しかし、この作業仮説は「何のための」作業仮説なのかが、筆者には判然としない。第二部を叙述するための枠組みを提出しているのか、拡張傾向にあったものが近代で縮小傾向に移り・現代では再び拡張傾向が現れ始めたという歴史の確認作業なのか、人間(あるいは生命)の概念が振子のように揺れ動く中にあって現在位置を示す羅針盤を提供しようとするのか。そしてとりわけ判然としないのは、もし聖俗革命論の意図が啓蒙主義近代=現代への批判にあるとすれば、それはどのような有効性をもっているかということである。

聖俗革命論に村上が一体どういう起爆力、批判の拠点を秘めようとしているのかが、改めて問われなければならないだろう。「神の棚上げ」という非常に有名になった村上の表現に倣って下手な地口を使えば、「神の棚卸し」をどこかでやらないといけないだろう。つまり、世界から離れるにあたって神が持ち去った価値観の問題を正面切って論ずる必要があるだろう。村上はかつて「近代科学発展の歴史のなかに含まれる価値観の探究は、単なる過去への遡及的追跡を越えた意義をもっていると思われる」（『西欧近代科学』四頁）と書いた。村上聖俗革命論の通奏低音は価値への問いだ、と考える筆者は、少なくともそのような希望・期待を持っている。例えば、一部の能天気な脳科学者が「脳の喜ぶことをしよう」と恥ずかし気もなく語るのを聞くのは苦々しい。制約のある科学言語が特権化し、真理の独占状態を生み出し、専横を極めている。啓蒙主義というものの中に聖俗革命を見ることで、科学批判あるいは現代批判に村上が足を踏み入れていないわけではない。一例を挙げれば、

〔法廷で争う〕問題は科学的合理性の範囲をはみ出して、「社会的合理性」とでも言うべき領域で判断しなければならない。とすれば意思決定に参加すべき人々は、科学者だけでなく、消費者や政治や産業の代表者も必要となるはずです。その中では科学者の証言は、多くの証言の中の一つに過ぎないことになります。（『人間にとって科学とは何か』七四頁）

「科学的合理性」に対し、それを「はみ出した範囲で」「社会的合理性」を対置するという事実認識だけでは、勝訴は覚束ない。「科学的合理性」は聖域化されたままになってしまうからである。科学的合理性の存立機制、ひいては合理性そのものの概念に立ち入って分析することが求められる。同じことは、科学的真理、科学者集団の特性、科学者の倫理、トランス・サイエンスという問題構成にも求められよう。根底的な批判を遂行しようとする村上およびその継承者には、もっと先鋭な議論を展開する必要があるのではなかろうか。あえて宗教的な表現を用いれば、神から主権を奪い取った人間の「傲慢の罪」に切り込むことになるだろう。

しかし聖俗革命論の試みがどこまで起爆力を持っているかが問題になるもう一つの場面がある。聖俗革命論が科学という概念を現代から規定して、その祖形を探っていくという形をとっている限り、科学批判ということでいくと現代への切込みが非常に弱くなるのではないかという虞《おそれ》である。そして最近の「十九世紀科学誕生説」になると、いわゆる科学革命の時代にはまだ「科学」とは厳密には言えないのだということになる。すると結局は、現在ある科学のみが科学なのだ、ということで、一体どこから批判を展開すればよいのか、つまり批判の拠点が分からなくなる。それよりはむしろ、「科学science」というものを広義にとり、常に多様性に開かれながら自己変貌していくと捉えたほうがよいのではないだろうか。クーンのパラダイム論の用語で言い直せば、普通名詞の「科学革命scientific revolution」が生ずるとき、（教科書の書き直しという形で）「科学の再定義」が起こる。現在ある科学は、そうした再定義を経た後の姿であることを心に留めれば、「多様性を孕んだ科学の姿」を具体的にイメージできるのではないだろうか。そして歴史の意味するところ、つまりその意義は、過去がそうした形で現在に蘇るところにあるだろう。人間が科学を手にして四〇〇〇年余（村上に同意して狭くとれば二〇〇〇年余）、「人間にとって科学とは何か」（二〇一〇年刊行の書物の題名）という問いは村上の問いであるばかりでなく、われわれ自身の問いでもあるだろうし、これからも問い続けなければならないだろう。

**補記**　本稿は、「村上陽一郎先生退任記念シンポジウム」（二〇〇八年三月二十六日開催）において「聖俗革命はなぜポピュラーにならなかったのか」と題して発表したものを大幅に書き改めたものである。

# 聖俗革命は革命だったのか——村上「聖俗革命」をイギリス側から見る

小川眞里子

## 一　問題の所在

村上陽一郎『近代科学と聖俗革命』（一九七六年。以下『聖俗革命』）の中で論じられるディレンマの二つの「角《つの》」（一般には、二つの選択肢のどちらを選んでも不都合があって、ともに受け入れがたいことの比喩的表現）について考えてみたい。

①　自然が全知・全能・遍在なる神の所産であるならば、この自然は、最初から最後まで、神の介入による手直しを一切必要としないように、出発点から完全な形で出来上がっているはずである。

②　遍在する神はつねにどこにおいてもこの自然に働きかけ、人間に対してその摂理を明らかにしようとする。

ここに示される①の選択肢が聖俗革命を示す立場であり、科学が神学から独立していく過程が十八世紀を通して進行して、世俗化の革命が成し遂げられたというものである。[1] もう少し村上の言葉に沿

って記せば、

一八世紀は、自然についての知識が、人間と神との関係において、いかなる位置を占めるか、という問いそのものが次第に風化し、神が棚上げされ、知識論は人間と自然との関係のなかだけで問われるようになる、言い換えれば、神の真理ぬきの真理論、そして神の働きかけぬきの認識論が成立するようになる過程が進行していく時代と考えられる(2)。

①に関係して取り上げられている典型的事例は、ニュートンとライプニッツの論争である。たしかに力学や天文学では①に示されるような聖俗革命が進行したことを認めよう。それも基本的にフランスにおいてである。村上は十八世紀の展開をフランスの啓蒙思想家、とりわけ百科全書派に注目して論じている。しかし目をイギリスに転じるならば、様相はかなり異なり、それほど劇的に世俗化が進行したとは思われない。天体力学については、ニュートンが心配した絶えざる見守りを必要とする微調整は、その後の学問的な発展の中で解消していったにしても、太陽系に話を限定しない宇宙論分野においては、イギリスでは十九世紀半ばになっても世界の複数性をめぐる論争は続き、遍在する神を前提とする議論は持続した。本稿では、『聖俗革命』出版以降の啓蒙主義研究を踏まえ、フランスの知的状況からイギリスへと視野を広げ、自然神学が支配的であった後者においては聖俗革命が一筋縄ではいかなかったことを示したい。

次に②であるが、こちらにも村上は注釈を付し、自然誌の問題を想定している。

これ〔②の問題意識〕もまたやがて聖俗革命を経て世俗化する契機を孕んでいる。つまり「自然誌」という形で、摂理の問題が「自然の歴史的、動的変遷に関する知識」の追究へと変質し転生することになるのである[3]。

こちら〔②〕は厳密な物理法則の記述に係わらぬ問題を一括して簡潔にまとめ、それらは十九世紀中葉においても必ずしも完結せず、今日でさえ完結していないと言えるかもしれないと巧みに表現されている。世界の複数性の問題はこちらに含めてもよいかもしれない。村上は②の摂理の問題は、自然誌に関する分野で、静的な世界観から動的な世界観へと転じていくことによって神を切り離していく変質が起こったとしているが、ここはもう少し丁寧に切り分けて論じる必要があろう。本稿では最後にダーウィンの進化論に関係して論じたい考えているので、村上の論文「進化思想の一つの前提――動的自然観の形成」にも少し触れることになろう[4]。

## 二　啓蒙主義の描かれ方

まずは啓蒙主義の描かれ方である。『聖俗革命』が出版当時に大きな驚きをもって迎えられたことに異論はない。しかし出版後四〇年ともなれば、啓蒙主義という言葉の内実も変化しており、『聖俗革命』を非難するわけではなく、その後の研究の進展を補足的に記しておきたい。村上は世俗化の時代を次のように記している。

〔…〕十八世紀は、自然についての知識が、人間と神との関係において、いかなる位置を占めるか、という問いそのものが次第に風化し、神が棚上げされ、知識論は人間と自然との関係のなかだけで問われるようになる、言い換えれば、神の真理ぬきの真理論、そして神の働きかけぬきの認識論が成立するようになる過程が進行していく時代と考えられる。(5)

十八世紀が知識の世俗化の時代であることは今日では周知のことで、ロイ・ポーターは「一八世紀がヨーロッパの世俗化の点でひとつの重要な段階を画したことに変わりなく、その展開に対してフィロゾーフは、少なくとも主要な論点をすべて用意したのであった」と述べている。(6)『聖俗革命』が出版された一九七六年当時は、世俗化の過程が主として百科全書派のディドロやダランベールらの活躍とともに語られて当然であったかもしれない。ただし、この十八世紀を一律に啓蒙主義の時代と読み替えることができるかどうかは検討を要する。たしかにフランスにおいては、ある程度、聖俗革命は果たされたのであろう。しかし、啓蒙主義そのものにフランスとイギリスでは大きな違いがある。

歴史研究の進展に伴う啓蒙主義の描かれ方の変化に注意したい。一九七〇年頃までの啓蒙主義の描かれ方は、エルンスト・カッシーラー『啓蒙主義の哲学』第二章「啓蒙主義哲学に現れた自然と自然科学」やピーター・ゲイ『自由の科学』の第三章「自然の利用」などに見ることができる。(7)これらはフランス啓蒙主義の知的エリートを中心に描かれており、『聖俗革命』の記述も概ねこれらの線に沿っている。

しかし、今日啓蒙主義の研究は進み、とくにイギリスに関してはマーガレット・ジェイコブや先に挙げたポーターという書き手を得て従来のフランス中心から脱して、イギリスについても詳細に論じられるようになった。すなわちフランス啓蒙主義から引き出されるステレオタイプからの脱却が一九六〇年代から始まり、一九八一年には *The Enlightenment in National Context* が編纂され、各国の社会的・政治的状況を踏まえた啓蒙主義が明確に打ち出されることになった。[8]

こうした新しい啓蒙主義研究を踏まえてポーターが書き下ろした *Enlightenment: Britain and the Making of the Creation of the Modern World* は七〇〇頁を超える大著である。[9]幸いにも彼は、ヨーロッパ史入門の一冊としてコンパクトな *The Enlightenment*（『啓蒙主義』）を先に執筆しており、優れた邦訳もあるのでそちらも参照することとしたい。それによれば十八世紀はフランスにおいて啓蒙主義の時代であっても、イギリスでは必ずしもそうでないことがわかる。

たしかに、一八世紀のイギリスは、フランスのように、前衛的な知識人という光り輝く星団が、政治、自由思想、さらに道徳や性にかんする議論において、きわめて先鋭的な考え方を放つようなことはなかった。一八世紀のイギリスが後進的だったからではない。まったく逆であって、一八世紀を通じてフランスをはじめとする他の国々の急進派が強く求めながらも、ついに得られなかった政治、宗教、そして個人の自由における変革を、その世紀が開幕する以前にすでに体験しつつあったからだ。[10]

こう言い切る根拠としてポーターは一六八八年の「名誉革命」を挙げる。そのおかげでイギリスには、代議制、立憲政治、個人の自由、宗教的寛容、表現と出版の自由が勝ち取られ、これにより知識の進歩に対する大胆な経験主義的姿勢が醸成されたのだという。これほど断定的ではないが村上もこの辺りのことを、ヴォルテールの『哲学書簡』の紹介を通して触れている。ポーターの挙げた項目は、イギリスで自然神学が栄えた理由としてジョン・H・ブルックが挙げる項目と重なる。ブルックは「なぜイギリスは科学と宗教を融合したのか?」という一九八五年の講演で、社会的背景についてはポーターを支持する見方を示し、イギリス啓蒙時代における市場経済の発展が宗派間の分裂を緩和する方向に作用した可能性があるとして、ヴォルテール伝えるところのロンドン王立取引所での宗派を超えて生き生きと行われる経済活動の様子を紹介している[11]。

要するに科学史研究の進展にともない、啓蒙主義はもっと広い社会的、経済的文脈において見られるようになり、したがって国ごとの違いも意識されるようになってきたということである。ポーターがカッシーラーの『啓蒙主義の哲学』を評して次のように述べる一節に、哲学とは異なる歴史研究の深化を窺い知ることができる。

　カッシーラー流の思想史の問題点は、大きな歴史の文脈の外側で諸思想を気楽に抽象化し、そのうえで、超時間的な判断基準によってそれらを評価していることである。現実に生きる人間は、フィロゾーフの中の唯物論派でさえも嘲笑しかねない手法によって、書物のページ上の理論に還元されてしまう。[12]

社会的文脈が希薄な哲学的議論に代わって、歴史家による批判的検討によって従来の啓蒙主義の理解は大幅に修正されてきた。オックスフォード大学出版局の新しい歴史シリーズ「オックスフォードブリテン諸島の歴史」の第八巻『十八世紀』に「啓蒙主義と信仰」を寄稿したデイヴィッド・ヘンプトンは、「啓蒙主義に関する理解は、研究領域を知的エリートから国家、社会、文化のコンテクストにまでさらに拡張しようとした研究によって劇的に変化させられた」と述べている。[13] これまでの伝統的な啓蒙主義の見方が瓦解したわけではないが、従来なら反啓蒙とみなされてきた事柄にも目配りが必要なのである。

## 三　イギリス自然神学の隆盛

前節で、イギリスではフランスより先に啓蒙主義の時代を迎えていたことを述べた。しかし一足早く自由を享受しながらも、イギリスでは神を棚上げするどころか、しっかりと自然神学が根を張り、概ね十九世紀半ばまで持ち堪えることになる。[14] さてこの自然神学であるが、注（4）でも触れたが『聖俗革命』の内容からして当然触れられてしかるべきテーマと筆者には思われるのであるが、一言も言及されていない。自然神学は村上の言う「世界の現状を、神のデザインと目的に従って説明する」に呼応し、これと対比されるのが「世界は未知の混沌から現在の状態にまで化成した」とする

「動的自然観」である。「静的自然観」とされる自然神学の内容は、いくぶん「動的自然観」へと通じるものへ変化していったが、それについては後述する。

ヘンプトンは、「おそらくブリテンは宗教と科学の間で大きな対立がなかったヨーロッパでただ一つの国であり、そこでもっともいちじるしい進歩がなされたのもけっして偶然ではない」と言う[15]。必ずしも世俗化を近代化として語ることができないというもっとも明白な事例がイギリスにおける自然神学の隆盛なのではないだろうか[16]。たとえば近代化の象徴である急速な産業革命の体験を経たあと、オクスフォード大学の地質学教授にして聖職者のウィリアム・バックランドは、石炭、鉄鉱石、石灰石がまるでそれらの利用を待っていたかのように都合よく隣接して埋蔵されているのを知って、神の御業に感激した様子である。バックランドは親英国派の神の恩寵をそこに見出したのだ[17]。

イギリスで自然神学が繁栄した理由であるが、前節で言及したジョン・ブルックの講演がそのテーマを集約している。素朴に考えれば啓蒙化と世俗化が一体となりそうであるが、先に述べたように、イギリスでは啓蒙主義を進めた社会的諸要素が、自然神学の支持を盛り立てたのである。「科学と宗教」領域の世界的権威であるブルックの引く事例は余りに膨大であるが、モラル面でいえば、要するに自然災害のないイギリスの風土に培われた「対立よりは和解 conciliation rather than confrontation」「八方丸く収める傾向 drive toward inclusiveness」が、自然神学を科学的発展に適合させ得たのだろう[18]。

次に自然神学の時代的変化である。最初の「問題の所在」の節で示した二つの角の①と②に戻ってみよう。①が神を棚上げして世界を説明する立場だとすれば、自然神学の立場は②である。みごとな法則の存在、みごとな生物の身体の作りなど、自然の中に神の叡智を認めることは古くから行われてきた。この自然神学について科学史家ジョン・ギャスコインは、「ニュートン自然神学」(Newtonian natural theology)をキーワードに膨大な文献精査をもって、「なにゆえイギリスでは宗教が啓蒙主義と友好的でありえたのか」を読み解いてみせた[19]。これはポーターやブルックの問題意識と重なっているが、ギャスコインの分析は学問分野内での変化に力点を置いている。彼は自然神学の衰退についても論じているが、それは五節とかかわるのでそちらに譲る。

イギリスで自然神学が長く命脈を保ち得た理由は、ニュートンの科学的業績を、神学的弁明を補強する根拠となすことに成功したからだ。またニュートンの側も、ひとたび神学者によって『プリンキピア』が取り上げられると、この護教論的一大事業に慎重に貢献した[20]。こうして彼が没する一七二七年にはニュートン自然神学はみごとに確立され、ヒュームら批判的勢力の存在にもかかわらずデザイン論に基づく自然神学の人気は持続したのである[21]。とは言えコールリッジのように、摂理よりも時計師としての神を強調するニュートン自然神学に無信仰の源泉を嗅ぎ取った者もいた[22]。しかし、ニュートンはキリスト教弁護と同一視されており、容易なことで捨てられることはなかった[23]。たしかにニュートンの威光は絶大であったのだ。しかし十九世紀に入ると流れが変わる。

ギャスコインやニール・ギリスピーらの議論を踏まえて、自然神学の変化を簡略化して示してみよう。強いて言えば(Ⅰ)と(Ⅱ)は村上の①と②にも呼応するのかもしれない。

（Ⅰ）｛ニュートン『プリンキピア』（一六八七年）
　　　ペイリー『自然神学』（一八〇二年）｝「天文―神学」（astro-theology）
（Ⅱ）｛ペイリー『自然神学』（一八〇二年）
　　　ダーウィン『種の起源』（一八五九年）｝「身体―神学」（physico-theology）

まず（Ⅰ）であるが、ジョン・レイの『創造の御業に顕現する神の叡智』（一六九一年）やウィリアム・ダーハムのボイル講演（一七一一―一二年）など physico-theology の代表的業績があるにもかかわらず、イギリス十七世紀末から十八世紀末を astro-theology の時代とするのは、ニュートン神学の持続を意味する。[24] そしてウィリアム・ペイリーが変化を齎し、身体＝神学が優勢になる。彼はケンブリッジ大学の数学優等卒業試験の首席合格者でニュートン神学の伝統的テーマを再論するに十分な資格も有していたが、造物主の御業の証拠を示すのに天文学的証拠は直截さとアピール性に欠けるとして退け、証拠の大半を自然誌や解剖学から引き出した。それは彼の卓越した説教者としての選択であった。[25] 彼の著作を受けて、たとえばヘンリー・ブルームは解剖学者チャールズ・ベルの解剖図を挿入した『ペイリーの自然神学』を出版し、physico-theology の普及に貢献した。[26]

このようにチャールズ・ダーウィンが生まれ育つ時代は、徹底した自然神学の環境であった。人間の豊かな表情筋を神の賜物として論じたベルを、ダーウィンはずっと後の一八七二年に『人間と動物における情動の表出』で酷評したが、それができたのもまずは彼自身の自然神学との格闘があったか

らだろう[27]。議論を、最後に自然神学の克服へと繋げたいが、先に、十九世紀前半が遍在する神とともにあったということを、さらに宇宙論における神学論議で見ておこう。

## 四　複数世界論をめぐる論争

イギリスにおける自然神学の強い影響は、複数世界論をめぐる論争に顕著である。複数世界を想定することは見守りの神の存在を前提とするからである。複数世界論の系譜はプルタルコスやキケロにまで遡ることのできるものであるが、もっとも有名な著作といえば、フランスのフォントネルによる一六八六年の『世界の複数性についての対話』であろう[28]。カッシーラーはフォントネルの著作をデカルト哲学による世界像の説明としてとらえているが、これは無限の宇宙空間への拡大の第一歩であるという面がもっと強調されてよいだろう。科学の進展によって、空間と時間の拡大が図られた。空間では私たちの居住世界を中心に、望遠鏡を通して見出された広大な星雲の世界と、顕微鏡による極微の世界の両方に向かう拡大であり、時間に関しては私たちの歴史的時間のその両端をさらに遠い過去へと延ばし、また未来へと延ばすものである。イギリスではケンブリッジ・プラトニストの一人ヘンリー・モアが、フォントネルの著作に先だち一六六八年に『神の属性と摂理に関する対話』を著し、無数の惑星が浮遊する無限空間を取り上げる。それらの惑星はすべて地球のような存在と考えられるべきであり、それこそ神の無限の知恵と力の証明であるという。それに対して、モアの『対話』に登場する人物の一人が疑問を投げかける。もし惑星上に知的生命が存在するのであれば、彼らは救済されなければならないはずである。しかるにキリストが地球上にしか現れなかったのであれば、どのようにしてそれが可能なのか、と問うのである。これに対し『対話』内のモアの代弁者は、キリストの贖いの効果が新大陸にも及んでいるように、贖いの効果は宇宙空間を超えて遍く伝達されるに違いないと答えた[29]。同じくケンブリッジ・プラトニストの一人ラルフ・カドワースも、宇宙が神によって創造されたのであれば、すべてに神の意図が働いているはずであり、無限の広がりをもつ虚ろな空間が無意味に創造されたはずはないとした[30]。かくも広大な宇宙空間において、創造主を称える天体が地球だけというのはあまりに不合理だというわけである。

長尾伸一の『複数世界の思想史』によれば、「デカルトやニュートンの宇宙論が受容されることで無限宇宙論が正当な学説となっていくと、モアやカドワースの論法は宗派を超えて有神論的な複数世界論者のすべてに採用され、以後十九世紀の終わりまで、飽くことなく繰り返されていった」という[31]。十八世紀を超えてその後一世紀近くにわたって神の見守りを前提とした議論が持続されたイギリスで、革命と呼ぶような急激な形で世俗化が起こったとは考えにくく、聖俗革命とは言い難い。

複数世界をめぐる論争の歴史は地球外生命論争の歴史でもある。万能の神の力をもってすれば、どのような星においても生物を住まわせられないということはないであろう。カドワースに見たように、かくも広大な宇宙において、神の御業を褒め称える存在が地球にしかいないとすれば、恐るべき無駄である。

さて複数世界をめぐる論争を地球外生命論争として十八世紀後半から二十世紀初頭に至る議論を詳しく扱ったマイケル・J・クロウは、十七世紀には論争と批判を巻き起こした地球外知的生命存在説が、十九世紀の初めには知識人の間で否定し得ない常識となったことを示した[32]。以下関係する著作を簡単に拾い上げて示しておく。

一八一七年　チャーマーズ『天文講話』
一八一七年　チャーマーズ『近代天文学との関係から見たキリスト教の啓示に関する論説』
一八三三年　ハーシェル『天文学論考』　地球外生命の存在を確信
一八三三年　ヒューエル『自然神学に鑑みた天文学と一般物理学』（ブリッジウォーター論集）
一八三七年　ニコル『天界の構造』（*Views of the Architecture of Heavens*）
一八三七年　ディック『天界の風景』
一八四九年　ハーシェル『天文学概説』
『天文学論考』も『天文学概説』も、世界の複数性に関する特別の説や体系的な議論が含まれているわけではなく、ハーシェルは証明不要のことと考えていた。
一八五三年　ヒューエル『世界の複数性について――一つの試論』　地球外生命否定
一八五四年　ブルースター『複数の世界』　ヒューエル批判　複数性擁護
一八五四年　ヒューエル『世界の複数性に関する対話』
一八五五年　ミラー『地質学対天文学』
一八五五年　パウエル『帰納的哲学の精神、世界の統一性、創造の哲学に関する試論』
複数性の擁護

この一連の流れで、もっとも有名なのがヒューエルvsブルースター論争である。世界の複数性について チャーマーズ、ハーシェルらの支持が相次ぐなか、ブリッジウォーター論集では世界の複数性を支持していたヒューエルが、五三年には一転して世界の単一性を表明し（匿名出版であったが著者はほどなく判明）、波乱が引き起こされた。これに対し有名な物理学者ブルースターが、匿名出版の『世界の複数性について』に猛烈な非難を浴せた『複数の世界』を出版して大論争へと発展した。[33]

ヒューエルvsブルースター論争にはロバート・チェンバーズの『創造の自然史の痕跡』（一八四四年）も関係していて、ヒューエルが世界の複数性を否定するきっかけは、『痕跡』に対する反発からだったと見られ、彼は『痕跡』から帰結する世界の複数性を否定し、単一性表明に転じたのだという。[34] ブルースターは逆に、ヒューエルの新しい主張は『痕跡』を擁護していると解し、ヒューエル批判を激化させた。両者の論争は周囲を巻き込み自然神学によるイギリス科学の統一を内部から揺さぶって、やがて十九世紀後半に科学が宗教から分離していくきっかけにもなるのである。

クロウは二章分をこの論争に充て、このブルースターvsヒューエル論争を集約する意味で一八五三年から五九年までの七年間に発表された世界の複数性に関する著書二〇冊、雑誌論文五〇点以上を調査し、書簡類も含めれば約百名もの人物がこれに関わったと結論した。[35] そして科学者では八三％、宗教家で五六％が複数性を支持しており、科学者の方が複数性論を支持する傾向にあったのは意味深長だとした。[36]

フロイトによれば、地球の特権はコペルニクス革命によって無に帰し、人類の特権は、進化論によるダーウィン革命によって無に帰したとされた[37]。しかしながら複数世界論争と地球外生命論争は、地球の相対化、人間の相対化がキリスト教的枠組みからの離脱（世俗化）ではなく、むしろキリスト教的枠組みのなかで、地球や人間の相対化がなされているのは興味深い。相対化＝世俗化とされるコペルニクス革命やダーウィン革命と違って、複数世界論争と地球外生命論争は、必ずしも世俗化と結びつかない地球と人類の相対化なのである。さて自然神学のこれほど強い影響下でダーウィン自身はいかに格闘したのだろう。

## 五　自然神学を乗り越えて

『聖俗革命』で取り上げられた啓蒙時代における世俗化の事例は、主として力学的自然観である。現在の宇宙的秩序を維持している天文学や力学の法則を明らかにし、機械論的自然観を樹立したことを、継続的な神の見守りを必要としない構造面での世俗化の達成と考えている。しかしながら「法則」の解釈は慎重にすべきで、ブルックは「科学は自然法則による物理現象の説明でもって、宗教的信念を徐々に破壊してきた」という通念を挙げ、法則概念は聖と俗の両面からの解釈があり得ると批判している[38]。これに関係した、ダーウィンによるヒューエルの引用は後述する。

さて「問題の所在」の節の最後で予告しておいた村上論文は、タイトルが「進化思想の一つの前提」であり、副題が「動的自然観の形成」であるから、自然誌分野の世俗化は静的世界観から動的世界観へと転じていくことによって起こり、そして進化論が誕生したということになるが、果たしてそうだろうか。神の御業に関する探究は「自然の構造から自然の歴史へ」と時代を追って拡大して、「法則の維持から合目的的な形態へ」と展開し、地質学的知見と生物学的知見がこれを明らかにしてきた。静的自然観であっても、自然神学が大いに議論してきた「目的に適っている」という点が重要ではないのだろうか。生物のかくも合目的的な形態が、いかにして存在し得たのか。そこが問題なのである。

ダーウィンにとって自然が大きく変化しうることは、ビーグル号の航海を終えて帰国した一八三〇年代後半には、ほぼ肯定的に捉え得ることであっただろう。最後の最後まで彼を悩ませた重大な点は、ただ変化するのではなく合目的的な形態や機能にどう繋がるかであり、すなわち適応の問題であった。ダーウィンの進化論は啓蒙時代の進歩の観念から出てきたというよりは、イギリス社会に深く浸透した自然神学があってこそ誕生し得たものではないのだろうか。

ダーウィンと宗教に関する研究は、一九八〇年を境に大きく変貌を遂げた[39]。それまでは、ダーウィンが『種の起源』や『自伝』などに書き記したことそのまま受け取って、一八五九年まで有神論者だったとか、ダーウィン自身のMノートやNノートの調査から、彼は一八三八年九月のマルサス『人口論』の読了後から無神論者あるいは非有神論者となったとか、諸説紛々たる状況であった[40]。アメリカの若手生物学史家ドヴ・オスポヴァットは、ダーウィンの著作、草稿、ノートブック、書簡、手稿、蔵書の書き込みに至るまでを総合的に調査して、『人口論』読了後の一八三八年から『種の起源』出版までのおよそ二〇年間におけるダーウィンの適応問題に関する思考の軌跡を明らかにした。結果は、自然神学の呪縛から抜け出すのに苦悩するダーウィンの姿であった。

ダーウィンは『人口論』読了後の一八三八年十二月には人為選択と自然選択とのアナロジーに気づいていたのであるから、神によらない説明までほんの僅かに思われるかもしれないが、自然神学に由来する完全適応（perfect adaptation）と調和的宇宙を捨てることは彼には容易ならざることであった(41)。解決の糸口は摑んでも、デザイン論からの離脱は困難を極めた。

ダーウィンは『自伝』で以下のように記している。

神の存在への信念のもう一つの源泉は、……この広大で不思議な宇宙を盲目的な偶然や必然の結果として考えるのが極度に困難である、むしろ不可能であるということからの結論である。このように考えたときには、人間とある程度似た知性的な心をもった第一原因に目を向けることを余儀なくされるように感じる。この場合、私は有神論者と呼ばれてもよい。この結論は、思い出せる限りでは、私が『種の起源』を書いたころ、私の心のなかに強くあった(42)。

これを文面通り受け取れるかという異論は、ダーウィンが『種の起源』の冒頭に引用した次の一文に関係する。「物質界に関しては、次のことまでは言える――諸々の事象は個別に神意が介入して起こるのではなく、一般的法則が確立されているために起こるのであると認めうる」（一部省略）の「一般的法則の確立」という部分をもって神の棚上げが肯定されていると捉えるのである。しかし、ダーウィンの頭には、法則制定者としての神の存在は疑う余地のないものであったし、これが自然神学の精華であるブリッジウォーター論集のヒューエルから引かれていることに注意すべきである。ダーウィンがどんなに法則を口にしようと、法則制定者である神は厳然と存在するのである。自然神学的な仮説から免れることがいかに困難であったかというダーウィンの告白は、さらに後の著作『人間の由来』にも見られる。

しかし私は、それぞれの種が目的をもって創造されたという、当時ほとんど普遍的であった私のかつての信念の影響を捨て去ることができなかった。というのも、これが、痕跡器官を除いて、生物の精緻な構造は、人知を超えた何か特別な役目を担っているという暗黙の仮定へと導いたからである。(43)

科学史家ブルックは、ダーウィンは自然神学の遺物を振り払うのに何年もかかり、最終的にすべてを整合的な形で初めて理解しえたのは、彼がアメリカの植物学者エイサ・グレイに送った手紙からだという解釈を示している。

自然選択説が進化の分岐説にとって好都合である「理由」にダーウィンが心底納得したのは、一八五〇年代遅くになってからだ。関連する考察内容を首尾一貫した議論に組み立てることが出来たのは、一八五七年九月のエイサ・グレイへの書簡が初めてなのである。(44)

この五七年九月のグレイ宛の手紙は、ダーウィンの手元に写しが保存されていて、一八五八年にアルフレッド・ウォレスと優先権を争う場面で、リンネ協会へ証拠の一つとして提出されたものである[45]。オスポヴァットは、さらに遅い期日を想定していて、ダーウィンが確実に自然神学から抜け出し、偶然の作用にたどり着けたことを物語る文書として、一八六〇年にグレイに送った手紙を挙げている[46]。

こうした事情から、動的自然観からダーウィン進化論の導出は容易ではなく、彼にとって自然神学との格闘こそ重要だったと考えたい。人為選択とのアナロジーでというほど、事は簡単ではなかったのである。また、啓蒙主義と世俗化の問題も、イギリスでは少なくとも十九世紀半ば過ぎに至るまで自然神学の影響が大きく、したがって「聖俗革命」と言いうるほどに啓蒙化が急速な世俗化にはならなかったのではないだろうか。

歴史叙述というものは、つねに鮮やかな切り口が求められるものである。そして、どのような斬新な切り口もひとたび提案されると必ずそこに様々な要素が持ち込まれて、そうまでは言えないだろうという議論になる。すっぱりとした切断面はぎざぎざにされていく。それも歴史の必然の過程であろう。科学の歴史を論じる際にその時代状況に最大限の配慮をせよというのは、村上科学史からの教えである。中立・普遍とされる「科学」が時代状況に負うものであるように、科学史の叙述や哲学も時代と無縁ではない。『聖俗革命』以降の関連分野の研究成果を参照しながら論じた本稿がまったくの的外れでないことを祈りたい。いずれにせよ、初めてその切り口を見せられたときの感動は今も記憶に鮮やかである。

## 注

（1）『近代科学と聖俗革命』新曜社、一九七六年、二〇―二一頁。

（2）同書、二三頁。

（3）同書、二一頁。

（4）村上陽一郎「進化思想の一つの前提」（中村雄二郎編『思想史の方法と課題』岩波書店、一九七三年）一九〇―二二一頁。村上は自然誌分野でビュフォンを動的自然観、リンネを静的自然観の例として挙げている。そしてリンネはビュフォンと異なり、博物学の目的を自然の構造の探究に求め、その意味、機能、目的を目指す学問としたと記述している。こうした記述から、筆者がこの先で論じる自然神学は静的自然観の一部を成すと考えられる。このような言い方をするのは、本稿で扱う村上の著作、論文ともに、自然神学という言葉が一切使われていないからである。聖俗革命を論じるという文脈で、自然神学への言及がないというのは、筆者にはいささかショックであった。

（5）『近代科学と聖俗革命』一二三頁。

（6）ロイ・ポーター『啓蒙主義』見市雅俊訳、岩波書店、二〇〇四年、六〇頁。原著は初版が一九九〇年、第二版が二〇〇一年の出版で、内容に大きな変化はないようであるが、読書案内は五割増となっている。邦訳は原著第二版。

（7）エルンスト・カッシーラー『啓蒙主義の哲学』（中野好之訳、紀伊國屋書店、一九六二年）、ピーター・ゲイ『自由の科学――ヨーロッパ啓蒙思想の社会史』１・２（中川久定・鷲見洋一ほか訳、ミネルヴァ書房、一九八二・一九八六年）。原著 *The Enlightenment: an interpretation* は二巻（初版一九六六年）からなり vol. 1. The rise of modern paganism; vol. 2. The science of freedom であり、邦訳は原著第二巻を成す Book Three: The Pursuit of Modernity の訳である。

（8）マーガレット・ジェイコブ『ニュートン主義者とイギリス革命』中島秀人訳、学術書房 一九九〇年。Roy Porter and Mikuláš Teich, eds., *The Enlightenment in National Context*, Cambridge: Cambridge University Press, 1981.

（9）Roy Porter, *Enlightenment: Britain and the Creation of the Modern World*, Penguin Books, 2001. 初版は二〇〇〇年の出版。ピーター・ゲイ『自由の科学2』「文献をめぐるエッセイ」四五頁によれば、ゲイがチャールズ・ギリスピーの *The Edge of Objectivity*（1960）（邦訳『科学思想の歴史』）を乗り越えようとしたのと同様に、『啓蒙主義』の訳者 見市によれば、ポーターは今日の啓蒙主義研究の出発点となったゲイの研究を評価しつつも、それを乗り越えて新たな啓蒙主義像を展望しようという意気込みに溢れていたという。加えてゲイの本は、一九六〇年代という楽観的な時代の雰囲気の中で執筆されたこともあって、進歩の思想として啓蒙主義を積極的に評価しており、ポーター自身は、啓蒙主義を「近代自由主義的ヒューマニズムの源泉」と位置付けるゲイのスタンスを継承している、と見市は解説している。

（10）ポーター『啓蒙主義』七九頁。

（11）講演はイタリアで開催された「イギリス十八世紀の科学と想像」と題する会議で行われ、以下が講演録である。John H. Brooke, "Why did the English mix their science and their religion?" Sergio Rossi ed., *Science and Imagination in XVIIIth-Century British Culture*, Milano: EdizioniUnicopli, 1987, pp. 57-78. ヴォルテール『哲学書簡』からの引用に関係する部分は六四頁。

（12）ポーター『啓蒙主義』六三頁（原文を参照して訳文をわずかに変更）。

（13）ポール・ラングフォード監修「オックスフォード ブリテン諸島の歴史」第八巻『十八世紀』（慶應義塾大学出版会、二〇一三年）のデイヴィッド・ヘンプトンによる第二章「啓蒙主義と信仰」（大野誠訳）八八頁。ヘンプトンは、ポーター以降の研究の進展を踏まえて「啓蒙主義では地域差が重要であることを強調するようになった」として、彼はイングランド、スコットランド、アイルランドの啓蒙主義を意識して書き分けている。

(14) ウィリーは「科学と宗教の神聖同盟という、このイギリス独特の現象はこの世紀のほぼ終末(十八世紀末)にいたるまで存続したのであった」と述べているが、私としては十八世紀末を超えて少なくとも十九世紀半ばまでは持続したと考える。バジル・ウィリー『十八世紀の自然思想』三田博雄ほか訳、みすず書房、一九七五年、一五二頁。

(15) ヘンプトン「啓蒙主義と信仰」九一頁。

(16) 自然の中に神の叡智を認める行為は古くからあるので、ブルックは復興とか再興という言葉を使っているが、そうした用法を前提とした上で自然神学の隆盛とした。自然神学は広くヨーロッパ的現象でイギリス特有のものではないことはよく論じられる。J・H・ブルック『科学と宗教――合理的自然観のパラドックス』田中靖夫訳、工作舎、二〇〇五年、二一八―二一九頁。

(17) William Buckland, *Geology and Mineralogy considered with reference to Natural Theology*, London: Pickering, 1837, pp. 63-67, 524-538 (Bridgewater treatise on the power, wisdom, and goodness of God, as manifested in the creation treatise VI). 利用に好都合な石炭の埋蔵については、S・J・グールド『ニワトリの歯――進化論の新地平』(渡辺政隆・三中信宏訳、早川書房、一九八八年)第六章参照。グールドはバックランドらの例について、根本的に異なる世界観の表出であって、個人的な愚かさや世の中全体の素朴さの表出と見なすべきでないとした。なお「親英国派の神 the Supreme Anglophile」というのはブルック『科学と宗教』(前掲)による。バックランドのように博物学者にして聖職者という人材がイギリスで豊富であったことも自然神学の隆盛の一因であろう。

(18) ブルックの若干の補足。自然科学を異宗派間の中立的基盤と措定し、その努力を自然神学に振り向けたこと。神学的影響の豊かな源泉となったニュートン的宇宙の特異性。博物学者と聖職者の重なり。諸々のレベルにおける科学と宗教の相互作用。自然神学は十九世紀半ばまでイギリスの科学文化の一部として命脈を保ったことなど。

(19) John Gascoigne, "From Bentley to the Victorians: The Rise and Fall of British Newtonian Natural Theology," *Science in Context*, 1988, vol. 2, pp. 219-256.

(20) よく引用される有名な例は、ニュートンが『プリンキピア』の第二版（一七一三年）の巻末に付した「一般注」や『光学』（一七〇四年）の巻末の「疑問」である。

(21) Gascoigne, p. 231.

(22) Ibid., p. 234.

(23) Ibid., p. 235.

(24) ダーハムのボイル講演はPhysico-Theologyと題されたもので、その著作の巻末に挿入された出版物の宣伝には、Dr. Derham's *Astro-Theology*とかMr. Ray's, *Three Physico-Theological Discourses*とあり、その当時physico-theologyとastro-theologyは神の御業を示す対照的領域を指示する用語であったようである（有名大学町ダーラムはDurhamでDerhamとは発音に違いがあるようだ）。W. Derham, *Physico-Theology: or, A Demonstration of the Being and Attributes of God, from His Works of Creation. Being the Substance of Sixteen Sermons Preached in St. Mary-le-Bow Church, London, at the Honourable Mr. Boyle's Lectures, in the Years 1711, and 1712*, London, 1737. どの顔も光の下で識別でき、暗闇なら声で識別できるし、筆跡は本人に代わって契約を将来にわたって保証するといった具合に、ダーハムは人間の身体が唯一無二のものとして創造されていることに神の叡智を見ている（chapter IX. Of the Variety of Mens Faces, Voices, and Hand-Writing, pp. 308-311）。

(25) Gascoigne, p. 232. ウィリアム・ペイリーの著作は出版一年後の一八〇二年に第六版を数えベストセラーになっていることがわかる。第二二章「天文学」の冒頭で、御業の証拠として not the best medium と述べている。また、その章の執筆に際しダブリン大学天文学教授 Brinkley から手紙による協力を得たことを明記している。William Paley, *Natural Theology: Or, Evidences of the Existence and Attributes of the Deity, Collected from the Appearances of Nature*, London, 1803.

(26) Henry Lord Brougham and Charles Bell, *Paley's Natural Theology; with illustrative Notes*, four volumes, London: Charles Knight, 1845. ブルーム自身の自然神学の本もあり、さまざまな形で自然神学はヴィクトリア時代に浸透していったと思われる。彼は十九世紀前半のイングランド法曹界の重鎮(ブルーム型馬車 brougham と同じ綴りの姓なので、ブルームとした)。

(27) 小川眞里子『甦るダーウィン』岩波書店、二〇〇三年、九一頁。

(28) ベルナール・ボヴィエ・ド・フォントネル『世界の複数性についての対話』赤木昭三訳、工作舎、一九九二年。

(29) 長尾伸一『複数世界の思想史』名古屋大学出版会、二〇一五年、六六―六七頁。

(30) 同書、六七頁。

(31) 同書、六八頁。

(32) マイケル・J・クロウ『地球外生命論争 1750-1900――カントからロウエルまでの世界の複数性をめぐる思想大全』鼓澄治・山本啓二・吉田修訳、工作舎、二〇〇一年

(33) クロウによれば、ブルースターの『複数の世界』はヒューエルの『試論』の読者を上回り、一八九〇年代に至るまで再版が続き、少なくとも一万八千部を売ったという。クロウ、同書、五一六頁。

(34) 松永俊男『ダーウィンの世界――科学と宗教』名古屋大学出版会、一九九六年。松永は「『創造の自然史の痕跡』の衝撃」と題した第五章の第四節で、「世界の複数性論争」を簡単に論じている。松永の著作から二

〇年を経た現在ではブルックやクロウの著作の邦訳もあり、概要をたどることは易しくなった。チェンバースとの関係は、それを示唆するブルックの論文に拠っている。

(35) クロウ『地球外生命論争 1750-1900』五八五頁。

(36) クロウ、同書、五八六頁。ブルックは以下の論文で、「ダーウィンが破壊したと想定される自然神学はすでに崩壊寸前であり、天文学者がもたらした過剰な空間と地質学者がもたらした過剰な時間に対する賛否渦巻く結果としてすでに混乱状態であった」としているが、ブルックの論文がクロウやオスポヴァット（後述）の著作以前であることに注意する必要がある。Brooke, "Natural theology and the plurality of worlds," *Annals of Science*, 1977, vol. 34, pp. 221-286.

(37) フロイト『精神分析学入門』世界の名著、中央公論社、一九六六年、三五七―三五八頁。

(38) John H. Brooke, "Natural Law in the Natural Sciences: the Origins of Modern Atheism?" *Science & Christian Belief*, 1992, vol. 4, no. 2, pp. 83-103. ブルックは一九八五年の以下の論文では、オスポヴァットの四つの文献を挙げ、かなり寄り添った論じ方をしていたにもかかわらず、前記論文では、一切の言及がなく、ダーウィンの言説をかなり深読みしていて、それ以前の論文との書きぶりの違いに戸惑う面がある。Idem, "The Relations between Darwin's Science and Religion," in *Darwinism and Divinity*, ed. By John Durant, Oxford: Basil Blackwell, 1985, pp. 40-75.

(39) Dov Ospovat, *The Development of Darwin's Theory: Natural History, Natural Theology, and Natural Selection, 1838-1859*, Cambridge: Cambridge University Press, 1981. 三三歳という若さで一九八〇年に逝った彼の遺著であり、ダーウィンの思考の軌跡をたどる研究の金字塔である。

(40) Ospovat, "God and Natural Selection: The Darwinian Idea of Design," *Journal of the History of Biology*, vol. 13, 1980, pp. 169-194. このなかで、オスポヴァットは回想というものが当てにならぬことを認識し、『自

伝』とは独立に調査する必要を強調した。
(41) ダーウィンは『種の起源』(一八五九年)で、自然選択は競争を勝ち抜くに十分に生物を適応させると説明しているが、一八三八年の最初の理論の定式化以降、ほぼ二一年間にわたって彼は、生物は完全な適応状態(それ以上の変化の余地なし)で生じており、自然は調和的全体であるという信念を社会全体と共有していた。Ospovat, "God and Natural Selection," pp. 170-171. 変化の余地を残した適応は relative adaptation とされる。
(42) ダーウィン『ダーウィン自伝』八杉龍一・江上生子訳、ちくま学芸文庫、二〇〇〇年、一一〇―一一一頁。
(43) Darwin, *Descent of Man*, London: John Murray, 1871. Chapter IV. On the Manner of Development of Man from some lower Form. ダーウィン「人類の起源」『世界の名著 ダーウィン』池田次郎・伊谷純一郎訳、中央公論社、一九六七年、一二〇頁。原文と対照して変更した。同じ個所の訳でも文一総合出版の『人間の進化と性淘汰I』では自然神学的なニュアンスがやや薄められているように思われる。
(44) ブルック『科学と宗教』二八四―二八五頁(原文を参照して訳文をわずかに変更)。
(45) Frederick Burkhardt & Sydney Smith eds., *The Correspondence of Charles Darwin*, Vol. 6: 1856-1857, Cambridge University Press, 1990, pp. 445-450.
(46) Ospovat, "God and Natural Selection," p. 189. オスポヴァットは手紙の日付まで記していないが、これは一八六〇年五月二二日付の手紙で、"I am inclined to look at everything as resulting from designed laws, with the details, whether good or bad, left to the working out of what we may call chance. Francis Darwin ed., *The Life and Letters of Charles Darwin*, vol. II, Honolulu: University Press of the Pacific, p. 105.

# 聖俗革命論批判——「科学と宗教」論の可能性

川田　勝（構成・注　加藤茂生）

## 一　信仰に関する二つの誤解

「信仰という問題について通用しているある種の誤解だけは解いておきたい」（『科学・哲学・信仰』一九七七年、一八〇頁）と村上陽一郎が吐露したときに彼の念頭にあったのは、「人間の営為としての知的活動と信仰の双極化」という人間の知識活動の理解の仕方に関わる誤解と、「文明史における科学と宗教の双極化」という主に西欧文明の歴史の解釈の仕方に関わる誤解であった。

前者の誤解とは、科学をその典型とするような人間の「合理的」な知識活動は、「非合理的（＝非科学的）」な信仰とは相容れぬものであり、絶対確実な知識に関わるものだという知識観、あるいは科学観であり、後者の誤解とは、「ガリレオ事件」にその典型をみるような、キリスト教を科学的真理の弾圧者とみる「啓蒙主義的歴史観」であると言い換えてもよい。

『西欧近代科学』（一九七一年）の冒頭で「科学史と哲学との融合を求めてきた」と記しているように、村上はこの二つの誤解を解く作業を、史的方法と哲学的方法とを通じて実行する。『科学・哲学・信仰』、『科学と日常性の文脈』（一九七九年）、『新しい科学論』（一九七九年）、『科学のダイナミックス』（一九八〇年）など一連の科学哲学的著作は第一の誤解を解くために、『西欧近代科学』、『近代科学と聖俗革命』（一九七六年）、『文明のなかの科学』（一九九四年）など主に歴史解釈にまつわる一連の書物は、第二の誤解を解くために公表されたものであるとみることもできるほどである。

第一の誤解を解く際に、重要な礎石になるアイディアが、「観察の理論負荷性」という議論に基づく、いわゆる相対主義的科学観である。つまり、本質的に神秘的、非合理的な側面を持つ信仰とは対極に位置すると考えられている科学的知識や常識的知識のなかにも、じつは「信仰と紙一重の形での前提」が必要とされていることを説明することによって、「合理性」と「非合理性」、あるいは「理性」と「信仰」の対極化、双極化という常識的見解を切り崩そうという戦術を採るのである。人間はみな歴史的、社会的文脈のなかで生を享けて生活している、科学者とて例外ではない、つまり科学者も含めて人間はみな、認識の及ぶ範囲などを規定する生物学的「存在拘束性」だけではなく、「歴史拘束性」を持っており、そこから完全に自由になることはできない、そして歴史、社会は集団によって異なるもの、最終的には個人単位で異なるものである。だから人間の認識は、いかなるものであっても、二重の拘束性から逃れることのない、相対的な意味と価値を持つに過ぎない。精確さを犠牲にしてごく大雑把に言えばこのようになる。当然のことながら、科学知識もこの定式に収まる相対的な知識に過ぎないということになる。通俗的な言葉を用いれば、「パラダイム」に依存しない知識はないということになるが、その「パラダイム」自体の正当化を客観的にすることはできない。そこは「非合理的」に信じているとしか言いようがないではないか。そうである以上、科学の「合理性」を盾にして宗教の「非合理性」を批判することはできないではないか、というわけである。

一方、第二の誤解、つまり歴史記述にまつわる誤解を解く際に重要な役割を果たすのが、有名な「聖俗革命」という概念である。

敷衍してみよう。相対主義的知識観に立てば、知識が有意味であるかどうかや、正しいかどうかは時間や空間を超越した何か絶対的な規準に照らして決まるものではなく、パラダイムに依存するということになる。A・コイレ、H・バターフィールドら（彼ら自身が相対主義的知識観を持っていたかどうかは別として）科学史家たちは、現在の科学のパラダイムは西欧の十六世紀から十八世紀半ばにかけて作り上げられたと考え、その時代を「科学革命の時代」と呼んだ。しかし村上はこの歴史解釈に異を唱え、いわゆる科学革命の主人公たちを拘束していた知の枠組みと、現代のわれわれの知の枠組みとは決定的に違うと主張する。前者においては自然についての知識＝自然哲学は、神学という、より高次の学問に隷属することによって、その範囲と正当性とを保証されていたのに対して、現代のわれわれの自然についての知識＝自然科学はどんな高次の学問にも隷属しない自律性を持っている、というのがその批判の根拠である。もし村上の言う側面に注目するならば、科学革命期と現代との間にこの変化が起こったはずであり、それを村上は主に十八世紀フランスの啓蒙主義者たちに担われたとする「聖俗革命」という概念を導入することによって説明しようとするのである。

一七世紀には、人間のもつ自然についての知識は、人間―自然―神という三者の包括的で全体的関係のなかでしか意味をもち得なかった。したがって、「科学者」は必然的に神学者であり、形而上学者であった。しかし、一八世紀に入って、この三者の全体的な脈絡関係が崩壊し、神が態よく棚上げされながらこの関係から抜け落ちて行くに従って、それまで「神の真理」という形で保証されていたためにその根拠自体はついに疑われたことのなかった「真理」や、同様に、神の理性に証明された人間理性が外界を一意的に把握するという構造のなかではその原理的な根拠を疑われることのなかった「人間の認識」の問題を、あらためて最初から問い直し、理論枠を構成し直さなければならなくなった。そこに〔…〕人間から出発する真理論や認識論を主要分野とする近代的な哲学が発生した、と見ることができよう。(1)(『近代科学と聖俗革命』二三頁)

「科学」は聖俗革命以降、十九世紀西欧において誕生した、という村上の主張は、このような歴史解釈の一つの当然の帰結である。「聖なる」保証を外した「俗なる」知識活動が、自らを徹底的に世俗的な方法で保証しようという努力が、研究者の組織である学会の成立、大学のポストの成立、新たな研究指導原理の設定、つまり「科学者」とその科学者によって担われる「科学」の成立として現れたということになる。

このように考えると、従来の科学史記述によれば科学革命によって近代化したはずのコペルニクスやケプラーらに実は非科学的、宗教的思考が「残存」していたこと、ピコ・デラ・ミランドラ、パラケルスス、フラッド、ディーら魔術的、宗教的コスモロジーの唱道者が実は歴史の表舞台に存在していたことは、ごく自然に理解されることになる。(2) ガリレオの時代に科学と宗教とが対立していた、というのも全くの誤解である。ガリレオ事件は、神学論争に他ならない。そもそも十七世紀に科学は存在していないのだから、として、現ローマ教皇の見解を批判するのも村上としては当然のことであろう。

さらに村上は返す刀で、これらの面がなぜ隠蔽されたか、「二つの誤解」がなぜ生じたかを明らかにする。聖俗革命後の十九世紀的日常性＝存在拘束性に支えられて新しく誕生した科学が、その方法論的優越性とその血統的優越性を主張する際に新しく考案した保証書が、それぞれ科学哲学と科学史であり、そのなかで二つの誤解が生じたというのだ。ポパーら科学擁護の科学哲学を展開してきた科学哲学者が繰り返し、宗教的知識の不毛性を主張したことが第一の誤解の原因を、J・W・ドレイパーやA・D・ホワイトらが、それぞれ『科学と宗教の闘争史』『科学と宗教の闘争』を書いて、宗教の蒙昧とそれに対する科学の卓越性とを啓蒙主義的歴史観によって説いたことが第二の誤解の原因を作ったということになる。

本稿では、科学革命期の日常性と十九世紀的日常性とにある（主に、フランスの啓蒙主義者たちがその転換を担ったとされる）「不連続面」をこのような概念で把握しようとすることに伴う様々な一般的かつ原理的ではあるが自明な難点（時代区分の不毛、類型化と単純化の危険、歴史理解のための概念の実定化、……）は、問わない。本稿の中心は、聖俗革命論という概念が、現代において科学と宗教との関係を問う場を消失させてしまう危険性を孕んでいることを指摘することにあるからである。

## 二　聖俗革命論の視座

現在、いわゆる「科学論」という領域のなかで、一節で述べた二つの誤解を未だに無反省に保持している研究者はほぼ皆無と言ってよい。それが、国内的な状況であるだけでなく、国際的な常識であることをみれば、このような流れ自体は、時代の趨勢であると言うことができよう。が、それでもやはり村上の貢献を過小評価することはできない。さらには村上による誤解除去作業には、「聖俗革命論」という独創的なアイディアが含まれていることは見逃せない。「ガリレオやニュートンは科学者ではない」とか、「科学は十九世紀に誕生した」と繰り返し説かれる主張の一つの根拠であるこの「聖俗革命」という歴史概念の提案は、大きく見ればいわゆる「世俗化論」という西洋史学においても宗教史学においても重要視されてきた問題の一ヴァージョンとみることができるが、それを知識論の場面で論じた点が新味であった。

確かにこの概念を導入することにより、さらには、よりはっきりと「十九世紀科学誕生説」を主張することにより、ドレイパー゠ホワイト的啓蒙主義的歴史観の克服は可能である。先にも見たように、聖俗革命という概念は、科学革命期の科学を「正面向き」に見た場合に見えるものを明らかにし、当時の自然についての知識あるいは自然哲学と、神学、あるいは宗教との間の込み入った関係を考察する場を創出した。さらに、「文明史的誤解」が生まれた経緯までも説明する力を持った。

このような歴史観に基づいて村上は、一九九二年十月三十一日、ガリレオの「名誉回復」をローマ教皇が発表したときに、「科学に対して宗教が誤った態度を採ったことを反省」するのは時代錯誤であり、ガリレオ事件は「複数のキリスト教の世界解釈体系同士の間の軋轢」と理解すべきだと論難した。聖俗革命以前に科学が存在したと言うこと自体がカテゴリー・ミステイクになる、というわけである。

このような聖俗革命論においては、現在の科学と宗教との関係はどのように捉えるべきということになるのだろうか。

**注1** 二〇一四年一月十三日に亡くなった川田勝が遺した原稿は以上までである。以下は、二〇〇八年三月二十六日の「村上陽一郎先生退任記念シンポジウム」における川田の発表のレジュメに、適宜、加藤が補足説明の注をつけたものである。

聖俗革命論のデメリット→十九世紀以降の科学と宗教の関係を問う場の喪失（＝例えば、科学技術の成果や方向性は、宗教的な人間観や世界観とどう関わるかというような「外在的諸関係」しか問えなくなってしまう）

・聖俗革命で知識が世俗化したというが、それはready-made-scienceについての静的側面についてのことではないか？

・ヒューエル、ハクスリーらのレトリックを「真に受けて」歴史記述をしているが、レトリックと実際の活動が同一とは限らないではないか？

**注2**　川田は、「十九世紀以降の科学と宗教の関係を問う場の喪失」という「聖俗革命論のデメリット」を指摘し、村上の議論を乗り越えて、科学と宗教の議論を進めるための枠組みを作り直そうとする。聖俗革命において、科学が宗教から切り離され、自律した営みとなったというのであれば、十九世紀以降は、科学と宗教の関係について、もはや論ずることができないという枠組みを、村上は提示したことになるのではないか。少なくとも、聖俗革命以前の科学と宗教の関係のような、科学に携わる人間一人一人の精神に内在する科学と宗教のつながりについて論ずることはできない、ということが聖俗革命論から帰結するのではないか。できることと言えば、科学を宗教から独立したものとみなしたうえで、「科学技術の成果や方向性」が「宗教的な人間観や世界観」とどう関わるかというような「外在的諸関係」を問うことだけになるのではないか。それが聖俗革命論のデメリットだ、と川田は言うのである。

本稿の川田の議論全体は、現在および過去における、言説と現実の違い、または、制度的宗教と日常的な宗教性との違いに着目したものだが、ここでは特に、村上の聖俗革命論は、言説という、人間の生活の上澄み部分を扱っており、実際の科学者の姿をとらえたものではないのではないか、と指摘しているのである。たとえば、村上は、聖俗革命で知識が世俗化したというが、それは、「レディメイド・サイエンス」、つまり、出来上がって発表され固定化された、静的な科学的言説についてのみのことではないか、と川田は疑問を呈している。

また、村上は、『文明のなかの科学』など複数の著作で、「scientist」という言葉が一八三〇年代に生まれたことが、知がコンパートメント化し、「科学」が誕生したことの表れだと論じている。しかし、「scientist」という言葉に関するW・ヒューエルやT・H・ハクスリーらのレトリックから、そのような傾向がうかがえるとしても、彼らの言説は当時の科学、科学者の実像をどれだけ正確にとらえているだろうか。レトリックと実際の活動が同一とは限らないではないか。

川田はこのように、村上の思想史的議論に対し、歴史社会学的な視点から、異和を唱えていると言えよう。

一　「科学知識を支える日常性」の中には広い意味での宗教性も含まれる。（↓ケプラー、ガリレオらの日常性にとっては「宗教」は顕在的であって、言説にも表出したが、現代では隠在的で科学的言説に表出しなくなっているだけ、という考え方。知識と信仰の位相関係が聖俗革命で変化したに過ぎず、聖俗革命以降、科学と宗教が本質的に無関係になったのではない。）

二　「神からの（宗教からの、神学的知識からの）人間的知識（科学を含む）の独立」と言っても、その宗教は創唱宗教のことでないか。村上の言う「宗教」は基本的にキリスト教的文脈による（↑村上の基本的関心）。世俗化はT・ルックマンの意味で理解することもできる。

**注3**　川田は、宗教としては、創唱宗教的な部分だけでなく、「広い意味での宗教性」も考える必要があると言う。聖俗革命論に言われる「神からの人間的知識の独立」は、宗教の創唱宗教的な部分に関する独立であって、「広い意味での宗教性」については、そう言えないのではないか。「広い意味での宗教性」を考えた場合、聖俗革命以降、科学と宗教が本質的に無関係になったとは言えない、と川田は主張している。

この議論は、A・シュッツの現象学的社会学を継承し、『見えない宗教』などで日常性のなかの宗教について論じた社会学者トーマス・ルックマンの宗教社会学に依拠したものだろう。

## 三　科学論者の日常性

村上の基本的関心
（一）クリスチャンとしての統一的人間観、世界観の希求
（二）科学（医学）に関する期待
（三）科学論への傾斜（大森荘蔵の影響？）

↓　特に（一）が重要（科学論は村上にとっては一つのモデルに過ぎない！）
↓　新しい神学の可能性へ（一枚絵の放棄、逆弁証法、無原理という原則）

ただし、「神学」という言葉を用いることや、キリスト者であることなどを表に出さないために、「寛容」や「お天道様」などという言葉を用い、「中立」な学者としての態度を守る。

**注4**　三節のタイトルにある「科学論者」とは村上陽一郎のことである。そして、本節で川田は、聖俗革命論を唱えた村上の根底にある基本的関心について考察している。「村上の基本的関心」として、川田は（一）クリスチャンとしての人間観・世界観への関心、（二）科学・医学への関心、（三）哲学への関心の三つを挙げる。そのうち、クリスチャンとしての人間観・世界観への関心が最も村上にとって重要である、と川田は言う。そして、科学論は、村上にとってクリスチャンとしての人間観・世界観の探究の一モデル

に過ぎないとまで推察している。

村上のそのような関心から帰結するのが、「新しい神学」の可能性の追求である。「新しい神学」とは、『科学・哲学・信仰』に登場する概念だが、それは、川田の理解では、『文明のなかの科学』で論じられたような、相対主義もしくは多元主義的な思想であるようだ。「一枚絵の放棄」や「無原理という原則」は、絶対的・普遍的な唯一の解・価値の放棄ということであろう。「逆弁証法」とは、『文明のなかの科学』で村上が用いている概念で、他者理解のために自己を相対化する動きのことである。

「寛容」は『文明のなかの科学』以降で村上がよく言及している概念で、絶対的・普遍的な唯一の解・価値を放棄し、「逆弁証法」的なダイナミズムに即して動くことによって実現できる機能を意味する。「お天道様」は、世俗的な日本社会にも存在する、自然のなかに超越的存在を認める「信仰」を表している(3)。この「お天道様」という、日本社会の日常性のなかにある宗教性を捉えた言葉は、川田が本稿で論じている「広い意味での宗教性」の一つであろう。川田は村上とともに『日常性のなかの宗教――日本人の宗教心(4)』という本を編んでいる。おそらく、川田が本稿に書いているような「日常性のなかの宗教」について、二人は意見交換をしていたのではないだろうか。

そして、村上は、自らがキリスト者であることを論文などでは表に出さないように、これらの世俗的な概念を用いているのだ、と川田は言う。私は、川田が村上を「世俗の司祭」と評していたのを思い出す。

このような観点に立ってもう一度聖俗革命論を見直すと、

村上の科学者の定義：論文を書く人（＝あるコンパートメントの中での自律的知識活動に従事する

人）➡村上の基本的関心の表出（＝科学とは何か、ということが第一義的な関心ではない‼）

・中世〜近代：キリスト教的世界観・人間観が支柱となるopen systemとしての自然知識があるが、それは最終的にはstaticな神学的知識観に収まる。

・聖俗革命期：closed systemとしての人間中心主義的知識観の生成（近代哲学の試み）

・聖俗革命後：村上の科学論（＝知識論）の目標➡人間の知識の言葉で（➡近現代人への譲歩的態度）open-systemとしての、（どこまで行っても）dynamicな知識観の創造へ（➡これが村上の求める新しい神学‼）

**注5**　村上の聖俗革命論について、村上の基本的な関心という補助線を引いて考えると、聖俗革命論は、聖俗革命後の世界において、「open-systemとしての、dynamicな知識観の創造」を目指すものであったことがわかる、と川田は主張している。つまり、村上が聖俗革命論を提唱した基盤には、近世以前の神学・哲学・科学が一体化していた知識の形態を評価しつつ、しかし、staticな神学的知識観に収まらないdynamicな知識を求めようとする志向があった。そのような新しい知識観を提示するのが村上の求める「新しい神学」であるというのである。

## 四　科学と宗教の関係を問う場の回復へ

（一）村上の「新しい神学」の実現には、「科学と宗教は無関係」では済まされない。日常性の中での信仰・宗教的なものと学問的、科学的なものとの位相関係を dynamic に捉える必要がある。（↑実際、知識と信仰、科学と宗教という問題関心自体は消滅してはいない!!）

（二）聖俗革命を「神を語らずに済ます＝棚上げする」という変化ではなく「語りの土台の中へと沈黙していく」変化と捉えて、聖俗革命を語り直す必要がある。（↑宗教性そのものが人間の中から抜け落ちてしまったということはあり得ない!!）このような科学と宗教の位相関係における変化(explicit な関係から implicit な関係へ)を表出させる「語り」が必要。

**注6** 四節に関しては、あまり多くの注はいらないだろう。村上の聖俗革命論の根底にあった「新しい神学」への希求の実現には、その聖俗革命論を修正し、「科学と宗教の関係を問う場の回復」により、宗教的な語りが変わりつつも存在し続ける、日常的・非創唱宗教的な宗教心と学問的・科学的なものの関係を考察する必要がある、と川田は主張しているのである。

## 注

（1）さらに村上は「大ルネサンス＝キリスト教世界が異教の学問を換骨奪胎しながら同化しようとする時代」という概念を導入し、H・バターフィールドの意味での「科学革命」は「大ルネサンス」期内の一変化に過ぎないとしてその歴史的重要性を相対化する。そして大ルネサンスの衰退過程を「聖俗革命」と位置づけようとするのである。『新しい科学史の見方』（一九九七年）を参照。

（2）『科学史の逆遠近法』（一九八二年）のなかで、村上はこの議論を展開している。

（3）村上陽一郎「日本の文化的基盤と超越的存在」（河合隼雄・村上陽一郎編『現代日本文化論』第一二巻『内なるものとしての宗教』岩波書店、一九九七年）一―一七頁。

（4）柳瀬睦男・村上陽一郎・川田勝編『日常性のなかの宗教――日本人の宗教心』南窓社、一九九九年。

# 村上陽一郎の科学史方法論——その「実験」の軌跡

坂野　徹

## 一　村上陽一郎と科学史「衰退」の現在

日本の科学史研究は最近「元気がない」という声を聞いて久しい。実際には、国際誌への論文投稿や海外の研究者との交流などの「国際化」がさらに進み、研究水準は確実に向上しているし、科学技術社会論（ＳＴＳ）、科学コミュニケーションなど、科学史・科学論の「前線」も拡大している。だが一方、少なくとも一九七〇年代から九〇年代にかけて、科学史がアカデミズムにとどまらず、読書界で一定の位置を占めていた時代を知る人間からすると、最近の科学史研究が低調にみえることもまた否定できない。実際、科学史から「元気」が失われたようにみえる九〇年代以降、孤軍奮闘してきた感のある故・金森修も一九九〇年代後半以降、〈科学史・科学思想史〉は〈衰退期〉に入った、あるいは〈科学政治学〉へと〈転回〉した、と評していた[1]。

そして、科学史が「元気」だった一九七〇年代から九〇年代にあって、当該領域をリードした代表的研究者が村上陽一郎であった。とりわけ（本来マイナーな学問領域であった）科学史・科学論の社会的認知において、学問論、文明論、教養論まで含む旺盛な著述活動で、最も大きな力を発揮したのは村上だといってよい。

では、そうした村上の幅広い研究のなかでどこに焦点を合わすのか。本稿では、まだ村上の研究が狭義の科学史や科学哲学の領域にとどまっていた八〇年代までの時期にしぼり——といっても、この時期でも、村上の著述活動の射程は十分広いが——、そのなかでも特に科学史研究の方法論をめぐる問題に焦点を当てることとしたい。

二〇〇八年のシンポジウム〈村上陽一郎先生退任記念シンポジウム、東京大学駒場キャンパス〉において村上自身が述べたことだが、村上の研究者人生にとってひとつの転機となったのが、東京大学教養学部科学史・科学哲学教室から東京大学先端科学技術センターへの異動〈一九八九年〉であったことは間違いない。これにともなって、村上の仕事の重点は、十九世紀以降の科学技術と社会をめぐる問題へと移り、科学史における方法論上の問題は後景へ退いていったと考えられる[2]。

そこで、本稿では、村上の研究活動を便宜的に〈前期〉=一九八〇年代末まで、〈後期〉=一九九〇年代以降の二期に分け、〈前期〉の著作群のなかから、論文集ではなく、首尾一貫した観点から書かれた歴史分野の単著である『日本近代科学の歩み』〈一九六八年、以下『歩み』〉、『西欧近代科学——その自然観の歴史と構造』〈一九七一年、以下『西欧近代科学』〉、『近代科学と聖俗革命』〈一九七六年、以下『聖俗革命』〉、『科学史の逆遠近法——ルネサンスの再評価』〈一九八二年、以下『逆遠近法』〉を取り上げ、村上における科学史研究の方法論について考えてみたい。実際には、ことはそう単純ではないだろうが、「キリスト教を、科学やそれに付随する「近代的」な諸制度の「敵」、とりわけ歴史的には、それに対する無理解な「弾圧者」として描く」ような「単純な公式的見解にどう考えてもついて行けずに、この分野に迷い込むことになった」[3]という村上は、一九六〇年代末から八〇年代にかけて、どのような方法論で科学史にアプローチしようとしていたのか。これを明らかにするのが本稿の課題である。

本稿では、以上四冊の著作に即して、ヒストリオグラフィーの問題を中心に、〈前期〉村上の科学史方法論の展開をたどっていく[4]。より具体的には、二節（『歩み』）、三節（『西欧近代科学』『聖俗革命』）、四節（『逆遠近法』）で、各著作の問題意識について検討を加えたうえで、五節において改めて村上の科学史方法論の意義と限界性を考える。そしてさらに最後の節では、筆者なりの視点から、ポスト村上時代の科学史方法論について展望する。

## 二　「日本人論」としての『日本近代科学の歩み』

『日本近代科学の歩み』（一九六八年）は、奇妙といえば奇妙な題名の本である。常識的に考えると、この題名からは「日本近代」、すなわち幕末の開国期以降における科学の歴史を扱った本が想像されるだろう。だが実際には、この本は、日本における西欧の科学技術の受容過程を「キリシタン期」（開教期）から明治期までたどった上で、「日本文化と西欧科学」（第Ⅶ章）の関係について考察を加えた著作である。つまりは、「日本」における（西欧）「近代科学」の「歩み」についての本だということになる。

この本は、村上の大学院修士課程時代以来の日本科学史に関する研究や、当時までの蘭学研究の蓄積も踏まえた「西欧科学受容の小通史」となっている。だが、村上の意図は、「あくまで、日本文化の特質を、西欧科学という踏み絵を使って考えていこうとするところ」にあり、これは「西欧科学を言わばリトマス試験紙として、様々な文化圏の特色を比較検討しながら明らかにする、という比較科学思想史」への「礎石」とも位置付けられる（『歩み』まえがき）。

以上の言明は、「表面的な体裁」とは別に、『歩み』が単なる「通史」にとどまらない、明確な方法論的意識のもとに書かれたことを物語っている。また、「比較科学思想史」の構想は、いまだ東京大学に科学史の大学院が設置されておらず（科学史科学基礎論専攻の設立は七〇年）、村上が大学院では比較文学比較文化専攻で学んだことを反映しているともいえるだろう。

しばしば処女作にはその作家のすべてがある（表れる）などといわれる。これは誰が最初にいいだしたのかよくわからない俗説らしいのだが、「経験主義だけでは科学にならない」（同、九三頁）といった言葉に示される「（科学）哲学」への志向や、日本語の「科学」が「分科の学」であることの指摘（同、二一頁）など、その後の著作で展開される多くの論点が萌芽的な形で語られているのが興味深い。

そして、ここで改めて注目したいのは、この本が、村上自身の「私は日本人である」という、ある意味で強烈な意識に根ざしているということである。ここでは、当時の村上の問題意識をストレートに表していると思われる一節を引いておく。

我々は、日本人である。好むと好まざるとにかかわらず、その事実から逃れるわけにはいかない。永年にわたって日本人の精神構造を築き上げてきたものから自由になることはできない。私が、自然科学の基本構造や、その生い立ちの追跡に興味をもって以来、私のなかで折に触れてぶつかり合うのは、西欧という特定の文化圏に生まれながら、現在人類一般にとって普遍的《ユニヴァーサル》になりおおせた自然科学的な思考体系と、それを論理的・歴史的に分析する主体者である私の、日本人としての意識とであった。（同、まえがき）

日本における西欧近代科学の受容を跡づけた『歩み』における、村上自身のもうひとつの問題意識は、次のようなものであったと考えられる。西欧に生まれた近代科学は、現在、日本を含む非西欧文化圏にも広がっているが、少なくとも日本の科学史研究は近代科学を生み出した西欧文化に対する理解が不十分である。そして、これは科学史だけの問題にとどまらず、そもそも日本人は西欧文化を十分に理解できていないのではないか[5]。これは、たとえば、ベルツの日本科学批判――日本人は外国人教師から「最新の収穫」を受け取ることで満足し、その「根本の精神」を学ばなかった――への注目（同、一六七―一六九頁）にもつながる[6]。

こうした問題意識は、クリスチャン、さらには西洋音楽（チェロ）の演奏家として、若い頃から「西欧文化」に親しんできた村上にとって自然なものだっただろうし、『歩み』はまさしく「日本人」としての村上が「西欧文化」としての「近代科学」（の歴史）と対峙しようとした著作だと評することもできるだろう。かくして、最終章（第Ⅶ章）では、「なぜ日本に科学が生まれなかったか」「日本文化に科学は根をおろしたか」「西欧での自然との付き合い方」「日本での自然との付き合い方」「日本人の不正直さ」などといった事柄に関する「大胆」な「仮説」が開陳されることになる。(7)

だが、ここで見逃せないのが、『歩み』が刊行された時期は、いわゆる「日本人論」(「日本文化論」)が盛況をみせた時代でもあったということである。(8) 巻末の主要著作リストには、直接「日本人論」と呼びうる著作は挙げられていないが、村上の問題意識が、「日本人論」が流行していた当時の言論状況を反映していることは確かである。

戦後の「日本人論」については、文化人類学者の船曳建夫による巧みな説明があるので、ここで船曳の議論を引いておこう。船曳は、「日本人論」における「近代におけるアイデンティティの不安」を指摘したうえで、次のように述べている。これは、奇しくも、村上の「まえがき」における問題意識を説明するものになっていると思われる。

「日本人である自分」がいわゆる「西洋」近代に対して外部であることは「生まれながら」の規定であり、「生い立ち」をさかのぼっては変えることはできないから、不安は、繰り返してやって来る。よって、「日本人である自分に対する」「不安」が高まるときには、その不安の個別性に添って説明する「日本人論」が自分に対しても必要となってくる。(9)

もちろん、「日本人論」の流行という言論状況に気づかぬ村上ではない。『歩み』刊行に先立つ六五年から七四年のあいだに村上が各種媒体に発表した論文をまとめ、一九八〇年に刊行された『日本人と近代科学』の「あとがき」で、村上は「日本人論」が一種の流行でさえあるなかで、「流行に乗ったと受け取られても仕方がないかもしれないが、それは筆者の本意ではない」と述べている[10]。

だが、ここで問題なのは、村上が「流行に乗った」かどうかということではない。先に述べたとおり、村上自身の「日本人として意識」は『歩み』執筆にあたって――また、村上自身の人生にとって――大きな意味をもっていた。

しかし、それと同時に、「西欧」対「日本（人）」という思考枠組みは、村上の個人史を超えて、当時の知識人の多くが共有するものだったこともまた確かである。アジアで「唯一」、西欧文化の受容にいち早く「成功」し、アジア・太平洋戦争における挫折にもかかわらず、高度経済成長を経て、再び「先進国」に仲間入りしたという――にもかかわらず、いまだ日本は「西欧」にとって「外部」だという――自意識。おそらく二十一世紀の現在ではもはや成立しえない言説空間のなかでこの本は書かれている[11]。

## 三　西欧近代と科学の関係をどう描くか――『西欧近代科学』と『近代科学と聖俗革命』

先に確認したとおり、村上陽一郎は、その処女作において、日本における西欧近代科学の受容史を跡づけたが、それは同時に「日本人論」的性格を強くもつ著作でもあった。こうした「日本（人）」への関心はこれ以降もけっして放棄されたわけではないが、その後、村上の主要な研究対象はいったん「日本（人）」から離れ、本丸たる西欧近代科学の歴史へと向かうことになる。

そこで、本節では、一九七〇年代に刊行された二冊の歴史書『西欧近代科学』『聖俗革命』をあわせて検討しよう。ただし、これらの著作における西欧科学史に関する捉え方については他の章で細かく分析されるだろうから、ここでは、あくまでも村上の方法論上の問題意識を抽出することに注力する。

さて、『西欧近代科学――その自然観の歴史と構造』（一九七一年）は、その副題が示すとおり、西欧近代科学の歴史を「自然観の歴史と構造」という観点からたどりつつ、（『歩み』では十分に検討できなかった）近代科学を生み出した西欧の思想構造を真っ正面から明らかにしようとした著作である。

この本では、「科学史を、単なる史実の継時的羅列とみなさずに、思想構造の哲学的分析のための一つの実験室と考え、科学に関する史的分析と、科学を通じての哲学的探求とを、統一的な視点から眺めてみる」という問題意識のもと（『西欧近代科学』：i）、十六世紀から十七世紀における、いわゆる科学革命を中心とした西欧近代科学の歴史が描かれる。

「科学史と哲学の融合」という視点は前書にもみられたが、ここでは、特に科学史を「哲学的分析」のための「一つの実験室」とみなすという宣言に注目しておきたい。実際、本文中では、自身が翻訳を手がけたN・R・ハンソンなどを引きつつ、「事実とは何か」（同、八―一二頁）、「事実は理論を変えない」（同、一三五―一三七頁）、「経験と理論」（同、二二三―二二五頁）など、科学哲学の知見を踏まえた歴史分析がなされている。

この本におけるヒストリオグラフィーの方法論に関する議論は必ずしも多くはない。ただ、科学の歴史は自然のなかに隠された「真理」が徐々に曝かれてきた歴史であるとする、いわゆる啓蒙主義的歴史観の乗り越えが、まずは企図されていたであろうことは、たとえば次のような一節からうかがえる。

現在という時点で、歴史に対してわれわれが得る一つの反省は、科学が、基本的に、現実の世界の「真理」を曝いてきた、ということへのドグマティックな信仰にある。（同、三二三頁）

村上によれば、「近代から現代への科学は、そのものとして、自然のもつ可能性、潜在的現実性を、その枠組みに従った形で現実化したものと解すべき」なのである。ここでいう「枠組み」（別のところでは「準拠枠」）とは、この本の副題のいう「構造」の言い換えであり、村上自身はこの時点で依拠していないが、T・クーンのパラダイム概念に近いものと考えてよいだろう。

この本は、全体として非常に見通しのよい通史となっており、現在でも大学の教養科目でなら教科書として使用可能だと思われる[12]。だが、科学史研究の専門化が進んだ現在では、個々の分析や西欧の自然観をめぐる議論については、さまざまな異論もありうるだろう。

続く『近代科学と聖俗革命』（一九七六年）は、『西欧近代科学』の延長線上で書かれた著作だが、ここで村上が試みるのは、彼が「聖俗革命」と呼ぶ「近代の断層を剔出してみること」と、「近代的人間観への離陸」をめぐる問題に関する考察である（『聖俗革命』i—iv頁）。すでによく知られていることだろうが、「西欧近代」が一枚岩ではなく、十八世紀に進行した「真理」と知識の世俗化を「聖俗革命」と呼ぶ村上の議論は大きな反響を呼んだ[13]。そして、おそらくはこの本における考察が出発点となり、のちの村上の基本テーゼである近代科学＝十九世紀誕生説へとつながっていくことになる。

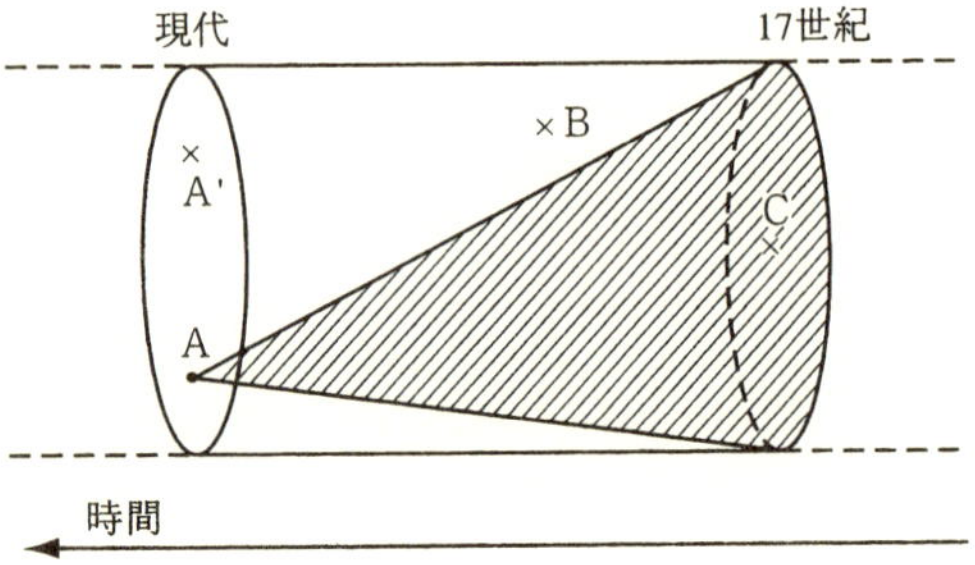


さて、村上の科学史方法論である。「科学史と哲学の融合」という前著の基本姿勢は『聖俗革命』でも堅持されているが、ここで見逃せないのは、この本において現在から過去をどう描くのかというヒストリオグラフィーの問題が浮上してくることである。

村上は、「エピローグ」のなかで「近来の私の主張の一つは、科学の歴史を「成り上がり物語」にしてはならないという点にあ」ると述べつつ、上のような円と円錐の図を用いた興味深い説明をおこなっている。この図による村上の議論にしたがえば、科学の歴史は、現在という点Aから過去を眺めることによって成立する。ここで斜線を施した円錐部がAという点から眺められる科学の歴史だが、そこにはB点は入ってこず、C点はこの円錐という特定の空間内の一点としての特性を担うことになる。たとえば、今日の科学の基準では「誤り」「非科学的」なものとされるフロギストン説を仮にB点だとすれば、正統的な科学史上に登場するフロギストン説は「誤った」「生き残れなかった」ものか、「正しい」理論を導くきっかけなどとして触れられるのがせいぜいである（同、二六四―二六六頁）[14]。

このように述べたうえで、村上は「今日成功している立場を前提にして過去のすべて」を評価するような歴史叙述を科学史における「成り上がり物語（success story）」と呼び、次のように問題提起する。

しかし、もしA´点から過去へと投影したら、B点やC点は、どのような位置づけを受けるであろうか。そして「現代」という時点に、本当にA´点はないであろうか。もしかして、われわれは、そうした自己限定を行なっているだけなのではなかろうか。(『聖俗革命』二六六―二六七頁)

かくして村上は、この本で検討してきた十七世紀西欧の「豊富な可能性」、さらには「今日のわれわれ自身もまた、われわれが自らに課せられていると信じている枠組みの外に、もっと可能性をもっている」ことを踏まえて、「われわれは先ず、今日のわれわれの立脚点(と信ずるもの)を過去に投影して、その光芒のなかにのみ歴史を眺めることをやめなければならない」と主張する(同、二六八頁)。また、先ほどの図にしたがって、次のようにも述べる。

円錐の比喩で言えば、われわれは歴史を眺めるに際して、現代からの光芒によって照明するのではなく、つねに底面全体に視点を置いて、底面全体のなかで科学理論を考え、そうした底面の加算という形で歴史を構成するべきではないか、ということにもなろうか。(同、二七一―二七二頁)

果たしてそんなことができるのか、という疑問も生じるが、以上の科学史における現在と過去に関する実験的考察は『逆遠近法』に受け継がれていく。そこで、〈前期〉村上が到達した科学史方法論はいかなるものか、続く『逆遠近法』について、さらに細かく検討しよう。

## 四　さらなるヒストリオグラフィーの模索——『科学史の逆遠近法』

『聖俗革命』で、科学史における「成り上がり物語」を批判した村上が、科学史のヒストリオグラフィーについて、明確な問題意識のもとに発表したのが『科学史の逆遠近法——ルネサンスの再評価』（一九八二年）である。前書で村上が批判対象としたのは科学史における「成り上がり物語」であったが、この本で問題にされるのは「遡及主義」である。

ここで村上がまず提案するのが「科学史研究における禁欲主義」である。コペルニクスの地動説を例にしつつ、村上は「コペルニクス的地動説を論じようとするとき、今日私どものもっている地動的体系を念頭に置くことを、まず断念することから始めなければならない」という、ある意味で非常にラディカルな立場を鮮明にする。なぜなら、「コペルニクス的地動説それ自体を理解するためには、事後の歴史的経過への配慮は無意味である」のみならず、それは「コペルニクス説の理解そのものにも影響をもつ」（あるいは「有害」）からだ。

それでは「歴史の細分化主義」ではないか、という批判に対して、村上は「それで差し当たり何が悪いか」と問い返す。かくして村上は、現代の文化人類学が、各文化のなかで起こる現象を「当該の文化のネットワークのなかに位置付けて理解しようとすることを、当面の目標として掲げているように、歴史もまた、時代と社会に分断され、細分化され、他との脈絡ぬきに、その時代、その社会、その理論のネットワークのなかだけで理解しようとする」「実験」を試みることを宣言する（『逆遠近法』二八―三二頁)。

では、改めて、村上のいう「遡及主義」とはいかなるものなのか。少々長くなるが、村上の意図することを正確に読み取るため、そのまま引用する。

当然のことながら、歴史は過去から現在に向う時間の流れに沿って展開する。したがって、遡及主義的立場の描く歴史もまた、そうした時間の流れの上に展開される。しかし、それは、一つの結果なのであって、そうした結果が得られる前の歴史家の思念のなかでの歴史的な出来事を繋ぐ順序関係は、実は、そうした結果としての歴史過程とは逆に、時間を遡及する形で存在している。それを、ここでは遡及主義と名付けるのである。例えば、ある科学理論体系を論じようとする場合、その先駆となるべきものを時間的な過去のなかに探し求め、そうしたものが見付かったときには、さらに、その先駆となるものを時間的な過去のなかに探し求める……という形で、時間の流れを過去に向って遡及して行くことによって、時間の流れに逆順な出来事の連鎖を造り、その連鎖を正順な時間の流れのなかに読み直すことが、結果的に、歴史を構成するということになる。(同、三七頁)

続いて、村上は「こうした遡及主義的態度は、多かれ少なかれ歴史のなかに入り込まざるを得ない、というのが、勝利者史観を批判する立場の人々の間でもむしろ一般的」(同)だともいう。このように、「遡及主義」は、科学史を「正しい」理論が「誤った」理論に「勝利」してきた歴史と捉える

「勝利者史観」と区別されるものだが、論理的に考えて、「勝利者史観」は「遡及主義」の一部に含まれる、非常に強い主張ということになるだろう。また、以上の説明から、「遡及主義」は前書の「成り上がり物語」とほぼ同義の概念だと考えられるが、「成り上がり物語」という表現はどうしても「勝利者史観」的ニュアンスを含むため、この本では採用されなかったと推測できる。

そして、ここから村上は「正面向き」の立場による歴史理解の必要性を説いていく。「遡及主義」は、過去における当該の科学理論を、現在の時点から（あるいは当該理論の後代への影響から）捉えるので、「前向きの立場」といいかえることができるが、さらに村上は、著名なルネサンス研究者であるF・イェイツの言を引きながら、逆に当該理論をその前代の視点から捉える「後ろ向きの立場」の効用を語る[15]。

そのうえで、村上が打ち出すのが「正面向き」の立場である。村上は、歴史家は「何よりもまず、当該の人物、当該の出来事、当該の科学理論などを、当該の時間において当該のそれらを包み込んでいる全体的な文脈のなかに定位し、把え切ることを目指し、それに徹すべき」だという。すなわち、我々は「「前向き」でも「後ろ向き」でもない、対象それ自体を全体的に見据えた第三の立場、言わば「正面向き」の立場を目指し、そこから出発すべき」だというのが、『逆遠近法』で村上が採用する科学史方法論にほかならない（同、四六―五四頁）。

## 五　村上陽一郎における科学史方法論の軌跡とその隘路

以上ここまで、一九六〇年代末から八〇年代にかけて刊行された四冊の著作を手がかりに、村上の科学史方法論の展開をみてきた。ここで西欧近代科学のヒストリオグラフィーにおいて、村上がいったい何を「仮想敵」としていたのかという観点から、四冊のあいだの推移を改めて跡づけてみよう。冒頭で引いた回想からもわかるように、ひとりのクリスチャンとして、キリスト教を科学の「敵」とみなす歴史観への反発が村上の歴史研究の駆動力のひとつとなっていたが、『歩み』が刊行された当時は、いまだこうした見方が根強かったと推測される。[16] もとより、この本の主題は、あくまでも日本における「西欧近代科学」の受容過程であり、「西欧近代科学」自体についての考察は、第Ⅰ章（「西欧の科学・技術」）と第Ⅶ章（「日本文化と西欧科学」）でごく簡単になされているにすぎない。

だが、たとえば第Ⅰ章における「神の権威のために、プトレマイオスの体系の複雑さを退け、より単純・明せきな太陽中心説をとろうとしたコペルニクス、〔中略〕革命的な神学的立場のゆえに（近代科学的知見のゆえにではなく）焚殺《ふんさつ》の運命をたどったブルーノやセルヴェット」（『歩み』一七頁）や、第Ⅶ章における「一般には自然科学の対立概念のように考えられているキリスト教思想も、けっして、このような傾向に不利には働かなかった」（同、一七三頁）といった記述に、キリスト教を科学の「敵」とみなす俗説に対する村上の批判をみてとることができる。

キリスト教と西欧近代科学との歴史的関係は、いうまでもなく『西欧近代科学』『聖俗革命』において、踏み込んだ考察の対象となる。だが、科学史研究の進展によって、キリスト教を科学の「敵」として糾弾するような粗雑な見方自体は、もはや村上にとっても「仮想敵」ではありえなくなっていく。そうしたなかで、村上が批判対象としたのが、科学史における啓蒙主義的歴史観、あるいは「成り上がり物語」だったとみることができる。そして、これらの議論を踏まえて、「前向き」に書かれる従来の「遡及主義」を「仮想敵」として、科学史の新たなヒストリオグラフィーを実験的に試みたのが『逆遠近法』とそこでの「正面向きの立場」だったと解釈できる。このように、〈前期〉村上は、ゆるやかに「仮想敵」を変えつつ、「実験」を進め、そのなかで科学史方法論に関する問題意識を深めていったと捉えることができるだろう。

だが、ここで気になるのは、西欧近代科学の歴史叙述に関する「実験」が『逆遠近法』で一段落し、ヒストリオグラフィーに関する村上の議論はこれ以降あまり深化しなかったようにみえることである。たとえば、一九九四年に刊行された『文明のなかの科学』には「ホイッグ史観の超克は何をもたらすか」という章が設けられているが、そこでは「ホイッグ史観」=「勝利者史観」を「超克」した先として、前述した文化人類学の歴史への応用が「歴史の文化人類学化」という言葉で定式化されているだけで、科学史研究のヒストリオグラフィーの方法論として議論が深まっているようには思えない[17]。

冒頭で述べたように、これはまずは先端研への移動という村上の個人的な事情も関わっているのだろう。だが、それと同時に、村上が科学史方法論の「実験」の果てに行き着いた先がある種の息苦しさをもつものだったことにも一因があるように思われる。実際、村上自身、『逆遠近法』の「あとがき」において、本書で採用した方法論は歴史家自身を「束縛」する「非常に危険な」ものでもあったと認めている。

もちろん、歴史叙述として実践することの難しさと、方法論上の難点とは、それ自体としては別問題である。そこで、次に『逆遠近法』における「正面向き」の歴史叙述が抱える難点について、さらに別の角度から考えてみたい。

先にみたように、「正面向き」とは、理論を「前向き」ではなく（また、「後ろ向き」にとどまらず）同時代の知的ネットワークのなかで考えることを意味していた。こうした村上の提言は、科学史研究のように、啓蒙主義的歴史観が強い領域ではそれなりの正当性をもっていたことは確かである。「現在を（しかも、その粗雑な形を）過去のなかに探し求めるという遡及主義では、見るべきものだけが見えるのであって、しかも、現在の私どもが暗黙に前提としているさまざまな私どもの特性は、一向に対自化されずに終わってしまう」（『逆遠近法』三八二頁）という主張自体は今でも傾聴に値する言葉である。

だが、現在からの「遡及」自体を否定することは歴史学ではそもそも不可能であり、「遡及主義」批判という形で定式化することは、歴史学の自己否定になるのではないだろうか。研究者がある歴史的対象を選択した時点で、過去に対するある種の「遡及」が行われていると思われるし、実際、『逆遠近法』の村上自身、西欧近代の捉え返しという観点から、ルネサンスを研究対象として選んだのだろう。しかるに、「遡及」を全面否定するとなると、こうした対象選択の根拠自体が失われてしまうことにはならないか。

また、現在の価値観から自由になって、当時の価値観のなかだけで評価することは、歴史学においては原理的に不可能だと思える。ここで私が指摘したいのは、村上自身が述べている、「私どもは、決して、本当にコペルニクスの同時代人にはなり得ない」（同、三〇頁）という、ある意味で当たり前のこととは別の事柄である。ここでは科学史以外の領域から事例をあげよう。ここで少し考えてみたいのは、歴史上「負」とみなされる行為をどう評価するかという問題である。

こうしたケースを扱うとき、しばしば現在の価値観で過去を裁断してはいけないという言い方がされる。実際、私自身も、たとえば過去の植民地などで実施された（少なくとも、現在の倫理観からはあまり好ましいものではない）科学研究を扱うとき、一方的に糾弾するような書き方は避けてきた。だが、現在の価値観で過去を裁断してはならない、という言明には限定がつく。こうした言明を無際限に認めてしまうと、それは、たとえばホロコーストや従軍慰安婦の正当化にもつながりうるからだ。[18]

以上、村上の科学史方法論について、いくつかの疑問点を提示したが、ひとことでいえば、村上の科学史方法論に足りなかったのは、歴史家による「遡及」という行為自体をめぐる歴史哲学だったように思う。[19] 科学史のように啓蒙主義的歴史観の根強い領域では、現在の科学の立場から「遡及」することに多くの弊害があったことは確かだろう。だが、それと同時に「過去」にはそれ自体のなかに現在の歴史家の先入観を揺るがす可能性が孕まれている。たとえ「現在を過去のなかに探し求めるという遡及主義」で過去に向かったとしても、過去はそう簡単に現在に隷属してはくれない。もし『逆遠近法』の次の段階があったとすれば、それは、現在と過去の往還をも含み込んだ科学史方法論の「実験」だったのではないだろうか。

## 六　再び科学史「衰退」の現在——「歴史学」としての科学史に向けて

最後に、本稿における考察を補助線にしつつ、日本における科学史研究の現在について、筆者なりの視点から補足的考察を加えておきたい。

ただし、筆者の現在の研究テーマは、日本の人類学、考古学を中心とするフィールドワークの歴史研究という、科学史のなかでは周縁的な領域であり、正直いえば、私は一九九〇年代以降の科学史研究の方法論をめぐる議論についても不勉強である。したがって、以下に述べるのは、あくまでも、ひとりの「周縁的」科学史家が考える試論にすぎないことを前もって断っておく。

村上が科学史研究をリードした一九七〇年代から九〇年代にかけての時代と、現在の科学史家を取り巻く状況を比較したとき、ひとつ変わったこととして指摘できるのは、「科学」（医学、技術なども含む）の歴史研究に参入する他領域の研究者が増大するとともに、科学史の扱う範囲が広がったことだろう。さすがに数学史や物理学史など専門性の高い領域には当てはまらないだろうし、対象とする時代、地域によって違いもあるだろうが、たとえば生物学や医学の歴史に関連したテーマで、社会学、歴史学、文学など科学史以外の出身の研究者が優れた研究をおこなうようになった。また、人文・社会科学の諸領域においても、先達の顕彰や単なる学説史とは一線を画した、批判的な人文・社会科学史と呼びうるような研究は確実に増大している。おそらく、冒頭で指摘した科学史の「衰退」と呼ばれる状況には、このような科学史の外延の拡大（あるいは曖昧化）とそれに伴う科学史家の存在感の低下ということも関わっているだろう[20]。

そして、こうした科学史家を取り巻く状況の変化は、科学史という学問のあり方自体にも変化を迫っているように思われる。本稿で確認したように、村上における科学史研究の主眼は、歴史上の科学理論をどう捉えるかという問題であり、その歴史的分析＝「実験」のための道具となったのが（科学）哲学であった。だが、「科学」の歴史をめぐる研究が科学史家の独壇場ではなくなり、また科学史の扱う範囲が人文・社会科学にまで拡大しようとしている現在、科学史研究の「前線」は、もはや科学理論そのものの哲学的考察ではなくなっているように思われる[21]。

もちろん、自然科学という営みをどう考えるか、という問題が意味をなさなくなったということではない。だが、少なくとも筆者の目には、科学史がかつて有していた、自然科学の哲学的基礎付けという性格は希薄化し、科学史は、むしろ（自然科学を含む）学問の歴史研究という性格を強めつつあるようにみえる。

そして、ここで科学史の今後を考えるとすれば、改めて広義の歴史学から学ぶべき時期に来ているのではないだろうか。日本の科学史研究は、歴史学と相対的に自律した形で発展してきたが、日本の歴史学の現在に目を向けると、かつてのいわゆる「戦後歴史学」が支配した時代は遠くなり、民衆史、社会史、文化史、ジェンダー研究、カルチュラル・スタディーズ、ポスト・コロニアリズムなど、歴史学内外のさまざまな方法論にもとづく歴史叙述が進められている。

これからの科学史は、こうした歴史学の「何でもあり」の姿勢からも学びつつ、歴史研究としての「前線」を拡大させていくしかないのではないか。それを科学史のアイデンティティ喪失と考えるかどうかは、個々の研究者の立場による。科学史は、あくまでも自然科学という営みを対象に、歴史的観点からの批判的分析に徹すべきだという立場もありうるし、逆にSTS、科学コミュニケーションなどが興隆するなかで、科学史研究はその使命を終えたという論者もいるかもしれない。

だが、少なくとも歴史学の一分野として考えたとき、科学史におけるヒストリオグラフィーの「実験」にはまだ残された領域が数多く残っていることもまた確かだと思われる。

ひとつの例をあげれば、科学の社会史という言葉がある。従来それは、科学理論とそれを取り巻く社会構造との関係あるいは科学の制度的側面に焦点を当てた歴史叙述を意味していた。しかし、たとえば、科学の社会史研究は、民衆史あるいはサバルタン研究と取り結ぶことはできないだろうか。これは一見荒唐無稽な問いにみえるかもしれない。科学史研究は、科学者（研究者）という、たいていはヘゲモニーを握る集団に属する者が書き残した文字資料をもとにした歴史であるのに対して、民衆史やサバルタン研究は、ヘゲモニーをもたない（場合によっては文字をもたない）人々の歴史であるからだ。

だが、たとえばハンセン病の歴史とは、医学と民衆／サバルタンの交差するところに成り立つものであるはずだし、あるいは医者が書き残すカルテにもとづく「患者」の歴史研究などは、広義の科学史（医学史）における民衆史、サバルタン研究の試みとみなすこともできる[22]。

繰り返しになるが、ここに述べたのは、ある「周縁的」科学史家の目による、科学史研究に関するひとつの展望にすぎない。だが、かつて村上陽一郎が、（科学）哲学の力を借りつつ、科学史方法論の「実験」を試みたように、これからの科学史家にも、科学史の外部の方法論に学びつつ、新たなヒストリオグラフィーの「実験」を進めていくことが必要だと私には思われるのである。

**追記**　本稿六節の議論については、草稿段階で坂本邦暢氏（東洋大学）から貴重なコメントをいただいた。ここに記して感謝する。

## 注

(1) 金森修「〈科学思想史〉の来歴と肖像」(同編『昭和前期の科学思想史』勁草書房、二〇一一年)一―一〇四頁。

(2) 本論でも述べるように、これ以降、村上のなかで科学史の方法論に対する関心が消失したというわけではない。また、こうした研究の重点の変化には、近代科学の誕生を十九世紀にみる、その後、展開された村上の歴史認識が関わっているが、こうした認識に到達する過程には、本稿で扱う歴史研究が大きな役割を果たした。

(3) 村上陽一郎『文明のなかの科学』青土社、一九九四年、九六―九七頁。

(4) ただし、村上の西欧科学史理解のあり方、とりわけそこでのキリスト教の位置づけをめぐる問題は扱わない。

(5) こうした問題意識は、村上より一世代上の科学史家であり、やはりクリスチャンとしても知られた渡辺正雄による『文化史における近代科学』(未來社、一九六三年)、『文化としての近代科学』(丸善出版、一九九一年)などにも通底すると思われる。

(6) 一九七二年に刊行された平川祐弘『和魂洋才の系譜――内と外からの明治日本』(河出書房新社)においても、ベルツによるこの批判とそれに対する森鷗外の応答についての分析がなされている(一一二―一二一頁)。平川の「あとがき」によれば、この本は、平川が東大教養学部比較文学比較文化課程の助手を勤めていた一九六三年から一九六八年にかけて執筆した論考をまとめたものである。ここで村上と平川におけるベルツ評価の異同や両者の影響関係について論じることはしないが、「比較」の先輩・後輩にあたる二人が同じ問題圏にいたらしいということだけ指摘しておく。もとより、後述するように、「和魂洋才」への注目も含めて、「日本人論」全盛の当時にあって、ベルツに注目することは、当たり前のことだという言い方も成り立つだろうが。

（7）ここでは、村上の仮説の是非については問わない。

（8）青木保『「日本文化論」の変容——戦後日本の文化とアイデンティティー』中公文庫、一九九九年、一八四頁。

（9）船曳建夫『「日本人論」再考』講談社学術文庫、二〇一〇年、二八二頁。

（10）村上陽一郎『日本人と近代科学』新曜社、一九八〇年、二三六頁。

（11）文化人類学、社会学、歴史学などにおける本質主義批判、伝統の創造論（ホブスボーム）などを経由した現在、少なくともアカデミズムの世界において、超歴史的な存在としての「日本人」とは、「日本文化」とは、といった議論をすることは不可能に近い。今なら、たとえば日本における近代科学の受容過程を論じるときには、「日本文化」なるものの中身に踏み込み、「伝統」とされる個別の思想を腑分けした、よりきめ細かい議論が求められるだろう。

（12）村上自身、この本について、「大学の科学史の教科書にも使えるつもりで書いた最初の著作」だと述べている。村上陽一郎『科学の本一〇〇冊』河出書房新社、二〇一五年、二〇一頁。

（13）こうした知の世俗化を「革命」と捉えることに対する疑義については、本書における高橋憲一の議論を参照のこと。

（14）C点については説明を省略する。

（15）イェイツの場合であれば、ルネサンス期あるいは科学革命期の歴史研究における前史的立場の重視ということになる。

（16）J・ドレイパー『宗教と科学の闘争史』（原著刊行は一八七八年）の日本語訳が出たのが一九四九年、村上の回想（前掲『科学の本一〇〇冊』）によれば、村上が学部三年生の一九五八年頃には、この『宗教と科学の闘争史』が科学史の標準的な教科書とみなされていたのだという。
(17) 村上、前掲『文明のなかの科学』一五九―一六三頁。この本においては、科学史における「遡及主義」の問題が語られないという意味で、ヒストリオグラフィーの立場はむしろ後退しているという見方も成り立つ。ただし、全体としてこの本の主眼は、異文化間の相互理解の問題にある。
(18) 現在の価値観で過去を裁断するなという言い方は歴史修正主義者が決まって持ち出すロジックである。また、ここに挙げた事例についていえば、ホロコーストや従軍慰安婦については、当時の倫理に照らし合わせても批判可能だという言い方も成り立つが、いずれにせよ、歴史家は過去を振り返るとき、何らかの価値判断を下していることは否定できないと思われる。ついでに付言すれば、(あくまで一般論だが) 時代をさかのぼるほど、倫理的判断を下す必要性は低下し――たとえば戦国時代の殺し合いを倫理的に批判する歴史家はあまりいない――近現代以降、現在に近づけば近づくほど、倫理的判断が関与する割合は増大するように思われる。なお、ここで指摘した問題は、(文化) 相対主義自体が抱える隘路だとも思われるが、本稿で詳しく論じる用意はない。
(19) 科学哲学の側からの歴史学への介入として、野家啓一の『歴史を哲学する――七日間の集中講義』(岩波現代文庫、二〇一六年) をはじめとする一連の著作を参照のこと。
(20) 少々位相は異なるが、鈴木晃仁氏 (医学史) は、一九八〇年代以降における「新しい医学史」の拡がりを、医学の外部の人文社会科学の多様な学問分野出身の研究者の医学史への参入として捉えている。鈴木晃仁「医学史の過去・現在・未来」『科学史研究』第五三巻、二〇一四年、二七―三五頁。
(21) ここで詳しく論じることはしないが、いわゆる実験室研究をはじめとする科学人類学における、科学理論そのものよりは理論が生み出される過程をめぐる研究も見逃すことはできない。こうした潮流は、(筆者自身のフィールドワークの歴史研究も含めて) 科学史研究における焦点の「理論」から「実践」への移行を示していると捉えることができる。

(22) 筆者自身の貧しい仕事においても、たとえば、「蜂起の痕跡――霧社事件と台湾における民族心理学研究」(黒川みどり編『眼差される者の近代――部落民・都市下層・ハンセン病・エスニシティー』解放出版社、二〇〇七年)や「人類学者・泉靖一の「戦後」経験――朝鮮戦争・在日・済州島」(坂野徹・愼蒼健編『帝国の視角/死角――「昭和期」日本の知とメディア』青弓社、二〇一〇年)、坂野徹『フィールドワークの戦後史――宮本常一と九学会連合』(吉川弘文館、二〇一二年)などは、密かに科学史の側からの民衆史、サバルタン研究への接近の試みを意図していた。

# 村上陽一郎の日本科学史——出発点と転回、そして限界

塚原東吾

## 一　村上陽一郎のなかでの日本科学史の位置づけ

村上陽一郎は科学史・科学哲学を足場にして様々な問題を論じ、大きな影響力をもった思想家である。頭角を現したのは一九六八年、その後二十世紀の第四・四半世紀から二十一世紀にかけて活躍してきた。科学論の面では相対主義的な立場をとったとされ、ファイヤアーベントやラカトシュ、ローダン、ハンソンなど、ポスト・クーン主義とも言われていた欧米の「新科学哲学」の主要著作の翻訳を立て続けに出版しており、日本におけるこの潮流の主唱者としても知られている。また村上が検討した分野は多岐にわたり、物理学史をはじめ、神学と科学の関係から医学史・生命論・時間論などについても論じている。二〇〇〇年前後に制度化に踏み出したＳＴＳ（科学技術社会論）を早くから提唱しており、日本でのＳＴＳ学会草創期における小林傳司・中島秀人という二人の稀有なアカデミック・オルガナイザーを領導し、藤垣裕子から平川秀幸まで連なるＳＴＳ主流派を惹きつけてきたことなどから、村上こそは日本型ＳＴＳの真の立役者でありゴッドファーザーであったと考えてもいいだ

ろう。また村上が「安全学」と呼んでいる、日本版のリスク論とも考えられる分野を提唱していたことも忘れられない。その傍らクラシック音楽をよくしており、二〇〇〇年代に入ると一般向けの啓蒙書も何冊か書いている。このように、「文化人」というカテゴリーがなんらかの形で成り立つとするなら、その代表的な位置にいる人物のひとりであるといえよう。

村上はまた、ある種のカリスマ性を帯びた人物としても、文化史的には評価されると考えられる。学生から絶大な人気を誇り、なにはともあれ「カッコいい」という、実に感性的な絶賛の言葉を一身に受けていたのも事実である。村上の持っていた力（フォース）、もしくは村上が纏っていたオーラは、一体、何だったのだろう？　村上の持った影響力や位置づけをカルスタする（カルチュラル・スタディーズの対象とする）にはまだ早いのかもしれないが、村上自身は確実に、文化史もしくは社会史の対象ともなる存在であったことも注記しておかなくてはならない(1)。

このようなカルスタ的対象としての村上という側面に、本稿ではあまり深入りしないが、日本における「文化」の位置が、往々にしてヨーロッパ型の古い教養であるように、村上の仕事のほとんども、ヨーロッパ由来のものである。村上のカッコよさとは、そのようなヨーロッパをスマートに体現したカッコよさだったのかもしれない。その洗練されたアカデミック・スタイルは、日本離れしたソフィスティケーションにあると思われる。本書の編者のひとりである加藤茂生がいみじくも漏らしていた言葉も想起される。「村上さんというと、もうヨーロッパが骨の髄まで、というような、ある意味ヨーロッパを纏っているように思う」。たしかにカッコいいと思った向きもあった反面、かつては「駒場翻訳学派」などという悪口も聞かれた。そのような「横のものを縦にする」ことへの反発は、ある種の羨望や詮なき揶揄も含まれていた。今になるとそれも文化的反動現象であると解釈できるので、このような反発自体、調査の対象にしてもいいのかもしれない。このような反発を招くほどに、冷戦の終盤から最末期にかけての時代では、村上はある種の文化的ソフィスティケーションの象徴的な存在でもあった。

だが、ここで塚原が専門としてきた「日本科学史」という観点から、村上を検証したらどうなるだろう。ここでは、村上のカッコよさについて分析する文化史的アプローチはとりあえず措いて、村上における日本科学史の問題を検討してゆく。なぜなら、カッコよかった村上の軸のひとつは、実はカッコいいとはあまり思われていなかった（今でも思われていないかもしれない）、地味で控えめな「日本科学史」だからだ。

このことに取り組む前に、かなり個人的なことになり恐縮だが、これがないと無意識のバイアスのなかでこのテーマを論じることになってしまうから白状しておかないといけないことがある。それは筆者自身も大学生のころから、村上にかなり「いかれて」いた若者の一人であったということだ。これは村上についての「信仰告白」に近いものかもしれないのだが、筆者自身も、かなり肩入れをしてしまった参与観察者であった。だから村上について、単純に第三者的で客観的な評価ができる立場ではないだろう。そのため村上の仕事を検証してゆくこととは、過去の自分が村上にどのような影響を受け、どのように対応したかを検証していくことでなければならない。すなわち村上を論じることは、村上を通じた自己省察でなくては（サンドラ・ハーディングの言うような）「観測観点」への省察に欠けるものにしかならない。このことは自戒を含めて押さえておかなくてはならない点だ。

当時、筆者がカッコいいと思ったのは、一九八〇年代の中ごろにＩＣＵ（国際基督教大学）の授業に潜り込むまでは見たことがなかったので、まずはその著述スタイルや文章・表現についてであった。文章でここまで自分の「考え」をつかまれるとはと、恐れ入ったのだが、村上の文章は「魂に届いた」気がした。琴線と呼ばれるほど繊細なものがこころにあったわけではないが、触れるとそれは、よく響くものだった。

もちろん、当時面白く読んでいたのは村上陽一郎だけではなく、村上は入れ込んでいた人物のうちの一人であって、他にもジョセフ・ニーダムや中山茂・中岡哲郎(2)がいるし、村上は龍と春樹も入れて三人いて、カート・ヴォネガットや吉岡斉もそこに並んでいた。その後ルイス・パイエンソンやディーパック・クマール、そして金森修や小松美彦もこのラインアップに入ってくる。

そのなかで村上陽一郎とは、問題意識をほぼ同時代で（もちろん、村上は筆者よりちょうど四半世紀分ほど年長だが）共有してきたという、ある種の思いがある。共有と言うのはおこがましいが、筆者が村上を年長の信頼するに足る「あらまほしき先達」として仰ぎ見ていたというなら、そういうことだったと思う。その後、科学史を専門的にやることになり、また大学で教えるようになったりすると、ほぼそれに平仄を合わせるように、村上の著作が筆者を特定の方向に引っ張っていた。つまり村上は、筆者の思想的牽引車の役割を果たしていたとも言える。

自分の思想遍歴のなかで村上の影響をどのように受けていたか再構成して考え直してみると、特に以下の四冊をめぐって、ある流れを見立てることができそうだ。まず学部生・大学院生として、なぜ自分は化学（広義の科学）をやっているのか、まだ何がなんだかわからなかった八〇年代の初めころに読んだ『日本近代科学の歩み』（一九六八年）が最初にくる。これは手軽な日本科学史の概説書なのだが、科学とは思想であり、そこには連綿とつながる歴史と文化があるという、今考えれば自明かもしれないが、理系の学生にとってはあまりに隠されていることを教えてくれたもので、砂漠に降る慈雨のごとく、骨身に沁みこんだ思い出がある。それに続いたのは『日本人と近代科学』（一九八〇年）である。この本は蘭学についての思想史を志し、オランダで博士論文を書いていた八〇年代後半から九〇年代にかけての頃、いくつかの具体的な示唆や方法的なスタイルを与えてくれたものである。村上の仕事はそのころの筆者に一つのスタイルを提示してくれていた。

オランダでの博士論文をなんとか書き上げ、イギリスのニーダム研究所でのポスドク生活を経て日本に戻り、大学教師という身過ぎ世過ぎの稼業を始めたのは一九九四年になっていた。この年に刊行された二冊の本は、今思うなら、その後の大学教師としての指針ともなっている。それは『科学者とは何か』（一九九四年）と『文明のなかの科学』（一九九四年）の二冊である。

余談だったかもしれないが、このような個人的な遍歴における村上（の著作）との「出会い」を振り返ってみるといくつか主張できるポイントがある。

それは第一に、村上の仕事の「初発」には、「日本科学史」があるということだ。加藤が言うように、「骨の髄までヨーロッパ」とか、翻訳学派とかなんとか言われる前に、六〇年代終わりのころの村上はそもそも、日本の科学史に向き合うことから、その研究生活を始めていた。それもかなり重厚かつ精密な文献研究や博捜を行っていた。村上はそのアカデミック・キャリアの出発点で、日本人と近代科学はどのように結びつくのか、また相いれない面があるのかという問いに向き合っていたのだ。

　そしてこの初発の問いは、その後、どのような展開を遂げたのだろうか。これが第二の問いになる。九〇年代の二つの仕事までの間は、日本科学史の問題を扱うのにはインターバルはあったように見える。このインターバルの期間中は、ヨーロッパを検討する比重が大きく見えたにしても、村上は日本について意識し続けていたことが、ところどころで示唆されている。このころの分散的な著作からは、村上にとっての日本とは、いわゆる時論（時代風潮や政治・社会についての時事に関する議論）にどのように与するかという問題であったのだとも解釈できる。

　つまりいくらヨーロッパの新科学哲学の世界に沈潜していたとしても、それはそこに籠って他を忘れられる象牙の塔ではなかった。新科学哲学は「科学と日常性の文脈」を問い直すものであって、村上は常に日常世界にも曝されていた。だから村上も、日常世界にはいつも強い想いを馳せていて、社会や世間の動き、先端医療から政治を含む動きに無関心ななかで哲学を語っていたのではない。社会的責任というと大げさかもしれないが、折に触れて、同時代の社会問題や文化に鋭敏な反応をしている。なかでも「日本文化と科学技術」というテーマについては、時に応じてコミットし発言を怠らなかった。これらのことの集積が不可避的に導いていた一つの方向性が「ＳＴＳ（科学技術社会論）」であると考えていいだろう。

　それは一九九四年の『科学者とは何か』では、明確な縁取りをもって立ち現われている。日本で二〇〇〇年前後に制度化されてゆくＳＴＳの提唱の起源のひとつは、この期間の村上による日本の時論についての蓄積にあるとも考えられる。だから日本のＳＴＳの遠因は、村上が日本科学史を出発点にしたことにあると考えても、あながち大きく外れてはいないだろう。

ただ、ポスト三・一一と言われるこの時代、STSはすでにあまりに力を失っている。ここで僭越を畏れずに言うなら、村上を通じてコンテンポラリーへの批判を目指すためには、村上の批判的超克を促されているということにも、実は思い至っている。そろそろ村上という「あらまほしき先達」に道案内を恃《たの》みきるだけではいけないので、われわれの世代でどうにかしなくてはならない。そう考えると、ポスト三・一一で露呈した日本型STSの弱点のひとつは、われわれがフォローしてきた村上のスタイルにあるのではないのかという仮説も成り立つかもしれない。また逆に言うなら、村上を先達にここまで来た自分を振り返り、総括を出すように要請されているのでもあるのだろう。だからいわゆる批判的な対象として村上に責めを負わせて言いっぱなしで終わるなどという趣味の悪いことはしたくないし、そんなことはしても意味がない。そうではなく、村上が「日本」とどのような距離感で切り結んできたかをつぶさに見てゆくことを通じて、筆者自身の日本科学史への向き合い方や、日本型STSと言われる学問の在り方への現代史からの反省を試みることができるなら、それは村上が提起してきた問題に、まっとうに向き合うことになる可能性があると考えてみたい。

## 二　『日本近代科学の歩み』と『日本人と近代科学』――西欧科学は「リトマス試験紙」

一九六八年、風雲渦巻く東大で、当時三二歳の村上陽一郎は、『日本近代科学の歩み』を三省堂から上梓する。これが村上にとって、単行本としてはデビュー作であった。この本はタイトルのとおり、日本において近代科学はどのように接受され、また展開してきたのかを論じたものである。新書のサイズであり、必ずしも学術論文の厳密なスタイルをとるものではないが、非常に読みやすく、またコンパクトななかにも重要なテーマが網羅してある。通史ながら、章立てなどにも工夫がされており、歴史書としてはいまだに輝きを持つ一書である。

通史なので細かな個別の点についての検討は控えるが、この本のメリットは科学史が本格的な思想史として論じられていることである。これは理系の学生にとっては砂漠でビールの自動販売機を見つけたような想いがしたことを今でもよく覚えている。つまりどういうことかというと、歴史は事実の羅列でもなく、また往々にしてありがちだった、近代的で合理的な側(すなわち外来の近代科学の側)が、後進の非合理的なもの(江戸時代の儒教とか、旧態依然たる漢方とか)を覆してゆくという、一般向けの啓蒙書にありがちな「勧善懲悪型の科学史」、つまり「勝利者史観」でもない形で、歴史のなかでの葛藤や思想的な意味合いが検討されていたのである。

たとえば江戸期の西欧近代科学(そしてキリスト教)への対応のある種の典型が、沢野忠庵(フェレイラ)と向井元松(升)の『乾坤弁説』(+南蛮医学)のコンビのもののなかにみることができるというが、それはその後、シドティと新井白石のコンビでの議論のスタイルになっていったという。議論の構造を歴史のなかで見ると、たしかに論者は変われども、立場を微妙にずらしながら、その論陣を張る対立構造が明瞭に見えてくる。なぜこうなるのか、だれがだれに対して、どの意見はどんな見解を論駁しようとして発せられていたのかということが(こんなことは思想史の基本であるのだが)、日本の科学史の枠組みで論じられていたことは興味深かった。なかでも形而上と形而下とはどのように裁断できるのかという問題意識で、新井白石の思想の検討がなされている。白石について村上は、一九七三年にさらに深めた論文を執筆しており、これが一九八〇年の『日本人と近代科学』に所収されている。このような検討を通じて、「和魂洋才」という概念の本質に迫って、魂と才の裁断は可能かどうかを問うているのは面白かった。またここでは、そのような議論や哲学的な内容の深化が起こると同時に、時代の流れのなかで議論の秘匿化（幕府内部での尋問と議論のみ）が起こっていたという制度的な制約なども言及されており、日本におけるキリシタン禁制のなかで、どのような議論が展開されたのかを示していて、それも興味を魅かれた点であった。

日本人と科学というテーマでは、キリスト教への対応とともに、村上の著述のなかで軸の一つとなっているのは、日本における進化論の受容と展開についてである。村上は修士論文をこのテーマで書いており、教養学部の紀要に一九六五年に載録されている（筆者は一九八〇年版を参照にしている）。この内容については生物学史に詳しい別の論者が検討されると思うが、村上のなかで、日本人と科学そしてキリスト教というテーマを検討するうえでは一つのハイライトになっていることは間違いないようだ。

キリスト教について論じられた南蛮学系の議論が思想的な面に触れて深みを持っていることに対比すると、蘭学系の議論はまだ若干、「近代主義的」であるので、これを専門的に研究してきた目から見ると今ではやや不満が残るものであるのだが、それは典型的な悪しき「後知恵」である。実によくサーベイされ、コンパクトにまとまった良書である。

これも本書では横山が詳しく論じるが、明治日本での科学について、いわゆるベルツの提言への検討と解釈は面白い。ベルツは、日本人は科学を単純に移入してきて使えるだけの機械や道具、もしくは結果だけ食べられる果実のように考えているから駄目である。科学には精神、魂がある。だからよりよき果実を得るためには、種を植え、土を肥やし、幹を太くして大きな樹木を育てるようにしなくてはいけない、というコメントをいろいろな形で繰り返している(3)。

このことについて、村上は詳細に論じている。特にⅦ章の「日本文化と西欧科学」のなかで、「日本人は、本当に、血肉から、科学的（少なくとも西欧科学的）になったのであろうか」という問題にたいして「二重の意味での否」であるという。そこで村上は、「日本人の自然との付き合い方の特徴は、「きわめて不正直」である」という。

「不正直」という言い方にシビレたのを今でも覚えている。そもそも科学は客観的で、その頃に研究室でほぼ毎日やっていた実験や統計的処理は確実なものとされ、それは自然を記述し、そこに隠された法則性を読み解くために、つまり普遍的な真理に近づくためのまっとうな手続きのはずだった。それが「不正直」とは一体何ごとだろう。村上はこのようにして、将来有為なる若者を惑わしていた（惑わされていた者が少なくとも一人はいた）という意味で、斯界のソクラテスであった。科学という、いわば真理に到達するはずの手順にも体系にも、「日本人」がそれをやるうえでは「不正直」なものがあったという、倫理的・道徳的な裁定が下されていたのだ。これはしかも「日本人」に向けて、その歴史に向けて、しかも「二重に」、その罪状が裁下されたのである。今になればその「日本人」とは何かと問い返すこともできるし、ベルツの西欧中心主義的発想、科学の「精神」を独占するヨーロッパというイメージの問題点を指摘することもできるのだが、一九六八年のソクラテスは無敵だった。

このことを翻って考えてみるなら、まず、「日本人と科学」という問題を村上はどのように設定していたのかを検証するべきだろう。いわゆる、「非西欧科学の歴史」をどう扱うか、これを考えるための視座はどこにおくのかということである。この問題において、村上のとった方法論は六八年の「序」に鮮明に表れている。

> 本書は、時代の推移をほぼ忠実に追って書かれた、日本における西欧科学受容の小通史という形をとってはいるが、記述の中心点は、あくまで、日本文化の特質を、西欧科学という踏み絵を使って考えていこうとするところにある。もとより浅学の身、本書でその大きな目的が達成できたと誇る自信はまったくないけれども、西欧科学を言わばリトマス試験紙として、様々な文化圏の特色を比較検討しながら明らかにする、という比較科学思想史への、ささやかな礎石の、極く一部なりと本書が担うことができれば、筆者の望外の喜びである。
>
> 一九六八年盛夏　著者（『歩み』二―三頁）

これが、村上の「リトマス試験紙の比喩」と、筆者が呼んでいるものである。ここでは「踏み絵」という言葉に傍点がふってあるので、実はこちらの方が比喩として力をこめてあるのかもしれない。だがこれについては、キリスト教と科学という別のコノテーションが邪魔をするし、足で踏むということが蔑みの行為となるという文化的な意味についての解釈や偶像崇拝の問題性なども含むので、「リトマス試験紙の比喩」のほうが検討しやすいだろう。ひとつの試験法として、ほかの文化圏の検討にも使えるかもしれないという可能性も想起させる、なかなか含蓄の深い比喩である。

これは例えば、あるスタイルを持った一定の科学なり技術なりがある。それとある社会（文化）が接触した際、どのような反応をするかによって、その文化の反応の仕方で、その社会の在り方の一端が分かるということだ。これは、「ニュートン力学」や「望遠鏡」であったり、「進化論」や「地動説」であったりする。あるところでは倫理的な反発を招いたり、逆に商業面・産業面で熱狂的に受け入れられたり、また暖簾に腕押しでなんの反応もなくすんなりとその文化のシステムの中に入り込んだり、もしくは無理やり思想的な先祖が一緒だというような強引とも見えるシンクレティズムに組み入れられたりする。ちなみに村上は伊東俊太郎らとともに、「比較科学思想史」というアプローチを試みていたこともある。(4) この時も、この「リトマス試験紙の比喩」は、力を発揮していた。

ここで注意しておきたい点は、どちらがリトマス試験紙で、どちらが試験されるものか、ということである。つまり「日本」を検討するために、「西欧」を基準として使うというのである。日本それ自体の文化や科学を検討するのに、基準は西欧にあるという意味で、ある種、「転倒」して（させて）いるということでもある。

これはいわゆる従来からの非西欧科学史の研究のあり方とは違う点、もしくは村上が一つのやり方を突き詰めた点でもあると考えていいだろう。

このような「リトマス試験紙の比喩」は、いわゆる伝統科学史の方法論ではない。たとえば原典を精読し、あくまでそのなかで理解を深め、中国的な思考方法に沈潜しようという藪内清が率いる京大人文研の中国科学技術史、山田慶児らのグループとの違いがある。

この村上の「リトマス試験紙の比喩」は、近代科学を基準とするという発想に、ジョセフ・ニーダムのとった方法論との、ある種の類縁性が認められる。だがそれは逆の形でもある。ニーダムが自らの中国の科学と文明のプロジェクトを進めたときによく使った比喩は、「海と川（河）の比喩」と呼ばれているもので、人類の到達してきた知的成果、すなわち科学技術は、大きな海のようなものであり、それは西欧近代科学技術の現代の到達点である。だがこの海は、ひとり西欧のみが作りえたものではない。さまざまな文化が培ってきた大きな複数の川（や大河）が流れ込んだことによって徐々に形成されて、最終的にこの海を作ったのだという。だからこそ、どの大河がどこに源流があり、どのような河口から、この海に何をどのくらいの水を合計で注ぎ込んだのか、そういったことを検討しなくてはならないという。

このようにジョセフ・ニーダムがとった方法論は、村上とは真逆の方向からのものである。非西欧文明の側が、西欧近代科学という海にどのように流れ込んだのかを歴史的なプロセスとして検証するというところにニーダムの視座がある。だからその各々の水源を見てゆくということは、現在の海の水の根源が、非西欧の諸文明・諸文化にあるということになるから、むしろ知の起源は（複数の）「川」のほうにあるということになる。村上の「リトマス試験紙の比喩」には、そのような文化遡及論的な西欧近代科学の多文化的な構成についての発想や、起源論的な意義づけは、あまり無いように見受けられる。また村上には、そのような西欧近代科学という「海」に全ての文化からの「川」が流れ込み、そこで混じり合ってゆくという統合論・漸近的結合論（コンバージェンス・セオリー）的な想定はされていないだろう。両者の差異は、さらなる検討を要するものでもあり、非西欧科学史の方法論として、非常に興味深い対比を見せている。

このリトマス試験紙の比喩は、同時代の科学社会学的・制度論的なアプローチとも異なる。中山茂によるパラダイム論的な相対化による近代科学の日本への移入のパターン化（四つの類型論[5]）とも異なるし、そして廣重徹による制度化論・体制化論との違いも際立つものである。ある意味、同時代では中山・廣重が社会学的・政治学的に科学技術を分析しようという立場を早くから取り始めたのに対して、村上は思想史、もしくは知の形而上学にこだわり続けたことで、彼らとは差異化できる立場にいたのだという解釈も成り立つ。

しかし、この「リトマス試験紙の比喩」は、実に複雑な対位法を持っていたことがその後の村上の展開（転回）でわかってくる。試験紙と被検体の関係、もしくは「道具と対象」の間で、ある種の転換を迎えるというのが、ここからの筆者の分析と解釈である。

一九七七年に、『日本近代科学の歩み』は新版となっている。そのとき村上は、重要な補章を加えている。この補章は詳細に検証する必要がある。この章だけでも面白いのだ。なかでも「迂遠な思想史のススメ」ということをここで提示しているが、これは非常に魅力的な形で、科学の思想史という立場をよりクリアに主張するものとなっていた。

そして一九八〇年に刊行された『日本人と近代科学』は、このころまでの村上の仕事を集成したものである。六〇年代に書かれた論文が二本収録されているが、残りの七本の論文のうち、ほとんどが七〇年台の前半に書かれている。これらはその後の村上の思想の展開のための通奏低音とリズムを与えているものだと考えていいだろう。またこれはかなり勉強して書かれている。個別の事例については書かないが、科学史で博士論文を書こうと思っていた筆者は、村上が多くの一次文献を読み込んでいることに、恐れ入ったものである。たいへんな勉強の量で、これを読んだ頃には、村上にはとてもかなわないと思ったものであり、筆者が五〇代の半ばを過ぎようとしている今でも、まだかなわないかもしれないと思わせるほどである。村上は一次資料を検討していないので歴史家ではないという批判があるが、それがまったく当たらないことさえ示唆していると考えていいだろう。これは大体、村上が四〇歳くらいまでの仕事だから、キャリアの初めころに圧倒的に勉強していたのが日本科学史だったということが確認できる。つまり村上において日本科学史の比重と密度はかなり高く濃かったと考えていいだろう。

この時期の著作の特徴は、やはり科学思想史という立場を強く意識していたということである。たとえば「迂遠な思想史のススメ」という一九七七年版の「補章」での提示を見てみたい。

……けれども、結局はわれわれは、与えられたもののなかで、能う限りの努力を重ねる以外に道はない。とすれば、われわれは自らのよって立つ思想構造の解明という、一見迂遠な作業のなかで、われわれに与えられたものが何であるかを知り、その自覚を得ることを通じて、自らの可能性を明らかにして行くという地道な努力を積み重ねるのみである。(『歩み』二〇七頁)

ここで使われている「迂遠」という語の用法の起源は、『日本人と近代科学』所収の論文「科学・技術と近代の理念構造」(一九七四年初出) の以下のフレーズにあると考えていいだろう。

西欧近代の科学技術を肯定的に扱うにせよ、否定的に扱うにせよ、要は、科学・技術を中立的・普遍的なものとして扱うのではなく、それを組み立てている理念や概念装置を一つ一つ洗い出し、それらとの関連のなかに全体的な科学・技術の像を描き上げること、そして、〃日本における〃という限定詞つきの「科学・技術」を取り上げるに当たっても、まったく同様の作業が必要であることが、科学・技術に関わるさまざまな問題を考える上に、迂遠なようにみえても、どうしても必要であるという点である。

そしてそのように洗い出された理念や概念装置の検討のなかに、われわれは、西欧近代科学技術を、正当に評価しながら、しかも、それを唯一絶対普遍の価値とみなさず、それを超えるための展望をひらくことができるのではないだろうか。（四九―五〇頁）

理系から科学史を志した筆者はしかし、このように迂回を敢えて選択するということを、このころはポジティヴな表現として受け取っていた。だがこの時、「迂遠」という言葉をこのように使うとは、すでに科学史科学哲学の本流では、日本の科学技術を取り上げることに、ある種の隔靴掻痒感があったのかもしれないと、いまなら感じるところもある。理系の学生で科学史の大学院に進む者にとっては、敢えて選んだ道として遠回りの迂回路だったとしても、それはそれで自分の問題意識を温めながら、ある種の道行きはできるし、たとえ迂遠であったとしても、これは「地道な作業」で「どうしても必要」というのだから、この村上の言葉は大きなエンカレッジメントとして響いた。だがここで自らのアプローチを迂遠と表現する村上には、これはある種の覚悟の宣言であった可能性もあるし、また迂遠な補給路はとりあえず確保しながら、正面突破ルートを切り拓く可能性を鑑みながらの言説であったとも考えられる。

また後者の引用では、西欧近代科学自体の普遍性についての疑問が前面にでていることに気がつく。このリトマス試験紙とされたはずの西欧近代科学は、すでに「唯一絶対普遍の価値とはみなさず」、そしてそれ（西欧近代科学というリトマス試験紙）を、「超えるための展望をひらくことができるのではないだろうか」とされている。

しかしこのように、西欧近代科学が相対化されてしまったり、超えられたりしたら、それ自体には検査基準としての意味が無くなるではないかというのが、当時筆者がうっすらと抱いていた率直な疑問である。

ここでは筆者が萌芽的に抱いた疑問はさておき、村上がその後どのような帰結にいたったのかについての検討が必要である。というのは、この頃からは非西欧（被検体）自体にはさほどの力を傾注しておらず、日本科学史の研究は、村上の仕事のなかで中心的なものではなくなるからである。とぼとぼと迂遠な道を一人で辿っていた筆者は、村上に梯子を外されたというわけではないが、あの先達は今どこを歩いているのかと、この頃いつも目を凝らしていたのを覚えている。

このことをどう解釈したらよいのだろう。村上のその後の展開は、被検体の検証から一旦はなれ、検査方法自体の精緻化に向かったのではないのかというのが、ここで筆者の指摘したい点でもある。いわゆる非西欧社会である自らの出自の文化での科学史を論じ、まずは一次資料で目鼻の効くあたりを押さえる。そこである程度の展望ができて、ほぼ全体的な地形と地誌が読めたあたりで、さてまずはこの「迂遠なる道のり」を通ってはみたが、自分はどこに行こうとしているのか、とりあえず少しは高い山に登ったので、目の前に眺望が開けているという段階だったのだろう。一山越えれば山、また山、というのがアカデミアの宿業であり、そこは知識世界の賽の河原でもある。少し高見ができる山からは、さらなる峰々が連なっているのが見えたのだろう。このような思いは、よくわかる。そこで村上は、ここまで来るための道具と対象を確定してみたところから、そういえば、この道具は何だったのだろうと考えるに至ったのではなかろうか。つまり材木を選んだり、デザインを考え直す前に、まずは道具に凝っていった。大工の比喩でいうなら、かなづち道楽や、のこぎり三昧、そして鉋《かんな》趣味といったところかもしれない（もしくはそもそも西洋に興味があって、もともと道具志向だったのかもしれないが、それはここでは問わないことにしておこう）。

そのような道具三昧（ヨーロッパの新科学哲学）をしばらくした後で、腕利きの大工の棟梁は、再度よい木材を探し（日本の科学技術という素材の加工を）始めたと、この比喩は続けることができるだろう。一九八〇年代から九〇年代にかけて、村上の検討の対象はどうやら「科学者論」や文化（文明）論、そしてＳＴＳへと、ある種の展開（というよりむしろ転回？）を遂げ、科学史・科学哲学の前線をさらに広く、そして遠くまで拡大していったのだと考えられる。一九九四年の二冊に、これら多重戦線を戦う方向に向かった村上にとって、そのロジスティックス（兵站要略）の要諦はなんだったのかを示す、ある種の逢着点とそこからの出発点があるのではないかと考えている。

## 三 『文明のなかの科学』と『科学者とは何か』──文化と文明という二分法と科学者論

村上は検査方法自体の精緻化に向かったのではないのかということを指摘した。一九七〇年代中盤から八〇年代にかけて、「聖俗革命」や「逆遠近法」などの概念がたてつづけに出される。村上は、西欧近代科学そのものを検討して、一定の戦果を収めてきた。いわゆる非西欧社会の科学論を論じたことから始まった村上のアカデミック・ジャーニーは、「西欧近代科学」という道具を確定していたところから、その道具自体の在り方を検証することに凝っていった。この凝り方や変遷自体があるとしたら、かなり濃厚で濃密で重篤に存在しているのは認められる。ちゃんと議論しなくてはいけないし、八三年の『ペスト大流行』、八四年の『ハイゼンベルク』という忘れがたいモノグラフもある。だが、それらは本書の別の論者に与えられたアサインメントのようである。

ここで筆者が指摘したいのは、一九九四年までの間にも日本について村上はさまざまな検討をしていることである。たとえば伊東俊太郎とともに編集した、『日本科学史の射程』（培風館・講座科学史シリーズ中の一巻。一九八九年）で村上が伊東・吉田光邦と行っている対談も重要なメルクマールである（だがこれは対談という性質上やや扱いが難しいため本稿では扱わない）。これらを見ると明らかなのは、村上は日本という対象を手放したわけではないということだ。道具に凝って材木や土台を放り出すような、そんな道楽息子ではなかったわけである。そこで村上の日本についての検討は、「文明論」・「科学者論」とも呼べる方向にある種の変遷を遂げていったことが徐々にだがくっきりとした軌跡として確認できる。そして一九九四年の二冊に、この観点への一つの逢着点があると考えられる。

ここからのキーワードと批判のポイントは三つある。これをあらかじめ提示しておく。

一つ目は「文明と文化」(文化論の限界)

二つ目は「日本」(国民国家・本質主義の限界)

三つ目は「科学から科学者へ」(知の形而上学から社会学的アプローチとその限界)

である。

### 「不正直」な日本文化の批判から、「ブル・ドーザ」としての文明の批判へ

村上の時代、科学史は学問としての自立をなんとか果たし、また科学史を哲学として、思想史として科学を語ることを試みて一定の成功を収めたと言えるだろう。そのうえで、思想史・形而上学的スタンスだけに留まらず、社会学的分析、科学の制度化論や体制化論にも接近する形になってきたのが、村上の辿った軌跡である、と大雑把だがまとめられると思う(これは別の論者も検討する範疇の問題であると思われる)。

そのなかで、文化の問題はどうなったのだろう。ある意味、文化本質主義と名指せるような傾向が村上にはあった。それは例えば本書では、坂野が指摘していることである。ただそれだけではなく、ここで論じたい点は、一九九四年の村上は「文化」を差異化するために「文明」を見出したという点である。

村上が「文明」を見出したというのはどういうことか。それまで村上は文化をひとつの枠組みとし

て論じてきていたのだが、背景には八〇年代後半のバブルに浮かれた日本における科学技術についての浮わついた言説があった。そこでテクノ・インペリアリズムとさえ呼べるようなアジアへの技術進出が顕著となり、また日本のテクノロジー万歳のような思潮に出会い、村上はいささか、辟易したようである。科学技術史をまじめに勉強してきた者にとって、バブル的な浮かれよう、ほとんどテクノ国家主義とも呼べるような日本の技術の礼賛は、やりきれなかったのだと思う。村上の『文明のなかの科学』（一九九四年）は、そのような日本の増長を諫める言説が込められた、非常に抑制の効いた本である。洗練された古き良きリベラリストが、バブルに浮かれ、それがはじけたなかで反省を促す、良質の批判を展開したのである(6)。その日本の増長とも言える「日本テクノロジー万歳」、そして日本文明を賞揚するような感性を諫めるために、ここで発見されたのは、アグレッシヴな文明、パッシヴな文化という定義づけだった。

『文明のなかの科学』では、〈西欧・科学・技術〉は「文明」の問題として、論じられている。また日本の悪しき面は、「日本文明」になっている。そして、西欧と非西欧の問題としての科学・技術の問題が論じられていて、それはそれで納得できるのだが、文化のアグレッシヴな面は「文明」とされるような枠組みが与えられている。これにより、ある種の本質主義が抜けきらないまま、分化された言い換えを行うことになったのだと考えてもいいのではないだろうか（だがこのような分け方に若干の問題があることは、村上自身も了解しているようだが）。つまり『文明のなかの科学』では明白に、西欧文明対日本文化という形の整理をしていて、日本の文化というのは輸出するものではないとされている。文明のような「ブル・ドーザ効果」を持ち、他の文化に押しなべて受け入れさせるようなものが文化にあるわけではない。文明は普遍化を試みようとしているが、文化はそうではない。ある社会や伝統にその基底がある、だからそれは相対化できるとされている。

しかし文化と文明をこのように定義づけるとしても、この見方自体では噛み足りないものがある。なぜなら二十一世紀に入ってからの日本は、マンガ・アニメとかJポップとか、文化の輸出国を目指すのが国策になっている。こうなってくると、文明と文化の違いは無くなってしまうのではないのだろうか。これは翻ると、坂野徹も指摘する「文化の実体化論」になってゆく可能性がある。また村上には西欧における科学文化論があって、西欧文化・文明のことも相対化する可能性はあるのだが、ここでは実体化している文化を文明に対峙させることだけでは済まないだろう。つまり「唯一の文化＝文明」である西欧近代主義を生み出した「文化」とは何か、そしてその文明を受け入れ、かなりアグレッシヴになっている「日本文化」をどうとらえるのかが判然としない。

さらに勝利者史観への批判という観点に立つなら、日本の文化を勝利した側としてみてはいけないだろう。今の日本の政策としてのソフト・パワー化の推進や、アニメ文化による自己オリエンタリズム化による文化輸出政策などは、現代に至っては勝利者史観の実体化という形で出てきているとも考えられる。このようなまさに勝利者的な観点に立つ（スーパー・マリオのコスプレをする首相がいる国で）、「日本文化」の文明性とでもいえるものは、かなり厄介な存在であると考えている。

日本文化というものがあるとすると、それは文化として絶対「ブル・ドーザ効果」を持つ文明とは違うということを、村上は主張したいのかもしれない。だが歴史を顧みるなら、日本は明治維新以降、ほとんどいつでも戦争をしてきている。一九四五年に太平洋戦争で敗けてからの期間だけがむしろ歴史のなかで珍しい時期でもある。それまで日本という国は常に戦争をやってきている。だからどちらに文化的な本質があるのか問うなら、一体どうなるのだろう。大東亜共栄圏を目指した時期を特殊な時期と捉える（司馬遼太郎史観）べきか、もしくはそうではないのであろうか。西欧近代科学には本質的に「ブル・ドーザ効果」というものが備わっているというのなら、近代を目指した明治以来の日本はより本来的に西欧近代科学に連続性があり、「ブル・ドーザ効果」の潜在力があったのではないのか。それは日本文化そのものの問題であるとも言えないだろうか。このように枠組みを付け直してみるなら、日本の植民地の問題と科学の問題はどう考えたらいいのだろう。また帝国の問題と科学技術の問題は、本来的にはより密接に繋がるのではないのだろうか。そのように考えてみると、村上において、帝国としての日本にとって科学技術は何だったのかという発想は、大概のところでは回避される形で日本の科学史がとらえられていたことも浮き彫りになる。日本は西欧との対比のなかで実体化され、アジアの他の文化圏や帝国のサブジェクトとの関係への目配りは稀薄である。このようなことは村上（と村上の時代のヒストリオグラフィー）の、ある種の限界だったのではないのだろうか。

たしかに村上は、日本文明という言葉に対しては批判的であり、それには筆者も深く同意する。だがそれで文明を拒否して日本文化を救っても、それでは大東亜共栄圏や帝国日本を生み出したのは文明であって文化ではないという回路に入ってしまい、これはイケナイと考えている。また日本文化が日本文明に容易にスライドしてしまい、かなりアグレッシヴに、（すでに無邪気を装ったアロガントさまで透けて見えるほどに）、「文化の輸出」を目論んでいる。このことがあまりに当然の如く行われていることに、筆者は唖然としているだけではない。むしろ慄然とさえしている。日本は、自己像

（セルフ・イメージ、そしてアイデンティティ）として武器と原子力の輸出国となるのが国家目標であり、ハード面ではそのような「死の商人国家」であることを引き受け、ソフト面ではマンガやアニメをグローバルに発信するというわけだ。

このような危惧に対しては、村上は、二〇〇八年のシンポジウムの席で、以下のように論じている。「日本の文化が帝国主義的な色彩を帯びていないと言うつもりは「ない」んです、私には。ありません。そういう帝国主義的な色彩を帯びるということが十分ありうる、と思います」。例えば、「あれ（タイへのテレビの輸出などの例）が文化的侵略でない、と言えるかどうかっていうのも、大変、議論があるところだと思って」いるという。「ですから、日本文化として、文明化する危険がないかと言われれば、わたしは、あり「うる」と思っています。ただ、どっちかっていうと、今でも日本の社会――文化って敢えて言いませんが――、社会っていうのは、どっちかというと「内向き」。"Inward looking"であって、経済的には確かに世界中へ進出しますし、空洞化、その他もろもろも含めて、搾取もしていますが、「メンタリティ」としては常に、"Inward looking"であり続けているというのが、わたくしの観察です。間違っているかもしれません。これはご批判を頂けるかと思います」と論じている。

このような村上の見解は必ずしも一刀両断に間違っているという性質のものではないし、村上の観察には同意できる部分もあるのだが、やはり物事の一面でしかないと言わざるを得ない。この「内向き」とは、それでいいのだろうか？　ここには、二つの問題がある。内向きなら許されるのか、ということと、内向きという解釈はそれでいいのか、という二つである。

## 村上の「日本」、国民国家・本質主義の限界？

これは坂野がより詳細に論じる点だと思うのだが、村上の「日本論」は、いわゆる「本質論」的なものであることは、夙《つと》に指摘されている。つまり一九六〇年代から七〇年代の村上の仕事は、日本文化論や日本人論の枠内で論じられている。そこでは超歴史的存在としての日本人とか、本質的な存在としての日本文化などというカテゴリーが想定されている。坂野はシンポジウムで論じたように、九〇年代以降の歴史学では「国民国家批判」、また文化人類学では「本質主義批判」がある。

ただ、これは「後知恵」である。同時代的にはどうだったのだろう？　こう問い直さないと、村上に対して、あまりフェアではないだろう。そもそも村上は、近代主義や啓蒙主義への批判をしてきたわけだし、そして歴史のシンクロニズムの提唱（ある理論をその時代の全体的有機的な知のネットワークのなかで理解すべきこと）をしてきたことで、非常に自己省察的であったことは、だれもが認めるところだろう。

だから村上を検討するとき、彼の「同時代」については、「ある幅をもった同時代」のなかで、「同一人物」による思想の変遷や微妙なずれ（それを展開と呼ぶことも可能だろう）、もしくは複雑に織り込まれる「ヒダ」を、読み解かなければいけないだろう。だがコンテンポラリーな問題意識から、村上の過去の仕事の「現在」へのすり合わせということについて、非西欧の科学もしくは日本（人）の科学というあたりに焦点をおくとなると、やはり、「国民国家論」として閉じてしまいがちな「日本人と科学」という問題についての再考や、エスノ・サイエンスの問題、さらには植民地の問題や「日本人」という人種概念の曖昧さ・両義性などの検討が必要となる。さらには帝国としての「日本」という問題を加味して検討しなくてはならない性質の、村上が想定していた「日本」とは別の広がりを必要とする問題となるだろう。

だからこれはもう少し地ならしをしてからでないと、村上の仕事のなかでのその位置づけを明らかにしていくというのは、多分まだ難しいことである。そうではあっても、日本人と科学技術の歴史を考えるなら、村上の「日本」は、どこの何を意味していたのかは問う意味はあるだろう。そこでは北海道・沖縄をはじめ、また日本の植民地での科学技術、さらには「大東亜共栄圏」の科学技術というような問題設定との不可分性は、検証されてしかるべきだろう。

その意味では、村上の場合、国民国家として閉じた日本に、もしくは文化の担体として本質的なものが想定されているし、「リトマス試験紙の比喩」で見たように、村上の日本とは、あくまでヨーロッパとの対比で立ち現れてくる日本である。それはやはり、植民地の問題や、帝国日本そして大東亜共栄圏となった日本が村上の日本から抜け落ちているという限界があったからだろうと考えてもいいかもしれない。それは文化の「内向き」という傾向を見出すことにもつながっているし、それはある時代の日本でしかないだろう。だが今やアグレッシヴで無神経にも見えるような形で「文化のセールスマン」として振る舞おうという「日本文化」を見ていると、彼らは内向きで、無前提に想定されるひとつの実体なのであろうかということについては、複数の層が重なっていて、それ自体が大きな疑問である。

またそのような「日本文化」が、そのままSTSを想定するなら、それは現在のSTSの閉塞状況と停滞を生み出しているのではないのかという仮説も提示できる。これについては次に論じてゆく。

## 科学者へのアプローチからのSTSの提唱とその限界

最後になるが、『科学者とは何か』（一九九四年）は名著である。何はともあれ面白い。そのうえ読ませる。読者を引き込んでしまう。これこそが、本当の意味で、名著である。この本が出た一九九四年というのは、神戸で地震があった年のちょうど前年にあたる。これはオウム真理教事件があった前年でもある。いわゆる「一九九五年問題」と呼ばれ、戦後日本社会の曲がり角であったわけだが、それを予見するように、科学者コミュニティの無責任体制の起源や、科学が体制化して問題を抱えてきている様相を、豊かな教養のストックからの抽出しを十全に使って論じている。オノラリアというラテン語の起源から、論文審査という「嫌がらせの儀式」まで、村上の視線の広さと深さ、そしてそれをユーモラスに語る村上の懐の深さと話の構成の巧みさがよく現れている。この本は、唐木順三の言い残したこと、つまり原爆についての科学者の社会的責任から説き起こし、科学者集団の行動様式やその共同体の形成、行動様式を論じている。さらにその倫理問題を概観し、核兵器、バイオテクノロジー、そして環境問題についての対応を論じて「新しい科学者像」を模索するなかで、最後の部分で、STSを提唱している。

原爆の社会的責任論を、非常に面白い形で提示していることも重要である。唐木から説き起こしながら、これについて村上の著述スタイルは、（あえて）突き放して「証言」を見る（列挙している）、洗練された立場を崩さない。歴史家的な客観主義のように見える。

また非常に興味深い事例や比喩が出ている。第三世界での缶ミルクの問題や、科学技術の暴走を、

「ブレーキのない車」に喩えたりしている。それぞれに押し付ける答えのない、オープン・エンディングな議論であって、いろいろと考えさせる素材を丁寧に提示している。広く社会問題を見て、それぞれに深い理解と共感を示し、科学技術がその根底に横たわることを指摘している。古きよき教養主義的なリベラリストして、健康な批判的精神を体現している。

すでに論じたような、文化の本質論や内向きの日本志向があるにはあったにせよ、このころの村上は科学史・科学哲学への沈潜により、科学史の自立と前線の（科学社会学的な）拡大を果たしていたと歴史的に評価できる。そして現代的な問題への発言とコミットメントが鮮明になっているところが、この時代の村上の特徴である。村上はこの書で結論的な形で、ＳＴＳの提唱を行っているのだ。

これは村上が志向してきた科学の形而上学としての科学史の到達点といってもいいだろうし、村上の研究プログラムのひとつの結論であると考えられる。この到達点では、形而上学・哲学的な解明を志向していたはずの村上が、科学の社会学的な分析をしている形になっている。つまりある種の「転回」であったと考えてもいい。村上の「転回」については柿原が論じているが、そのような転回を見事に描き切った書が『科学者とは何か』である。

この本は、読者にいろいろと考えさせるという意味で、たいへんな良書である。なにも押し付けないし、煩わしい自己主張は聞かれない。そこで筆者も科学史とその行く末について考えさせられた。科学技術の「現代性」をめぐって、科学史を学んだ者は、科学技術に起因する多くの社会問題を前に何を言ったらよいのだろう？　この疑問に対して筆者なりの回答は、（村上に導かれるようにして）ＳＴＳだった。正直に告白するなら、一九九四年に大学教師になった筆者は、この村上の提示したプログラムに乗っていたのだと、今になって駄目押しのように気づかされている。「そうか、STSだ！」、と当時の筆者は言っていたわけだ。村上のスタイルに、完全に乗せられてしまっていたのは、ここでまた、少なくとも一人はいたのである。

だがその実、このような一次回答では到達しきれないような、あまりにも未解決の「宿題」がその後に多く出てきたと考えられる。そのため村上のもっとも嫌う「後知恵」になるかもしれないが、今になって反省するところも多い。これは自戒も込めて言うならば、村上によって提唱されて形成されてきた日本型STSの問題性でもあるだろう。

STSの問題性については、新自由主義的傾向性（木原英逸）や政治性の欠如（吉岡斉）などいくつかの層があることが指摘されている（二〇一六年十一月に木原英逸が組織するSTS学会年会セッションで、吉岡斉・中島秀人および筆者らがこれを再検討することになっている）。ここで検討しておきたいのは、村上が示唆していたような、穏やかな仲介者、さまざまな利害関係者をつなぐ橋渡し的な理解者の存在の重要性、それをSTSが担うというアイディアであった。このような「仲介者」への誘惑は、いまやSTSのアキレス腱となっているのではないのだろうか。科学者と市民をつなぐ「翻訳者（インタープリター）」とかコミュニケーターとか、その間のコンセンサスを志向する試みなどが多くなされたが、緩やかな熟慮型民主主義の試みは、民主党がまだ上げ潮だった頃の一時のブームを除いては、あまり成功しているようには思えない。科学技術が深刻な被害をもたらす場合、そのような仲裁者の立場は、どのアクターからも信用されないものとなる。市民の側からは啓蒙主義や体制側の政策プロパガンダのお先棒担ぎにしか見えず、科学者や行政・体制側からも「使えない宣伝マン」程度にしか扱われなくなる。ポスト三・一一でのＳＴＳの低迷は、まさにこのダブル・バインドのなかで起こっていることだと、ひとつには考えられる。

このことは一九九四年の『科学者とは何か』に書かれていた、たとえば「缶ミルク」の話にも、すでにその萌芽的な形態が表れていたと考えてもいいだろう。缶ミルクの悲劇とは、第三世界に缶ミルクが導入されたことで、その「善意」によるはずの栄養補給が、感染症や栄養不良をより増やしてしまい、また缶ミルクに依存するような構造を作ってしまったという問題である。これに対して村上は、「この場に、いくつかの領域での基礎的な知識を持ち合わせ、それを統合するような健全な推理力、予測力を備えた人間がいたならば、この悲劇は救えたかもしれないのである」と述べている。それはレイチェル・カーソンやレオ・シラードの予言になぞらえられている。

村上の意見は、確かにそれはそうである。そしてその後の日本のＳＴＳの目指してきたものも、これである。だが、ほんとうに教訓を生かすには、「いくつかの領域での基礎的な知識を持ち合わせている」人間や、「健全な推理力」そして「予測力」では、悲劇は救えないのではないのだろうか。缶ミルクについては、マルチナショナルと呼ばれる資本の側、もしくは多国籍企業が活躍するような資本主義的な国際ネットワークについて、検討しなくてはならないはずである。

もっと言うなら、健全な「警告」や「予測」が、政治的・経済的な磁場によって、大きく歪められてきていたことがすでに明らかになった時代にわれわれは生きている。缶ミルクにしても、早くから警句を発してきた多くの消費者運動家・公衆衛生の活動家や、第三世界の前線で働くＮＧＯ関係者の声があった。いま問い直すべきは、そのような「健全な科学の声」が、なぜ、そしてどのような力学の下で掻き消されてきたかではないのだろうか。

村上はこのような点までは、突っ込んでいない。この本が出た一九九四年には、すでに一九七七年にネスレ・ボイコット運動が始まっているし、アグリ・ビジネスや食品産業が第三世界の貧困を加速させることが指摘されている。特に缶ミルクについても論じているスーザン・ジョージの『なぜ世界の半分が飢えるのか』の邦訳が出たのは一九八四年、さらに川村暁雄らのグループが粉ミルクの問題について日本消費者連盟内に研究チームを立ち上げることなどにより、消費者運動は、いわば第一世界のプチブル的な生活防衛運動や商品テストの領域（NHKの「とと姉ちゃん」で描かれていた『暮らしの手帖』のレベル）から成長・脱皮して、第三世界の人権問題・生活権の問題を扱うようになり、多国籍企業の監視や社会的な公正の問題、そしてグローバルなサステイナビリティを射程に入れるようになっている。これらのことは、八〇年代の後半から九〇年代にかけての運動の展開で、この本の出た直近の出来事である。カーソンを目指し、シラードの卓見を称賛するのにやぶさかではないが、むしろカーソンの予言が、ものすごい勢いで化学産業からバッシングを受けたこと、シラードが孤立を深め、果てはレッドパージの嵐のなかで憂き目を見ていったこと、だが二人ともそのなかで粘り強く自らの立場を貫いたことのほうが、本当のところで、われわれが学ぶべきところなのではなかろうか。強烈な敵が牙を剝いているその前で、マイルドな仲介者を目指そうとするより、アカデミアにいる人間はまずそのような「健全な科学の声」に敵対して立ち上がってくる勢力とは何かを目を凝らして見いだし、警告を発して、そのリバイアサンに対処するための戦略と戦術を検討しなくてはならないのではないだろうか。

また知的な洗練さを追究するという意味で、正面衝突や無益な戦いを回避することは、やはり重要な「洗練された」身振りであろうし学ぶべきところかもしれない。だがたとえば原爆と科学者の社会的責任について、「唐木順三が言い遺したこと」に対して、村上自身はどのような判定を下しているのだろう？　丁寧に読んでみても直接にその解答はない。唐木が言ったことをよく聞いて、そして唐木の判断をやんわりと受け止めてはいるが、村上は、たとえば湯川秀樹は悪くて朝永振一郎はよかったというような唐木の断定については、直接の判断は下していない(7)。

もちろん村上は非常に誠実であり、またさまざまな社会的な問題への深いシンパシーやエンパシーは隠さない。だから村上には、深く共鳴できるし、村上のスタイルから何かを学ぼうとして、筆者もここまでやってきた。しかし洗練されている分だけ、上品すぎるのかもしれない。

だが、それは金森修がいみじくも命名したような、この「ポスト三・一一ワールド」と呼ばれる世界では、どうだろう。特に科学技術をめぐっては、洗練さや上品さ、そのような抑制の効いた（リザーヴドな）振舞いでは、もう歯が立たなくなっているほど、科学技術は体制と一体化した凶暴で無茶なリバイアサンとして地（と知）の底で溶融してしまっているのではないのだろうか。科学技術と混然一体となったデブリはすでに「コントロール」が全く効かないものとなって毒を発し続けているのに、オリンピックをやるという。われわれは一体、どうしたらいいのだろう。

## 四　結語に代えて

以上、縷々論じてきたが、これは村上を通じた筆者の反省ノートでもある。

まずは村上の起点に日本科学史があったことを指摘した。その後、日本に起点があった村上の「弱み」と限界は、文化の概念、日本という括り、そしてＳＴＳという三つの方向性にあるものだと考えられるというのが、とりあえずの結論である。これら三点は、それぞれに閉塞状況に直面しているように思える。その閉塞は、筆者自身の閉塞でもある。どうしたらいいのだろう？　しかも時代は、金森修が「ポスト三・一一ワールド」と規定した、科学技術的なディストピアが日常になった、奇妙にも新しい世界である(8)。

ここで村上に、この回答を恃《たの》むというのは、酷だろう。それは筋ではない。村上はここまで、時代の先端を走ってきて、真摯にその思想を培ってきた。意識はしていなかったのだろうが、ソクラテスのごとく立派に若者を惑わせ、そしてその魂の気遣いと配慮（クーラ、ケア）を与えてくれた。村上の配慮のもとで、当時の若者たちは徒党を組んだり合従連衡をくりかえして、ＳＴＳ学会を作ったりしていた。だがいまやポスト三・一一ワールドと呼ばれる日常的なディストピアの世界では、われわれは居心地のよかった村上の配慮（ケア）の世界から一歩踏み出して、この構造的ディストピアの日常化した世界に立ち向かう（もしくはこれを耐え抜くための）言葉を紡ぎださないといけないのだろう。

最後になるが、村上を検討する筆者の視座についても、省みておく必要がある。坂野は周辺的科学史家と自己定義をしているが、坂野が周辺なら、塚原は周辺のさらに外から村上を見ていたのかもしれないということだ。[9] それはすなわち社会的・制度論的に筆者はある種の外縁部にいるという位置どり（ポジショニング）である。

村上の「制度的立場」とは、とりもなおさず東大・上智・ICUというトライアングルだ。村上の時代の東大とは何だったのだろう。村上の「東大性」を問うとしたら、浅薄な「学閥」批判で終わってはいけないし、そのような利権誘導的なレベルの批判でとどめては意味がない。それではあまりにも「内向き」である。そうではなく、科学史のスタンダードとなっているように、制度とイデオロギーの文脈主義的な解析を目指すことが必要だ。だから日本における東大、上智とICUという制度と、それに規定されるイデオロギーとは一体何だったのかという問いにも答える試みをしておかなくてはいけないだろう。このトライアングルは、むしろ「トリニティ」とさえ呼びうるほど、日本の文化や社会、そして歴史的な位置づけを規定している強烈なコンビネーションなのではなかろうか。

翻って坂野の周辺性の示唆や加藤（茂生）の「科学の外延」という発想、そして筆者が外縁性に敢えて拘る立場を構築することによって、どこまでそのような中心世界のトライアングル（トリニティ）と渡り合えるのかは、これからの「ポスト村上」の科学論のなかで、本格的に試みなくてはならないことだと考えている。ここで筆者が「非」東大・上智・ICUトリニティの位置にあること、つまり敢えて自らを「外部（外縁）」であると想定してそれを相対化しようとすることはまさに「迂遠」なアプローチのかもしれないが、少しくらいは可能性があると考えている。だから筆者は、村上の「日本」から少し離れてみて、ユパ・ミラルダのように、腐海の辺境をまたとぼとぼと一人で歩きだしている。

だがここで、ミラルダの遍歴を語るための紙面はすでに尽きている。村上はこれまでアクチュアルな課題を提起し続けてきてくれたが、われわれは村上の配慮（ケア）や洗練されたスタイル、そして村上の（二十世紀第四・四半世紀から二十一世紀にかけての）「カッコよさ」からそろそろ抜け出すべきなのかもしれないというのが、ここで至ったひとつの結論である。それでもこれまで、村上はとても立派で大事な「あらまほしき先達」であって、筆者は本書の編者たちのアサインメントに従った形でだが、随分と勝手な分析と解釈を繰りかえし、僭越を顧みずに管見を論じてしまったようで今更ながらに恐縮している。だが筆者のような周辺・外縁の科学史家に対してさえも、これまで思想的に領導してくれた村上には感謝してもしすぎることはないだろう。このことだけは、とりあえずここで結語の代わりに記しておいて、筆者からの感謝の念を海容してもらえることを切に願っている。

## 注

（1）カルスタ的に言うなら、「三人の村上」で、二十世紀の第四・四半世紀からの日本の文化史を特徴づけることができると筆者は考えている。三人とは村上陽一郎、村上龍そして村上春樹の三人である。彼らの活躍はほぼ同時代、まさに兄弟のように相次いでいる。陽一郎のデビューが六八年、龍は七六年、そして春樹は七九年である。日本の文化史・社会史を考えるうえで、この非常に重要なカギを握っていると考えられる三名の人物が、ひとしなみに村上という姓を名乗っていることが面白い。科学史では三兄弟という比喩が多いが、そのような三兄弟として位置づけてみるなら、バランスのいいアカデミックな長男が陽一郎、アート系で外向性なアウトローでもある次男が龍、内向しながら文学に向かい暴力や人類のサバイバルを本気でSF的に考えている三男が春樹ということになる。長男はアカデミックで一家一学派を齎すが、次男はそれほど大成できずにむしろマスコミでの迷走を繰り返す。その二人を遠目に見やる冷ややかな三男は今や世界的に評価を受け、遂にはノーベル文学賞の呼び声もかかっている。ヨーロッパの説話に多くあるように、三兄弟の末っ子が最大の名声を勝ち取ることになる。

（2）『現代思想』二〇〇一年八月号では、柿原泰・平川秀幸と諮って、村上陽一郎・中山茂・中岡哲郎のインタビューを行った。若いころ影響を受けた人物にインタビューができるとは幸運なことだとつくづく思ったものであるし、時代の目撃者と語ることは歴史家冥利に尽きることでもあった。

（3）ベルツへの再解釈（植民地科学者の無神経さ）については、「日本への近代科学の導入は、どのような問題を伴っていたのか」（調麻佐志・川崎勝編『科学技術時代への処方箋』北樹出版、一九九七年）二九―四三頁を参照。

（4）村上陽一郎・伊東俊太郎の「比較科学思想史」の概念については、『日本科学史の射程』（講座科学史4、培風館、一九八九年）を参照。

（5）中山茂の四つの類型論は、彼の『歴史としての学問』（一九七四年）、『日本人の科学観』（一九七七年）などで論じられているものであり、そもそものアイディアは、中山が *Dictionary of Scientific Biography* の最終巻のエッセイに寄せたものに表れている。

（6）村上のバブルへの批判は、金森修・塚原東吾編『科学技術をめぐる抗争』（二〇一六年）に収録の解説でも触れている。

（7）塚原東吾「ポスト・ノーマル・サイエンスの射程から見た武谷三男と廣重徹――科学者の社会的責任論の

なかでの再定義」（『現代思想』二〇一六年六月号）の注12を参照。

（8）ディストピアが構造化していること、また日常化していることについては、金森修のほかにも、松本三和夫の「構造災」という概念を敷衍して、標葉隆馬が萌芽的に検討している。標葉隆馬「災害資本主義を日常化するもの」『グローカル研究』第三巻、二〇一六年、四五―五七頁。

（9）外縁、もしくは外延という概念については、加藤の以下の議論によっている。加藤茂生「科学の外延――植民地科学史の視点から」『現代思想』二〇〇一年八月号、第二九巻一〇号、一七六―一八五頁。

# 科学批判としての村上科学論——科学史・科学哲学と「新しい神学」

加藤茂生

## 一　科学批判としての科学史・科学哲学

村上陽一郎が学問的キャリアを積み始めたのは一九六〇年代後半のことであった。その後の一九七〇年代は、科学論の世界では「科学批判の十年」と呼ばれ、科学における要素還元主義的方法や実証主義的方法、手段的合理性などに対する再考が唱えられた。さらには、科学的世界観の批判、近代科学全体のパラダイムの批判が行われた。そして、科学者や、科学者を志す学生のあいだで、科学や科学者はどう変わるべきか、科学が社会にもたらす問題をどう解決すべきか、などが論じられるようになった[1]。

この時期の科学批判の思想には、科学の一部の欠陥を批判するだけでなく、科学的方法の全体を、あるいは近代科学技術文明をトータルに批判する思想が存在した。その代表例として、科学史における廣重徹の科学の体制化論や要素論批判、哲学における廣松渉の物象化論・四肢構造論が挙げられる。村上の相対主義的色彩のある科学論は、まさにこの時期、廣重徹や廣松渉の議論と一部重なり合いながら、きらびやかな文化的タペストリーを織りなすかのように、華々しく展開し始めたのである。[2]

日本の科学技術の制度を鋭く批判した廣重の科学の体制化論と、制度に関して、この時期にはあまり論じようとしなかった村上の科学論との間には、方向性にかなりの違いがある。また、マルクス主義者の廣松の思想と、マルクス主義に対して疑いを表明することを憚らない村上の思想との間にも大きな違いがあったように思われるかもしれない。しかし、科学のある一部の問題点を指摘するに留まらず、科学全体が前提としている思考方法に対する根源的批判を試みたという点で三者は共通する。科学哲学的な議論において、村上は、科学は人間の主観が入り込まない客観的な事実によってのみ組み立てられているという素朴な実証主義的科学観を批判した。また、科学史的な議論においては、科学は唯一普遍の絶対的知識ではなく、人間によって歴史的に選択された知識であり、けっして必然的な真理ではないことを主張した。つまり、科学全体をターゲットとして、科学の全体的な方向転換を視野に入れた議論を展開したという点で、村上の議論も廣重や廣松の議論と同様に、「科学批判の十年」の思潮のなかにあったと言えるのである。

ただし、急いで付け加えなければならないが、村上は、「科学批判の十年」に少なからず見られた反科学主義の思想に対しては、明確に距離を取ろうとしていた。たとえば、『動的世界像としての科学』（一九八〇年）では、

最近私は、自分がどうやら「反科学論者」の一人に数えられているらしいことを知って、一寸吃驚りしているところだ。ある翻訳書の「あとがき」のなかに、その書物の訳者は「最近流行の反

科学主義」を否定的に扱ったパラグラフを置き、そこで私も一からげに非難されていたからである。（二七三頁）

と、村上自身の立場が反科学主義ではないことを明言している。さらに、『近代科学を超えて』の講談社学術文庫版（一九八六年）の「序」では、

本書の全体のトーンは，書かれた時代を反映して、良かれ悪しかれ、六〇年代終わりから急速に拡がった反科学論、反技術論の時代風潮が意識され、また土台になっている。カウンター・バランスを求めようとする、若さゆえの気負いのようなものも随所に見られる。（四頁）

と、反科学論に対してカウンター・バランスを求めようとしたことが表明されている。

二十一世紀も十年以上経過した現在、一九七〇年代的な科学史・科学哲学による科学批判は流行っていないように思える。それにには様々な理由があるだろうが、少なくとも科学観における二つの変化と、科学自体の変化、という三つの変化が原因として考えられるのではないか。これはあくまで私の推測の域を過ぎない議論ではあるが、それらを述べてみよう。

まず一つ考えられるのは、科学的知識を唯一の絶対的真理とみなすような科学観が一九七〇年代的な科学史・科学哲学によって歴史的に、また哲学的に、既に相対化されてしまったことにより、七〇年代的な科学史・科学哲学の基本的な主張は特に目を引かない常識と化したのではないか、というこ

とだ。科学者は真理を発見するわけではなく、現状において蓋然的に認められる知識を生産しているのであり、その知識は真理とは言えないが、ある程度は信頼がおける知識である、というような科学観が今や常識化しており、かつてのような絶対的な科学信仰は薄れている。科学観のこのような変化には、科学者の数多くの不祥事や、複数の大規模な原発事故、予知の期待に応えられない地震学に対するメディアの批判など様々な社会的要因も寄与してきたことだろう。科学を不可謬な絶対的真理とみなすような科学観がすでに相対化された今、科学または科学技術における部分的・個別具体的な問題点（原発、地震予知、地球温暖化、生殖医療、脳死臓器移植、クローン技術、監視技術など）を論ずることには意義があっても、七〇年代的な科学史・科学哲学における科学全体を相対化するような批判はもはや必要ではない、と広く考えられているのではないだろうか。そうだとすれば、七〇年代的な科学史・科学哲学は、七〇年代においては科学批判において価値があったが、その批判が有効に機能したこともあって一般的な科学観が変容したことで、もう科学批判における歴史的役割を終えた、ということになるだろうか。

七〇年代的な科学史・科学哲学による科学批判が今は流行らない原因について、また別の観点から考えてみよう。七〇年代的な科学史・科学哲学は、科学批判をする際の科学のモデルとして、主に物理学的な知識を想定することが多かったのではないか。たとえば、科学史の記述においては、村上もそうだが、コペルニクス、ガリレオ、ケプラー、デカルト、ニュートン、アインシュタイン、ハイゼンベルク、といった現在の物理学の教科書に登場する人物の業績がしばしば中心的に論じられてきた。また、物理学以外の科学は物理学を模範にしているとか、すべての科学は物理学に還元されるという

「物理学帝国主義」という考え方も批判的に取り上げられたりした。その結果、科学の総体を批判するという構えを取りながら、実は物理学中心の科学批判にとどまっていた傾向があったのではないだろうか。しかし、当然のことながら、科学は物理学だけではないし、八〇年代以降、科学はますます多様化し、同様に多様化する工学や社会科学と複雑に混淆し、科学を物理学、化学、生物学、地質学、天文学という古典的な学校的分類で捉えることのリアリティは薄れていった。簡単にいえば、七〇年代的な科学史・科学哲学は、物理学を模範とする科学を批判対象にしていたのだが、たとえば、情報科学やゲノム科学への関心が高まることなどにより、科学のイメージが変容し、批判対象の想定自体が崩れていったように思える。そのため、かつての科学批判は虚像に向かって批判の矢を放つかのように思われるようになってきたのではないか。現在、多様な展開を見せている科学に対して、七〇年代的な科学史・科学哲学による科学批判を持ち出そうとしても、物理学をモデルとした科学批判にはリアリティが感じられにくいのではないだろうか。

　右の論点と部分的に重なるが、七〇年代的な科学史・科学哲学による科学批判が流行らない三つ目の原因として、科学自体の変貌が考えられる。科学の変化にも様々なものがあるが、たとえば、生態学や福祉工学（科学というより工学・技術だが）などのように、七〇年代は、まだ生まれたてであったが、七〇年代の科学批判を受け取って、地球環境や人間について配慮するような科学が成長・拡大してきたということがある。地球のための科学、人間のための科学を標榜するような科学が、七〇年代はまだ未成熟であったが、その後、時に、商業主義的であるなどと問題が指摘されることはあるにしても、それらが発達を遂げてきたように思う。また、コンピューターの発達により、解析的に論ずることが困難で、七〇年代にはまだあまり処理できなかった、多要素が関係するシステム全体を考察するような科学が成長してきたということもある。このような状況について、「体制側が、科学批判を取り込んでしまっている」と批判し、七〇年代的科学批判それ自体は救済しようとする議論もある。しかし、体制と反体制という七〇年代的な社会の図式を現在の社会にそのままあてはめようとするのは、いささか硬直的な議論であるように私には思える。

一九七〇年代的な科学史・科学哲学による科学批判が流行らない今、活発に議論されているのは、ＳＴＳ（科学技術社会論）による、現代科学技術に関する社会工学的分析である。科学史・科学哲学は科学批判の役割をＳＴＳにバトンタッチし、科学史は古典文献学や文化史などの文系学問一般と同様な意味でのアカデミックな歴史学としての性格を強め、他方、科学哲学は科学と同様に対象を狭く限定し、細かく専門分化していく傾向にあるように思える。

以上の科学論の現在に関する私の観測は、必ずしも科学論全体を捉えていない可能性は大いにあると思う。ただ、現在の科学論の、ある一面の特徴は捉えているのではないかと思うのである。一九七〇年代的な科学史・科学哲学はもはや科学批判の役割を終えたのだろうか。本稿では、村上陽一郎の科学史・科学哲学について、一九七四年出版の『近代科学を超えて』と一九七七年出版の『科学・哲学・信仰』を中心に検討し、七〇年代的な科学史・科学哲学による科学批判の意味について探ってみたい。

## 二　科学的知識の歴史的・構造論的考察から科学批判へ

### 事実とは何か

『近代科学を超えて』（一九七四年）は、一九七〇年から一九七三年にかけて村上が執筆した論文をまとめた論文集であり、『日本近代科学の歩み』（一九六八年）、『西欧近代科学』（一九七一年）に継いで出版された村上三冊目の単著である。『近代科学を超えて』は、一九七〇年代初期の村上の科学哲学的な考察を知ることができる著作だと言える。

『近代科学を超えて』という書名は、一九七二年の廣重徹、廣松渉との鼎談「近代自然観の超克――近代科学技術への批判的視座」や一九七四年の論文「科学の枠組を問う」[3]などのタイトルと共通する、七〇年代の科学批判の時代の雰囲気を感じさせる。しかし、村上が、当時の科学批判に、心情的に極論に走る傾向を見出しており、そこから距離を取ろうとしていたことは、この本の「はじめに」にある、次の、科学批判を非難する言葉から、うかがえる。「そして今、科学は、現代が陥っている難局のほとんどすべてに責任あるものとして、スケープゴートの役割さえ与えられかねまじき有様である」（一一頁。頁は講談社学術文庫版、以下同様）。当時の論壇での、科学に対する批判の強さもうかがえる表現である。

では、村上の近代科学批判の内容はどのようなものであったのか。この本は、実践的な科学批判よりもむしろ、科学について観照的に認識する態度が基本的なトーンとなっている。それが科学批判としての姿を現していく様子を示していきたい。村上はこの本の冒頭に「科学は事実を離れて成立する」という論文を置き、近代科学の歴史を題材として、科学的知識の構造を分析することから始めていく。その議論を精密に検討してみよう。

科学的知識の分析において村上が重視しているテーマは、理論と事実（データ）との関係である。通常、理論は事実からの帰納によって得られると言われることが多い。歴史的に見ても、フランシス・ベーコンが十六世紀に、書物にではなく自然に直接質問を仕掛け、そこからのみ解答を得ようとした態度は、近代科学成立のために一度は確立される必要があった。そのように、理論が事実に基づくことは、科学の特徴の一面である（二一一頁）。

しかし、理論を、「経験に基づかない概念や原因、あるいはそれと気づかれないが暗黙に潜んでいる信念などの前提なしに、ひたすら「事実」のみから構築しようとすることなど、およそ不可能である」と村上は主張する。たとえばニュートンは、絶対時間や絶対空間、同一原因・同一結果の原理と呼ばれる因果律など、重要な概念を経験に先立って自らの理論体系に導入している。なるほど、そのことから、理論は、事実だけでなく、経験に先立つ概念も合わさって、構成されると言えるだろう。村上が「われわれの科学は、少なくともいくばくか、経験的な「事実」に先立つ何ものかによって支えられている」と述べているように（二一二―二一七頁）。

そして、村上はさらに、「「事実」は、理論に依存しているのではなかろうか」と議論を進める。この「「事実」は、理論に依存している」というテーゼは、N・R・ハンソンが主張した「観察の理論負荷性」を連想させるが、ハンソンと同様な議論なのであろうか。村上の議論は以下のとおりである。

たとえば、ケプラーの第三法則（調和の法則）は、数多くの惑星についての数値的なデータから帰納によって到達した法則だと考えられがちである。だが、ネオ・プラトニズムの強い影響下にあったケプラーは、宇宙を構成する数値的要素の間に、「調和的関係」が成立しているという準拠枠（広い意味での「理論」と呼びたいと村上は述べている）の働きがあってこそ、第三法則を発見したのだ、と村上は主張する。

純粋に帰納的な法則と見なされているこうした法則でさえ、「事実」群があればそこから直接必然的に導かれるものではない。「事実」群外の準拠枠があってはじめて、「事実」となるのである。
（二八―三一頁）

ケプラーの第三法則がたんに数値的なデータとしての「事実」だけでなく、宇宙の調和的な関係に関する確信（＝理論）に基づいていたという説明は、既に述べた、科学は経験的な「事実」に先立つ何ものかによって支えられている、という主張と同じで、わかりやすい。ただ、右に引用した部分の「事実」という概念には注意を払う必要がある。村上は「事実」についてどう考えているのか、さらに検討してみよう。

ケプラーが第三法則を導くのに用いた惑星に関する数値的データは「事実」とされている。だが、「「惑星の太陽を巡る公転周期の二乗と、惑星―太陽間の平均距離の三乗との比が、どの惑星でも一定になる」という「事実」」という表現もあるように、ケプラーの第三法則も「事実」と呼ばれている。

先に引用した部分で、「「事実」となる」とされるのは「こうした法則」だと解釈すべきだろう。つまり、「こうした法則（＝ケプラーの第三法則）でさえ、……「事実」となるのである」と読むべきである。

だが一般に、ケプラーの法則は理論と呼ぶこともできるものだろう。したがって、村上の言う「事実」は、たんなる数値としてのデータに限らず、理論をも含むこととなる。確かに、日常的には、確実視されている事柄を「事実」と呼ぶことはある。そうだとすると、この村上による「事実」という言葉の使用方法に従えば、たとえば、確実視されているニュートンの万有引力の法則すら「事実」と呼びうることになるだろう。

このように考えたとき、「事実」という概念を拡大しすぎではないか、という疑問が頭をもたげるのではないか。「事実」とは、あくまで観察されたデータについてのみ用いるべきで、ケプラーの第三法則のような理論を「事実」と呼ぶべきではないのではないか、そう考えたくなってもおかしくないだろう。この論文の「科学は事実を離れて成立する」というタイトルを理解しようとするとき、「事実」とは観察されたデータであると考えれば、すんなりと理解できる。しかし、ここでの「事実」にケプラーの法則まで含まれるとすると、意味がよくわからなくなるのではないか。雑誌初出時の「科学理論の超事実性」というタイトルについても同様である。

とすると、やはり「事実」は、観察されたデータについてのみ用いるべきで、ケプラーの第三法則のような理論を「事実」と呼ぶべきではないと思えてくる。しかし、村上のこの論文において、観察されたデータとしての「事実」が理論に依存するという、観察の理論負荷性を示すような例は示されていないのである。続く第二論文では、ケプラーの第一法則に関して、観察の理論負荷性として解釈できる例が説明されている。だが、第一論文で村上が行っているケプラーの事例の説明には、感覚内容それ自体が理論負荷的であるというような、観察の理論負荷性として解釈できる内容は含まれていないのである。では、どのように考えたらよいのだろうか。

もし、「事実」という言葉を、たんに観測された惑星の位置の数値的データというレヴェルの「事実」に限定せず、ケプラーの第三法則を名指すのにも使える言葉だと考えれば、ケプラーの第三法則という「事実」も、宇宙の調和的な関係の存在という「理論」に依存する、という意味で、「事実」は理論に依存しているというテーゼを主張することができる。村上の議論をそのように解釈するならば、村上は、ハンソンのいわゆる観察の理論負荷性テーゼよりも広い含意を持つテーゼを主張していると言える。つまり、「事実」という概念は、観察されたデータのみに限定されるのではなく、確実視される存在または事象、あるいは、実在を確信している存在または事象という含意を持つのだとすれば、村上は、そうした「事実」＝確実視されている事象全般についての相対主義、文脈主義的な主張を述べていると捉えられるのではないだろうか。

村上の科学哲学にとって、理論と事実の関係は非常に重要な問題である。そして、村上は、まれに見る日本語表現の名手であり、この場所にはこの言葉しか嵌まらないと思わせるように、言葉の使用は極めて的確である。当然、「事実」という言葉も周到に考えて使用されているはずである。この『近代科学を超えて』の劈頭を飾る論文における「事実」という概念について、ぜひ村上に尋ねてみたい。

## データとは何か

続く第二論文「科学理論はどう変化するか」でも、「事実」と「理論」の関係について、主としてコペルニクスの太陽中心説の採用とケプラーの第一法則（惑星の楕円軌道の法則）への到達を例として論じられている。ただし、第二論文では、基本的に、「事実」という概念よりも、「データ」概念が用いられており、観察の理論負荷性テーゼに沿った議論として素直に受け取りやすい。ただし、「データ」という概念にもやはり理解の難しさがある。今度は「データ」とは何かを問題にしたい。

まず、村上は、コペルニクスが太陽中心体系の採用に至ったのは、新理論の形成に役立つ「新しい」データが見つかったからではなく、ネオ・プラトニズムの影響の下、「一様な円運動」という、前提となる概念的な枠組みを、厳格に惑星の運動論にあてはめようとしたからだと主張している。続いて、ケプラーの第一法則への到達については、ケプラーはティコ・ブラーエの観測した火星の位置の詳細なデータを受けついだということはあったものの、データが論理的必然というかたちで新理論の形成を強制したのではなく、「面積速度一定の原理」の火星軌道への適用こそが決定的であったと論じられている。そして、両者に共通して言える理論転換の際の特徴は、「新しい理論」（＝太陽中心説、惑星の楕円軌道の法則）の出現に関して、「下位理論」（＝一様円運動の遵守、面積速度一定の原理）の採用が決定的な役割を果たしたことだと述べられている。ここには、理論の交代、「範型」（パラダイム）の交代の構造分析への村上の関心が表れており、のちの著書『科学のダイナミックス』（一九八〇年）へとつながる議論だと言える（三四―五〇頁）。

右に述べた内容は、大きくいえば、第一論文の前半と同様に、「新理論の形成はたんにデータだけによるものではなく、他の理論に依存する」ということが主張されているものと理解することができるだろう。理論は、多数のデータを全称命題で縮約して表現したものに過ぎず、その全称命題は単独なかたちで存在する、というものではない。理論は、優先度が様々な多くの概念や理論の組合わせに基づいているがゆえに、優先される理論の変化によって、別の理論の変化が引き起こされることがある、とそのように理解できる。デュエム＝クワイン的なホーリスティックな理論観とも言えよう。

さらに進んで、第一論文の後半と同様に、データが「理論依存的」（theory-dependent）であるという主張がなされる。それはどういう意味だろうか。説明されている箇所を引用してみよう。

ある状況のもとである理論を支えるために使われたデータが、別の状況のもとでは、別の（しかももとの理論に対立するような）理論を支えるために使われる、ということも十分あり得ることになり、データはきわめて理論依存的〈theory-dependent〉になるからである。

これは、ある意味では、奇妙に聞こえるが、しかしよく考えてみると、真相は、それでよいのではなかろうか。（五一―五二頁）

コペルニクスの場合を考えてみると、地球中心説を「支えるために使われたデータ」が、対立する太陽中心説を「支えるために使われる」、ということは確かにあったであろう。このとき、二つの理論のあいだでは、惑星の位置データを地球中心の形で整理・統合するか、それとも、太陽中心の形で整理・統合するかという相違がある。これが、データが理論依存的であることの説明となるということとはどういう意味だろうか。

たとえば、天体観測のデータは、観測機器の理論に依存しているし、測定に関する幾何学的理論にも依存している（ケプラーの時代にはニュートンの『光学』のような理論はなかったが）。さらに言えば、一般的な数学的体系や数という概念にも依存している。しかし、データのそのような「理論依存」は、「ある状況のもとである理論を支えるために使われたデータが、別の状況のもとでは、別の理論を支えるために使われる」という文脈における「理論依存」ではないだろう。村上が述べていることを、コペルニクスの例において具体的にいえば、データは地球中心説という理論に依存したり、データは太陽中心説という理論に依存したりする、ということなのだ。

そのような場合にデータが理論依存的であるという、その意味は、データの数値が理論に依存して変わるということではあるまい（上述した、観測機器や数学的理論への依存性からデータの数値が変わることはありうるのだが）。地球中心説を取るか、太陽中心説を取るかで、惑星の位置データが地球中心の軌道を示すものなのか、太陽中心の軌道を示すものなのかという意味・解釈が変わるということは言えるだろう。つまり、データの数値は天文学の理論に依存しないが、データの意味・解釈は天文学の理論に依存している。

だが、データの意味・解釈はデータそのものとは別物ではないか、と考えることもできよう。確かに、データに付与する意味・解釈は、天文学の理論によって異なるかもしれない。しかし、データ自体は、地球中心説から見ても、太陽中心説から見ても、その数値が変わらない限り不変であり、その意味で、データが天文学の理論に依存するとは言えないのではないか。

これは、データの意味・解釈はデータ自体に含まれるのか、データ自体に含まれない、外から付加するものなのか、という問題である。もちろん、カントの言う「物自体」が我々に認識できないものとされるように、まったく意味を持たないデータ自体なるものは認識できない。最低限、データは、数学的体系によりなんらかの意味を持つものである。天文学という視点から見れば、数値データは理論に依存しない数値のように見えるかもしれないが、じつは数学的体系に依存した意味を持っている。他方、天文学の外側から見れば、惑星の軌道データは端的な事実のように見えるかもしれないが、じつは天文学体系に依存した意味を持っていると言えるだろう。つまり、裸の「データ自体」は無く、データは必ず意味を含むものであり、データとその意味は、階層構造を持つ、と考えるべきなのである。廣松渉の概念を用いるなら、所与は所識と結びつき、その結合体はより高次の認識からは所与とみなされる、と言うことができよう。「所与」と「データ」は語源を同じくする言葉であり、ここでは、「所与」を「データ」に読み替えられる。

そのように階層構造を持つ概念として「データ」概念をとらえるならば、「データ」概念は「事実」概念に近い汎用性を帯びてくる。ただし、第一論文のようにケプラーの法則を「事実」と言い得ても、ケプラーの法則を「データ」と言うのは、かなり比喩的な用法だと言わざるを得ないだろう。「データ」は数値や感覚という概念と強い結びつきがあり、どこまでも高次の「事実」を「データ」と言いかえられるわけではないように思えるが、どうだろうか。

ただ、いずれにしても、データの意味がデータに内包されるものとして見えたり、データの外から与えられるものとして見えたりするのは、そのデータをどの階層から見ているかという視点によって規定されるとするならば、データは理論に依存する意味を内包することは可能なのだと考えることができ、データは理論依存的だと考えることができるのである。そうだとすれば、これは第三論文で指摘されていることなのだが、地球中心説から見たデータと、太陽中心説から見たデータは、その内包する意味が異なるのであるから、〈同じデータが異なる理論から見られた〉のではなく、高次の階層から見れば〈そもそも異なるデータが見られている〉、と表現することも可能となるだろう。

データの理論依存性について確認するため、先ほどの引用の続きをさらに検討してみよう。


データは、語義通り、「与えられたもの」であるが、それらを与えるのは人間の認識活動である。そして、認識は、決して、客観的世界を受け取る、という行為ではなく、むしろ、いわゆる「客観的世界」なるものを造り上げるデータを、自らの手で刻みとり、選びとる行為である。そして、その場合、刻みとり選びとるための人間の概念上の道具こそ、理論である。

ケプラーは、「円軌道を捨て」てしまった概念枠で、ティコのデータを調べた。それまで「円軌道」の概念枠のなかで、収まったり収まらなかったりしていたそれらのデータ群は、「円軌道以外の」概念枠のなかでは、明らかに、扁平な円の上に並んだように、ケプラーには「見え」たのである。そして今、われわれは、ケプラーの新しい概念枠と同じ概念枠で、データを刻みとっている。（五二頁）

引用の一つめの段落の、人間の認識は、客観的世界を受け取る行為ではなく、客観的世界を造り上げるデータを刻みとり、選びとる行為である、というテーゼは、カント的な認識論のひとつの見解として理解することができるだろう。後の段落では、ケプラーにとってのデータの「見え」方が変わったのだと論じられている。われわれは、ケプラーがティコ・ブラーエの観測データを「事実」として厳密に扱ったことを知っている。ケプラーが自分の理論に整合的になるように数値的データを変えたという意味で、データが理論依存的だったわけではない。データの数値はそのままで、データの見え方・意味・解釈が変わりうるということが述べられているのである。

ところで、「見え」・「見え方」という感覚内容と、「見え」・「見え方」に意味・解釈を付与する、ということは、厳密には異なると言える。見え姿が構成されることと、構成された見え姿に知的解釈を加えるということは同じではない。認識論的には本質的な差異があると言ってもよい。ただ、すでに論じたように、「データ」や「事実」が幾重もの階層構造を持ちうるのならば、その違いは、いくつもの階層差の一つに過ぎないものとして、それほど重要な意味を与えなくてもいいのではないか。また、実践的な場面においては、最初は知的解釈であったものが、何度も認識を重ねるうちに端的な見え姿として見えてくるという変化もありうる。この感覚的構成と知的構成との違いについて、村上はどのように考えるか、やはり尋ねてみたいものだと考えている。

以上のように、この第二論文では、第一論文と異なり、「事実」という概念はほとんど用いられず、基本的に「データ」という概念を用いて理論との関係が論じられていた。そして、第一論文では「事実」を広い意味で解釈する可能性が示唆されたのとは違い、第二論文の「データ」概念は、たんに観察されたデータとして理解することもできるのだが、その階層性を考えると、「事実」と同様に広い意味で解釈できる可能性もあると思われる。

こうして、理論は事実・データのみから構成されず、他の理論を必要とするということ、そして、事実・データが理論に依存することが論じられたのち、第三論文では価値と意味の問題が議論されていくことになる。

## 科学の価値前提と哲学・神学

第一、第二論文では、「理論」や「事実・データ」の「理論依存性」が論じられ、科学＝「事実・データ」という臆見が打ち破られた。それでも科学における「事実・データ」以外の要素としては「理論」が扱われるだけであった。第三論文「科学は価値と意味の世界をもつ」では、さらに踏み込んで、「価値」が取り上げられ、「理論」の「価値依存性」が主張される。実は、第一、第二論文でも暗黙のうちには理論の前提となる「価値」について触れられていたと言えるのだが、第三論文で初めて明示的に「価値」について論じられる。そして、私がこの第三論文で個人的に注目するのは、村上が、科学的知識の歴史的・構造論的分析を科学批判につなげている点と、科学、哲学、神学の関係について論じている点である。これは後で「新しい神学」という村上の提起を考察する準備となる。

では、村上の議論の流れを追ってみよう。まず、中世キリスト教世界においては一体的な状況にあった科学、哲学、神学が、現在は、専門化・独立化してしまっていることが、オーストリアのコーニック枢機卿の談話に言寄せて語られている。すなわち、現在、科学は「客観的」で「没価値的」な事実の世界を構築し、哲学は科学的な知識の上に主観的な知識を築き、神学は前二者のような「人間的な」知識とは別の源泉から別の方法で人間存在の深奥を撃つものとして措定されているという（五七―六〇頁）。

しかし、第一、第二論文で論じられたように、科学が相手にする「事実」は、歴史的な時間と空間に制約された人間存在に依拠したものであって、人間一般と自然一般の間に客観的で唯一的な情報のやりとりなど無いと村上は言う。そして興味深いのは、人間によって把握される「事実」は、「帰納力と演繹力との双方を備えたもの」である、という独特な表現が使われているところである。変わった表現だが、事実の「帰納力」とは、ある事実命題を生み出すような法則が、別の事実命題（を含む複数の事実命題）から帰納されるという性質を表す言葉であり、「演繹力」とは、事実命題（を含む複数の事実命題）から別の事実命題が演繹されるという性質を表している言葉だと理解していいだろう（六〇―六二頁）。

事実が帰納力と演繹力の双方向性を備えているのと同様に、理論も双方向的な機能を備えている。それはシンタクティカル（構文論的）にもセマンティカル（意味論的）も言える。シンタクティカルな帰納と演繹は、文字通り論理学的な推論＝「伸び」である。セマンティカルな「伸び」は理解しにくいが、多くの場合、シンタクティカルな「伸び」の意味付けだと考えればいいだろう。ただし、シンタクティカルな「伸び」とセマンティカルな「伸び」は常に同じ対応関係を保つわけではない。たとえば、古典力学系のシンタクティカルな「伸び」は、相対論的な力学系において、光速度を無限大に置いた場合のものと同一となる。しかし、古典力学の概念系と相対論的力学の概念系はセマンティカルには異なる点があるのである（六四―六六頁）。

さてこのように議論の道具立てを揃えてから、村上は本論に入っていく。理論には「基本前提」がある。たとえば、現在、古典力学の問題を解くとき、ニュートンの運動方程式を「基本前提」とする。運動方程式から演繹を行って問題を解こうとすることはあるが、運動方程式からさらに基礎となる理論を帰納しようとはしない。もちろん、時代や状況によっては、運動方程式から帰納方向の「伸び」を考えることもあるだろうが、現在、古典力学の問題を解くという時代・状況では、運動方程式にはシンタクティカルな「帰納力」は無い。このように、ある理論に「基本前提」としての身分をもたせる、ということはその理論の帰納力を断ち切ることを意味している。しかし、「基本前提」がシンタクティカルな「帰納力」を持たないとしても、セマンティカルな「帰納力」を持つのではないか、つまり、さらに遡及できる前提を持つのではないか、というのがこの論文での村上の重要な主張の一つである（六四―六八頁）。

私の考えでは、上記の場合、多くの物理学者にとっては、「基本前提」にはセマンティカルな「帰納力」も無い。しかし、一部の物理学者や科学史・科学哲学研究者は、「基本前提」にはセマンティカルな「帰納力」があると考えるだろう。では、「基本前提」からシンタクティカルには遡及できず、セマンティカルには遡及できるような、「さらなる前提」とはいかなるものか。村上はやはり天文学史に例を求め、地球中心説におけるようなギリシア自然学以来の「完全性」やキリスト教由来の「地球の中心性」を挙げる。それらは、天文学者による数学的な説明の仕組みを縛るものであり、たとえ数学的に正しく自己完結する理論であっても、それらの「さらなる前提」に抵触するようではたちどころに斥けられるというような前提であった。そして、その「さらなる前提」は価値的前提である、というのがこの論文での二つめの重要な主張である（六八―七一頁）。

セマンティカルな価値的前提の例としては、ほかに、「簡潔性」や「定量化」の要請が挙げられている。そして、「簡潔性」の要請にセマンティカルな価値的前提という身分を割り振ることは一種の科学批判であり、哲学的な知識だという。また、近世まで、「簡潔性」は自然界を貫く一つの原理として理解されるとともに、被造物の世界としての自然界に表明された神の属性でもあった。このように、科学は「簡潔性」の要請を媒介として、哲学的な価値、神学的な価値に連なっている（七一―七四頁）。

以上のように考えてくると、科学は必ずしも「没価値的」であるとは言えないのであるから、科学が背後に背負っている価値体系を一つ一つ検討することに、科学を考える上で最も大切な手続きが含まれているのではないか。そして、科学は「没価値的」であるとして、それを使う人間の哲学・宗教・倫理のみを問題視したり、科学・哲学・神学を独立した体系とみなしたりするのは不毛ではないか、というのが第三論文における村上の最後の主張である（七四―七六頁）。

本項の冒頭に述べたように、この論文で注目したい点は二つある。一つは、村上が、第一、第二論文と同様に科学的知識の歴史的・構造論的分析を進めながら、最後に、ごく軽くではあるが科学批判へと議論を導いている点である。もう一つは、科学・哲学・神学を統合的に考えるべきだとする根拠が示唆されている点である。

科学は簡潔性などの価値前提を持つ。それを指摘するのは哲学であり、さらにその前提がキリスト教につながることを指摘するのは神学的知識である。そのように、没価値的・客観的事実のみに基づく自己完結的知識とされがちな科学も、哲学的、神学的前提を持つのであるから、科学・哲学・神学を独立した体系とせず、科学の哲学的、神学的前提を一つずつ検討していくことが一種の科学批判になる、というのが第三論文の論旨だろう。

もちろん、科学は価値自由ではないとして、科学のイデオロギー性を剔抉したり、科学的知識の背後の利害関心を分析したりしようとする議論が、多くの科学論の論者によって行われていることを考えると、ここでの村上の主張はそう珍しいものではないと思われるかもしれない。しかし、この論文での村上の科学・哲学・神学の関係に関する一つの理解を明確にしておくことは、次に村上の「新しい神学」という特徴的な議論を分析する上で有用だと思うのである。

## 「非擬人主義」、「人間」の縮小化

第三論文において、村上は、科学が簡潔性などの価値前提を持つことを指摘した。村上が最も注目する科学の価値前提は擬人主義の否定、つまり非擬人主義である。『近代科学を超えて』所収の論文「科学では人間は「私」だけになる」を読むと、この本の執筆時点の村上は、現代の科学の最大の問題となる価値的原理として、非擬人主義を考えていたように思えるのである。そして、その傾向への対応として、「科学を新たな「神学」——とあえて言おう——のなかに包摂することこそ肝要になるのではないか」（一四五頁）という、踏み込んだ意思表明が行われる。科学を新たな「神学」に包摂するとはいかなることなのか。まずは、科学と非擬人主義の関係に関する村上の議論を整理してみよう。

「自然は人間のために創られた棲家であり、神の似像としてかたどられた人間は、自然から切り離された特別の存在である」、という確信は、ヘブライズムからキリスト教を通じて一貫して存在し、それは、まず、観察する主体としての人間と、観察される客体としての自然という、近代科学の基本構造を導いた。また、人間のみが自然界の主人であるという「人本主義」(humanism)の思想を生み出した。そして、自然から人間的要素・主観的要素を追放する「非擬人主義」の傾向をも産んだ。キリスト教では、魂・心は人間にのみ与えられ、自然には感情・意志・思念など主観的要素はないとされた。そして、近代後半の自然科学は、この非擬人主義を価値的原理として、自己に内在化することとなった。かくして、自然科学では生命現象も原理的には「もの」の集合離散としてとらえられることとなった、というわけである(一三七―一四〇頁)。

また、村上は、キリスト教の理念である「人本主義」は、それが、人間への愛を説く神学的理念から切り離されて自立すると、非擬人主義の裏付けのもと、人間の恣意的定義、つまり、どこまでを「人間」をみなすかという規準の相対化・恣意化へと、近代人を誘いこむこととなったという。「人本主義」は、論理的には、自分=主観のみが心を持つ「人間」であるという「主観本主義」、すなわち「独我論」へと至る(一三九―一四三頁)。

以上の「自然科学の価値基準たる非擬人主義の徹底という論理」を、村上は「「人間」の縮小化」と呼ぶ。「人間」の縮小化は、自然や生命から、人間のような「こころ」を奪って、たんなる「もの」とし、さらに、自分=主観は別として、誰を心ある「人間」とみなすかという規準もなくしてしまう論理なのである。

「人間」の縮小化から、具体的にはいかなる問題が生ずるのか。村上は、ナチズムや人種差別において「人間」の恣意的定義が見られるとしている。また、人工妊娠中絶について、「中絶」という言葉の使用を避け、次のように喚情的な表現で述べている。「四カ月の胎児の頭を鉗子でつぶすときに、医者は、母親を人間として見ているかも知れないが、少なくとも、胎児をそう見ているとは言えない」。そして、「四カ月の胎児とその母親とに対して「人間」を適用するか否か」について、われわれの見解は一致すまい、と言う。「人間」の定義が恣意的になってしまっているからだ。また、胎児の性のコントロールやクローニングの問題について、すべての生命現象を物質現象とみなす自然科学は発言権を持たない、と指摘している（一四一―一四四頁）。

われわれはここに、科学的知識に関する歴史的・構造論的考察が、現実的な科学批判につながっているのを見ることができる。「人間」の縮小化の論理は、生命は「もの」であり、人間も煎じ詰めれば私以外は「もの」であるという認識に帰結するということに気づかされる。村上の師匠であった哲学者の大森荘蔵も、この村上の議論の後になるが、自然科学の非擬人主義を「自然の死物化」と称して論じている。大森はこれこそが現代人の根無し草の感覚や不安の根源であると論じ、自然破壊や生命倫理問題などの根源にある、現代文明の根本的課題だと主張している(4)。

かくして、次のように、村上は「新たな「神学」」を提唱するに至る。

われわれは、生命現象の縮小化、「人間」の縮小化、すなわち、自然科学の価値基準たる非擬人主義の徹底という論理に対して、そうした科学の自律性を破壊し、再び科学を新たな「神学」

――とあえて言おう――のなかに包摂することこそ肝要になるのではないか。（一四五頁）

「人間」の縮小化に対抗する「新たな「神学」」とは何だろうか。村上はこの言葉に続けて、自然科学のなかでも生態学は人類と自然の関係について警告していると述べた後、「ここで、「人間」の拡張に賭けてみてはどうだろう。「人間」への愛を拡大してみてはどうだろう」と提案している。この「人間」の拡張と、「人間」への愛の拡大が、新たな「神学」のすべてではないとしても、その要素を構成することは考えられる。まずはこれらの要素について考えてみよう。

「人間」の拡張とは、さしあたって、非擬人主義の逆のような論理であろうと推察できる。ここで、村上がキリスト教的「人本主義」に「汎生命主義」を対置して、次のように述べていることが参考になる。「東洋的な汎生命主義と対応させてみるとその差は明瞭になる。生きとし生けるものに「人間」を拡大して行く傾向が汎生命主義である」。つまり、「汎生命主義」とは、あらゆる生命に「人間」を拡大する、あらゆる生命を心あるものとみなす態度とされている。近代人がこれまでの思想傾向を一新して、容易にそのように「賭けて」みることが可能かどうかはさておき、「人間」の拡張とはこの「汎生命主義」に近い行為であるように思われる。

「人間」の拡張がキリスト教的な思想と対置される思想であるのに対し、「人間」への愛の拡大はキリスト教にそのモデルを見出すことができる。つまり、「人本主義」が非擬人主義と結合してエスカレートするのを抑制していた、キリスト教で説かれる「人間への愛」を拡大するような行為だと考えることができる。

では、このような「人間」の拡張と、「人間」への愛の拡大が新たな「神学」と呼ばれるのはなぜか。第三論文で中世キリスト教世界においては科学、哲学、神学が一体的な状況にあり、科学は神学的価値に連なっていたと記されていたことを思い起こそう。その状況との類比から考えるならば、科学の価値前提を提供し、科学と独立ではなく一体となった知識を構成し、科学を縛るとともに推進するような「学」が、新たな「神学」であると言えるのではないだろうか。

かつて、村上が唱える「聖俗革命」までは、科学、哲学、神学が一体的な状況にあったのだから、今後、右に述べたような「学」が成立することは荒唐無稽な夢ではない、と言えるかもしれないが、やはり、この、「人間」の縮小化に対する処方箋の実行はそう容易なものではないと思われる。では、なぜ村上はこの新しい神学の構想へと至ったのだろうか。また、この新しい神学は、科学に価値前提を提供する学、という世俗的な意味で解釈することができるのだが、そう考えていいだろうか。「神学」という名称はあくまで、かつて神学が科学の価値前提を提供してきたという、科学、哲学、神学の歴史的過程に即して用いられただけの、比喩的なものであり、キリスト教神学と実質的な関係はないのだろうか。新しい神学という概念自体の意味を明確にするためにも、村上が新しい神学という発想に至った過程を遡及して考えてみたい。

## 三　「新しい神学」とは何か

「新しい神学」は世俗的概念か、キリスト教的概念か

村上の宗教観が表れている文章に、「神とカエサルとの間で」という論文がある。[5] 村上は、安定した社会、安定した人心によって構成された社会に宗教は大きな意味を持たないとし、危機的状況にある社会にこそ宗教は最も必要とされる、と述べる。そして、ここで記される宗教観は、極めて実践的でダイナミックなものだ。引用してみると次のようになる。

そうした局面で、宗教の果たすことのできる役割とは、結局、現時下の人間社会に内含される多種多様な矛盾を露わにし、そこに自らの体系から導かれた新しい価値観に基づく、新しい秩序の建設を目指し、また、その価値観を普遍化する、という風に言い表わすことができましょう。（四九頁）

宗教は、新しい時代を先取りする新しい価値観を生みだし、それを普遍化し、新しい秩序を建設するに資するものであり、それは実際に可能なのである、という強い主張が語られている。「新しい神学」という、一見、突飛に思えるような発想も、このような革新的で動的な宗教観とは不自然なところなく連続しているように理解できるのではないだろうか。

そして、村上は、宗教的活動のありかたについて、次のように説く。

わたしたちが、現代のなかで、実践を失わず、「こころ」への志向を守り続ける形で、宗教を考えるならば、キリストの説く「愛」の現世への具現を社会や国家の「形式」の如何に関わらず、

ひたすら求め努めて行くことにこそ、その意義を認めることができるように思います。（五五頁）

ここでは、「こころ」＝神と、「形式」＝カエサルの間で、宗教的活動がどうあるべきかについて述べられている。村上にとって、宗教とは、まず第一に「こころ」の問題である。しかし、宗教には、此岸の社会機構や政治体制＝「形式」の改革に向かう性質もあり、それを捨てて彼岸の救いだけを求めてはいけない。「こころ」を上位に置きながら「形式」を蔑ろにしない。実践を失わず、「こころ」への志向を守り続ける。そして、キリストの説く「愛」の現世への具現を、社会や国家の「形式」の如何にかかわらず、ひたすら求め努めて行くのだという姿勢の表明を目にしたとき、その実現がなかなか困難に思える「新しい神学」の提唱も、村上にとっては不自然ではないのであろうと推察されるのである。

「新しい神学」の「神学」は、科学、哲学、神学の歴史的過程に即して、たんに比喩的に換骨奪胎して用いられたわけではないと思われる根拠をさらに挙げてみよう。一九七二年の論文「自然科学とキリスト教」では、科学とキリスト教神学との関係について、以下のように述べられている(6)。

科学とキリスト教の対立ということがよく言われるが、近代初期まで、科学は神学の一部に過ぎず、科学自体が独立した位置を持つわけではなかった。つまり、科学はキリスト教と対立できるような存在ではなかった。その後、「世俗化」現象と並行して、科学がキリスト教の対抗馬としての地位を獲得することとなった。そして、現在、キリスト教はかつてそうであったように科学を自らの腕のなかに抱き取っていない。しかし、キリスト教はしぶしぶ科学を認めるのではなく、科学を包摂する神学体系を示さなければならない義務がある。それが今日私たちに課された課題である。そう村上は主張している。

肝心な部分を以下に引用しよう。

> ヨーロッパの形而上学は、キリスト教を含めて、惰眠をむさぼっているように、私には思われます。科学は、キリスト教から生まれてきたのです。臍の緒が切れたと思われても、一本立ちの独立な存在ではなかったのです。それなのに、なぜキリスト教は、かつてそうであったように、科学をみずからの腕のなかに抱きとってやらないのでしょう。
>
> 〔中略〕宗教が、キリスト教が、人間の生に本質的にかかわるものであるかぎり、そして科学が、そうしたキリスト教の思想を土壌として育ってきたものであることを率直に認めるかぎり、キリスト教は、人類の現代と未来に対して、科学に関する責任を取る必要があります。もう一度科学を包摂してやるだけの神学体系を示さなければならない義務があります。
>
> それが今日私たちに課された問題なのではないでしょうか。（一九―二〇頁、傍点は引用者）

この論文では、「新しい神学」という言葉そのものは使われていないものの、科学を包摂する神学体系の提唱は、「新しい神学」の主張に近い。『近代科学を超えて』での「再び科学を新たな「神学」のなかに包摂することこそ肝要になるのではないか」という表現を思い出そう。この論文には、後に提唱される「新しい神学」の基礎的な形が述べられていると言えるのではないだろうか。そして、ここでの「神学」は比喩ではなく、文字通りキリスト教神学である。このように村上の言説を追っていくと、『近代科学を超えて』のなかの論文「科学では人間は「私」だけになる」において、「新しい神学」は、キリスト教の信者ではない読者に向けて、キリスト教神学とは一応切れたかたちで提唱されていたものの、やはりその背景にはキリスト教神学があったと考えるべきであるように思える。

　続いて、「科学では人間は「私」だけになる」の雑誌初出時の論文「〈人間〉の縮小化――新しい形而上学と生命論[7]」が発表された一九七三年六月の前月、五月に発表された論文「人間への愛と自然への愛[8]」を見てみよう。この論文では、一九七六年に出された『近代科学と聖俗革命』と同様な内容が「世俗化」や「神の棚上げ」という概念を用いて論じられている。その、神の棚上げには二つの面がある。一つは科学の目的の変化であり、科学が神の栄光の証明という目的を離れて、既に得た原理による事実の説明をひたすら拡大していこうとする時代になったということである。もう一つは、人類の救済の主体の変化であり、人類の救済は神によってではなく、人類の手、科学技術によってもたらされるという意識が生まれたということである。

　以上の議論の後、「科学では人間は「私」だけになる」と同様に、ナチズムや人種差別における人間の恣意化など、科学技術にはさまざまな問題があると指摘される。そして、それらの問題の解決の方途がキリスト教に求められている。キリスト教の説く人間への愛を全生命への愛に拡大せよ、と。科学技術は（キリスト教由来の）人間中心主義から離れ、すべての生命が同じ価値を持つと考えるべきである、というのである。さらに、「汝の隣人を愛するごとく、汝自然を愛せよ」、という言葉がキリスト教のなかにあれば、と反実仮想であれキリスト教神学の修正にまで踏み込むかのような言葉が述べられている。重要な部分を以下に引用しよう。

いわゆるキリスト教的な人間中心主義が、科学技術との関連でもっている意味は、もう少し別のところにある。すでにかならずしも眼新しいことではないかも知れないが、キリスト教の説く人間への愛はどうして全生命への愛に拡大できないであろうか。科学技術が全生命への愛に立脚したときに、今日と同じ姿をとり続けることはないのではないか、と私はひそかに考えている。〔中略〕すべての生命によって（人間という生命も含めて）生態系は成り立っている、そこではなべて同じ価値をもった生命である、というレヴェルに視点を据えたときに、かえって人類は生きのびる術をえるのではないか。〔中略〕人間への愛を生命への愛に拡大することが、従来考えられているほどキリスト教信仰に矛盾するであろうか。〔中略〕汝の隣人を愛するごとく、汝自然を愛せよ、という言葉がキリスト教のなかにあったら、科学のみならず、キリスト教は、よりユニヴァーサルになることができる、といえないであろうか。（「人間への愛と自然への愛」一二頁、傍点は引用者）

キリスト教における「愛」の修正を検討するという意味で、これは文字通り新しいキリスト教神学の提案である。そして、キリスト教の説く人間への愛を全生命への愛に拡大せよ、人間も含めてすべての生命が同じ価値を持つと考えよ、という要請は、「科学では人間は「私」だけになる」に記されていた「人間」の拡張と、「人間」への愛の拡大の要請とぴったり重なるのである。

つまり、『近代科学を超えて』の「科学では人間は「私」だけになる」で提唱された新しい「神学」は、当該論文を読む限りにおいては、「神学」という言葉を比喩的な言葉として世俗的に理解することも可能ではあるが、村上の他の著作を読めば、やはりキリスト教神学と本質的に結びついた概念だと理解するのが妥当だと思われるのである。「人間への愛と自然への愛」はカトリック系の雑誌『世紀』に執筆された論文であったため、カトリックの読者に向けて、キリスト教神学に関わる内容がストレートに表現されていたのだが、その一カ月後に雑誌『現代思想』に発表された「〈人間〉の縮小化――新しい形而上学と生命論」(「科学では人間は「私」だけになる」の初出時タイトル)では、カトリックではない読者も含む広い一般読者向けに、キリスト教神学に直接関わる部分を、世俗的にも読めるようマイルドにして、表現されたのではないだろうか。村上が一般読者に向けて布教するわけにはいかないのである。

以上のように、「新しい神学」を非世俗的に、文字通りキリスト教神学的な意味でも捉えることが可能だとしても、それは驚くにあたらない。「新しい神学」は、科学と神学の総合という内容を持っており、それは、改めて考えてみれば、村上の基本的なモチーフだったからだ。また、科学と神学の総合について考えてきたのは村上だけでもない。村上自身、スコラ哲学の研究者稲垣良典の述べている、哲学(形而上学)を媒介とした科学と信仰の総合を紹介している。(9) 村上は、「科学=哲学という有機的な関係を見透かし得る包括的な新しい形而上学的構想、換言すれば「新しい総合」こそ、我々の目標であると著者(稲垣のこと―引用者)は説く」と述べているが、この言葉は、村上が自分自身に向けて、科学・哲学・神学の「新しい総合」が重要だと語っている言葉のようにも思われる。

さて、ここまで、私は、「新しい神学」は、近世までにおける科学、哲学、神学の歴史的関係を、形式だけ受けつぃだ比喩的な概念として世俗的に理解しては、村上の思想の全体をとらえることにはならないと論じてきた。「新しい神学」について、村上がカトリック信者に限らない一般読者に向かって広く論ずるとき、カトリックを布教するわけにはいかないので、キリスト教神学の色は薄められ、「神学」という概念は、あくまで科学・哲学・神学という三種の知識の歴史的な関係を形式的にのみ受け継ぐ、実質的には世俗的な概念として換骨奪胎して比喩的に用いられているのだと理解可能であるように表現されている。しかし、カトリックの読者に対しては、「新しい神学」と類似した概念が、文字通りキリスト教的概念として受け取られるように表現されているのである。

このように、仏教に由来する「人を見て法を説く」という言葉があたるかのように理解するのは、「私は、発表する場所の性格がどのようなものであっても、つねに同じ書き方を貫かなければならないと考えている(10)」という村上には、不本意かもしれない。牽強付会の解釈をしているつもりはないのだが、キリスト教神学に関する知識が十分ではない私は誤解をしている可能性もある。もしそうであれば、村上の叱正を受ける覚悟である。

ここまで、「新しい神学」という概念の含意とその根源を検討してきた。だが、「新しい神学」概念がより強い形で述べられるのは『科学・哲学・信仰』においてである。そこで、次に『科学・哲学・信仰』を検討してみたい。

## 「新しい神学」の探究

『科学・哲学・信仰』は一九七七年に出版されたのだが、「新しい神学」概念が登場する第一論文「科学・哲学・神学」という章の原型となる論文は、すでに論じた「〈人間〉の縮小化——新しい形而上学と生命論」と「人間への愛と自然への愛」が発表されたのと同じ一九七三年に刊行されている。[11]『科学・哲学・信仰』の第二論文の「キリスト教の自然観と科学」も初出は同年である。[12] この年、村上の関心が強く「新しい神学」に向かっていたことがわかる。いずれの論文もあまり間をあけずに書かれたと思われるが、「科学・哲学・神学」だけは、他の三論文と論旨に大きな違いがある。そこで、順序が逆になるが、先に第二論文の「キリスト教の自然観と科学」の内容を確認しよう。

「キリスト教の自然観と科学」では、「新しい神学」に直接言及されていないものの、前二論文と同様な議論がなされている。すなわち、「人間の縮小化」が近代合理主義の第一の問題点であるとされる。そこで、「人間」とその存在価値に対する判断原理の変革が目指される。変革の方向として、「人間の拡大」と、自分を愛するのと同じように自然を愛するという、いわば「愛の拡大」の二つが挙げられている。最後に、地球の生態学的危機の根源にキリスト教の人間中心主義があるとして、キリスト教を批判したリン・ホワイト・ジュニアが取り上げた、アッシジの聖フランシスの被造物一般への平等な愛について触れられている（八三—八六頁）。

一方、第一論文の「科学・哲学・神学」では、「新しい神学」概念が登場するものの、興味深いことに、「人間の縮小化」「人間の拡大」「愛の拡大」という他の論文で論じられている内容がまったく述べられないのである。では、どのようにして「新しい神学」が導入されるのだろうか。

村上は、科学の未来を模索するにおいて、第一の論点は科学の「局地性」にあるとする。つまり、現在の科学は、西欧という思想空間の局地的な産物なのだから、別の思想空間では、別の科学が生まれる可能性を否定できない。それゆえ、ある思想空間の座標軸と科学理論とがどのような関係を持っているか、という点を探究する作業が求められる。その作業は、まさしく、哲学なのである。こうして「科学を、哲学のなかに包括しなければならない」と論じられる（五三―五五頁）。

しかし、その先で、「人間のために、自然を人間が制御する」ことを考えようとするとき、「人間のために」という目的として何を考えたらいいのか、近代の哲学は発言ができない、と言うのである。それはなぜなのか。

村上は次のように述べる。「人間とはなにか、人間にとって善とはなにか、といった、いわば神学的価値観」から科学的知識は独立した。続いて、この神学的価値観からの独立、すなわち「世俗化」によって、「人間の生きる目標、より善き生への志向」などが知識体系から切り離された。科学技術の目標からは、「人間のために」と言うときの「人間」またはその「善」という主目標が脱落した。哲学については明記されていないため、不確実ではあるが、科学のみならず、近代の哲学においても、「世俗化」によって、その目標から「人間」や「善」という主目標が脱落した、と村上は主張しているように読める（五五―五七頁）。

そして、「その主目標は、人間がこの世に生を受けていることの意義に対する追究と認識とを欠いては、けっして回復されないだろう」と論じている。一方、「人間のために」という目標の解答は「科学でも、哲学でもなく、新しい神学によってはじめて可能である。既成の特定の宗教、特定の神学体系をいう必要はない」と「新しい神学」概念が提示されるのである。これを読む限り、「新しい神学」は「人間がこの世に生を受けていることの意義に対する追究と認識」を行う学であると理解される（五八頁）。

この「新しい神学」の規定は非常に一般的・基本的な規定で、これまでに取り上げてきた、科学に価値前提を提供する学、具体的には「人間の拡大」「愛の拡大」という村上特有の議論とは大きく異なる。これはどう理解したらいいのだろうか。

私の推測では、こうなる。この「科学・哲学・神学」は他の三論文よりも先に執筆されたのだろう。他の三論文で「人間の拡大」「愛の拡大」を主張した後に、「人間のために、自然を人間が制御する」ことを目的化する、とは論じにくいだろうし、ここでの「新しい神学」の規定は一般的で漠然としている。また、他の三論文では、「新しい神学」を世俗的な知識として表現していたとしても、キリスト教的な「愛」についても述べられているのであるから、「科学・哲学・神学」にある「既成の特定の宗教、特定の神学体系をいう必要はない」という主張を、他の三論文の後で行ったとは考えにくい。さらに、この論文を含む書籍『科学の役割』の発行は一九七三年五月であり、数字の上では他の雑誌論文の発表よりも早い。

そうだとすると、「科学・哲学・神学」で「新しい神学」の探求開始の狼煙が上げられ、その探求の結果としての答えが「人間の拡大」「愛の拡大」だったのだと推測できよう。ただ、「科学・哲学・神学」で村上が「人間のために」という目標の解答＝「新しい神学」による解答の条件としてあげているものは、以下のように非常に厳しい。

その解答は、すべての知識体系の外側を被う最終的雨傘として、すべての問題を解決するための最基層に属する前提として、われわれ人類の判断を縛るものとならなければならない。そして人類は、その前提に合意するかぎり、われわれの意志決定をつねにその前提から演繹することを固く遵守する、と決意しなければならない。そのためには、その前提はすべての人類に、すべての時代に、すべての社会に、等しく受け容れられるべきものでなければならない。〔中略〕人類は、みずからの未来を左右することができるほど「知」の「力」を得たのである。その意志決定をするための公理の探究こそ、なんとしても成功させなければならない。そうした二重の意味で、われわれは、人類の未来の選択の鍵を握っているのである。（五八―五九頁）

「人間がこの世に生を受けていることの意義に対する追究と認識」を行った結果、このような厳しい条件を満たす超歴史的・普遍的公理が得られるかどうかと言えば、かなり難しいと思われるのではないだろうか。なぜ村上はこのような厳しい条件を課したのだろうか。これも、私が村上にぜひ尋ねてみたい疑問のひとつである。

### 村上科学論における「新しい神学」の意味

「新しい神学」は村上科学論のなかで、どのような意味があったと言えるだろうか。

『科学・哲学・信仰』の刊行後、「新しい神学」概念を村上が用いることはほとんどなくなった。七〇年代初めに村上が上智大学の教員を務めていた頃と、一九七三年に東京大学に移った後では、環境の違いから、相対的に、村上のキリスト教に関する考察の割合が変わったことは推測できよう。その影響もあって、「新しい神学」概念を用いなくなったのかもしれない。

ただ、「新しい神学」の探究のなかで見出された、人間を自然に拡大するという、自然に対する態度については、その後も環境問題に関する考察において、アッシジのフランチェスコやシュヴァイツァーに言及する形で何度も論じられてきた。「新しい神学」は、たとえば、そのようなすべての生命を愛すべし、というような倫理、あるいは価値を、「没価値的」とされている科学のなかにビルトインしようとするものである。その前に、「没価値的」とされている科学が実はいかなる価値や倫理を前提としているかを探究する実践を村上は「哲学」と呼んだ。「新しい神学」の探究にそのような「哲学」が必要であることは間違いない。

また、たとえば、「安全・安心」という言葉を定着させるのに一役買ったと思われる村上の『安全学』(一九九八年)は、「安全・安心」という価値・倫理を科学・技術のなかに、ビルトインさせることにかなり成功したと言えるのではないか。そのように考えたとき、「安全学」もまた、「新しい神学」の一部とみなすことができるのではないだろうか。そのほか一つ一つ数え上げることはしないが、村上の学問的実践は、明示的に名づけられることはないものの、実は「新しい神学」およびその探究のための「哲学」に満ちていると言えるだろう。

二〇〇八年に行われたシンポジウム「科学論のゆくえ――村上科学論への批判と応答」で、私は「新しい神学」とは具体的には何か、と村上に問い、自分なりに答えの候補を挙げてみた。それは、

（一）「人間の拡大」、（二）「インカルチュレーション」（土着の素朴な自然に対する畏敬の念、信仰、宗教性を掘り起こすこと。『内なるものとしての宗教』『日常性のなかの宗教』）、（三）「欲望を制御する規矩」（共同体内で働く欲望制御の機能、ノモス。『文明の死／文化の再生』）、（四）「寛容」（『文明のなかの科学』）、（五）「less conflictual solutions（より摩擦の少ない解）」（『文明のなかの科学』）などであった。

それに対して村上は、わたしたちは、最終的に普遍的な公理を見つけられるはずだと信じて、「寛容」や「less conflictual solutions」などの様々な戦略的なステップを踏んで、それを見つける努力をしているのである、と答えた。『科学・哲学・信仰』に述べられていたような「普遍的な公理」は難しいが、「様々な戦略的なステップ」を踏む過程で、科学が前提としている価値・倫理を見つけたり、とりあえず重要だと思われる価値や倫理をビルトインしたりするという実践は、村上科学論のなかで遂行されているように思うのである。

最後に、一九七〇年代的な科学史・科学哲学はもはや科学批判の役割を終えたのか、という問いについて考えてみよう。

村上は、一九七〇年代的な科学史・科学哲学の考察から、現代の科学の最大の問題となる価値的原理が非擬人主義であるという批判を導いている。非擬人主義は、いっけん抽象的な問題のように見えるかもしれないが、先端的医療技術における生命操作という現実的な問題にも直結した問題である。また、人間の知能にも及ばんとする人工知能を備えたロボットに「こころ」があるのかという具体的な問題にもつながっている。非擬人主義という科学の価値前提に関する探究は、今まさに科学批判にとって極めて重要なテーマであり、一九七〇年代的な科学史・科学哲学はけっして科学批判の役割を終えたとは言えない、と私は思うのである。

かつて村上は、オウム真理教事件に対応して、近代日本社会では、宗教的な要素を、まともに取り組まなければならない対象とみなすことが避けられてきたのであり、それは戦後の日本社会の欠落点と言わざるを得ない、と論じたが[13]、その主張は今なお重要であり、したがって同時に、「科学・哲学・神学」で述べられた、「人間のために」と言うときの「人間」またはその「善」の意味の考察もまた、極めて重要であり続けていると思うのである。

『科学・哲学・信仰』に関して、出版の一五年後に、村上は、あるインタビューに答えて、「そのころの若造の私が書くべきテーマではなかったと思います[14]」と述べている。そのインタビューから二四年が過ぎた。今、村上が「科学・哲学・神学」というテーマについて書くとしたら、どのような内容になるのか、思いを巡らせているところである。

## 注

（1） 詳しくは加藤茂生「高木仁三郎――市民の科学をめざして」（岩崎稔・上野千鶴子・成田龍一編『戦後思想の名著五〇』平凡社、二〇〇六年）五二五―五三五頁、を参照。

（2） この三人には次の鼎談がある。廣重徹・村上陽一郎・廣松渉「近代自然観の超克――近代科学技術への批判的視座」『情況』第五〇号、一九七二年九月、五―二八頁。

(3) 村上陽一郎「科学の枠組を問う」『理想』第四六九号、一九七四年九月、一四―二四頁。『動的世界像としての科学』(一九八〇年)に所収。

(4) 大森荘蔵『知の構築とその呪縛』ちくま学芸文庫、一九九四年。

(5) 村上陽一郎「神とカエサルとの間で――「形式」と「心」の狭間に宗教の本質は存在する」『経済往来』第二二号、一九七〇年五月、四八―五五頁。

(6) 村上陽一郎「自然科学とキリスト教」『世紀』第二六三号、一九七二年四月、一二―二〇頁。

(7) 村上陽一郎「〈人間〉の縮小化――新しい形而上学と生命論」『現代思想』第一巻六号、一九七三年六月、四三―四九頁。『近代科学を超えて』に所収。

(8) 村上陽一郎「人間への愛と自然への愛」『世紀』第二七六号、一九七三年五月、四―一二頁。

(9) 村上陽一郎「カトリシズムの現代性――「現代カトリシズムの思想」」『経済往来』第二三巻八号、一九七一年八月、一七二―一七三頁。

(10)『近代科学を超えて』一二―四頁。

(11) 村上陽一郎「科学・哲学・神学」(渡辺茂編『人間の世紀』第四巻『科学の役割』潮出版社、一九七三年)四四―八四頁。

(12) 村上陽一郎「キリスト教批判の現代的意義――その自然観と時間軸の構造」『情況』第六一号、一九七三年八月、五―一〇頁。

(13) 村上陽一郎「科学時代と宗教」『仏教』別冊第八巻、一九九六年一月、一八〇―一八九頁。

(14) 村上陽一郎・橋本信也「科学・哲学・信仰」『日本医師会雑誌』第一〇八巻二号、一九九二年七月、二二四頁。

# 支配装置としての科学——哲学・知識構造論

瀬戸一夫

寒い季節は厚着にしたほうがよい。これは当然のことであり、普通の知識である。また、ゴミの焼却処理によって猛毒のダイオキシンが発生し、化石燃料の消費が地球温暖化をもたらすなど、各種の報道によって関心がもたれるようになった科学の知識も多い。いずれも知らないと困ったことになる重要な知識である。知識というものは、日常生活においても不可欠であり、何も知らなければ安心して生活できない。これが実情である。では、日常的な知識や科学的な知識、またそれ以外の知識は、どのように織り成されて秩序を保っているのだろうか。村上陽一郎は『科学と日常性の文脈』(一九七九年、以下『日常性』と略記)でこの難問に取り組み、著名な哲学者たちの見解を批判的に検討しながら(『日常性』一七五—一八一頁)、その解答として独自の知識構造モデルを構築した。本稿の課題はその新たな可能性を発掘することである。

## 一　日常生活の文脈と科学の文脈

日常生活に深く浸透した知識は、膨大な数の暗黙の前提に支えられている。冬場は厚着で外出するのがよい。とはいえ、これから南国の島へ旅行するのであれば、事情はかなり異なってくる。また、ジョギングをするときは、冬場でも厚着は邪魔になる。冬場の厚着はこのように、無数の特別なケースを除外する知識であり、除外を促す暗黙の前提に支えられている（同、五〇―五一頁参照）。しかも、暗黙の前提を一律に示すのは容易でない。同じ冬場でも、北海道の山奥に住んでいる場合と、小笠原諸島の海辺近くに住んでいる場合とでは、暗黙の前提になっていること自体が程度の差を超えて質的にも違ってくる。が、いずれにしても、それぞれの知識は冬場の厚着を促す素朴な知識も含め、暗黙の前提に支えられ、支えられることによって、実に豊富な、そして文化や風土に根差した多様な「意味」を担っているのである。

これに対して、科学の知識は他の知識と異なり、曖昧さや多義性から免れているように思える。ところが、本当は科学の知識にも、冬場の厚着と似た面がある。たとえば、アリストテレス流の自然理解に敢然と反旗を翻したガリレオも、アリストテレスと同様に、天体の運動は円という完全な形の軌道をとるという暗黙の前提から離れなかった。かれによると、地上で観察される抛物体の運動は、天体と同じように円軌道を描きながら、大地の中心方向にも運動（落下）するため、結果的に円運動と直線的な落下運動が合わさった軌道をとる。物体はすべて円運動するのだが、地上は特別な場であり、云々。これは「冬場は厚着だが、ジョギングをする場合は特別であり、云々」と同型である。

また、冬場についての知識が北海道と小笠原で異なっていたように、ニュートンの力学では、ガリレオの運動論とは異なって、物体は外力が加わらないかぎり静止または等速直線運動の状態を保つ。

ニュートンは、たとえば円運動のような、直線運動から外れた運動を特別なケースとし、普遍の重力（基本法則）と不滅の質量（原理）をもとに、すべての物体運動を記述した。気候風土が異なれば知識の性格も違ってくる。誇張した言い方をすればこれと同様である。

以上のように、科学的な知識はその理論言語の規則に注目すると（統辞論）、原理や法則といったそれ以上は溯れない明確な前提から演繹されているように見えても、言語の孕《はら》む意味に着目すれば（意味論）、冬場の厚着といった、外見上は無前提のように思える日常的な知識と類似して、膨大な歴史と文化、さらには宗教・政治的な文脈に支えられている（『近代科学を超えて』講談社学術文庫版、六四—六八頁）。これは村上の科学史にとって、特に重要な歴史解釈の視角であるが、知識の構造について考える目下の問題関心からすると、より重要なのはここから導かれる一つの帰結である。

日常的な知識として考えた場合、冬場の生活に一定の方向づけをしてくれる北海道の常識と小笠原のそれとを比較して、いずれかが優位に立つと、果して確定できるだろうか。そもそもこの両者を比較すること自体が奇妙である。そして、いかに高度な知識を携えて当地に赴《おもむ》いても、また科学の知識を総動員したとしても、それぞれの気候風土の文脈に根差した生活の知恵（日常的知識）には、まったく歯が立たないに違いない。このような事情が科学的な知識にも当てはまるとすれば、ガリレオの運動論とニュートンの力学とを比べて、いずれがより優れた知識であるのかを判定したとしても、それはどこか一面的な比較による判定でしかないだろう。アリストテレスの自然学、プトレマイオスの天文学、コペルニクスの天文学、ガリレオの運動論、そしてニュートンの力学を意味論的に比較すれば、互いの優劣はつけがたい。どの理論もそれぞれに固有の歴史的・文化的な文脈を背景にして成り立っていたのである。

ところが、現実には、様々な科学的知識が固有の文脈から切り離され、その体系性の度合や主題領域の普遍性といった観点から序列化されている。そして、最先端の物理学を頂点とする階層秩序が、今日まで多様な知識の総体を取りまとめてきたと理解される。科学的な知識の模範は、もっとも大きな成功をおさめた物理学であるから、他の学問はこの物理学に倣い、それに仕えるために研究される、いわば発展途上の知識と見なされてきた（同、一〇三―一〇四頁）。村上はこうした「物理学帝国主義」の弊害――専門細分化や科学・技術の暴走など――が、分析・総合の方法を「科学的」な方法と同一視する従来の考え方では克服できないと指摘している（同、一一五―一一六頁）。そして、この地球上に存在する様々な事態を「共時的」な視野に収めて検討する課題に加え、従来の「時間貫通的な視角」から得られた知識とも共合させる、新しいパラダイムのモデルを提案していたのである（同、二二二頁）。

しかし、そもそも科学的知識と呼ばれるものは、日常生活を営むわれわれ人間との関係で、いったいどのように成り立っているのだろうか。

## 二　主体・言語・世界の三肢構造

いくぶん抽象的な話になってしまうけれども、知識というものの一般的な成り立ちを探ってみると、それを構成する三つの要件が認められる。

まず、何ごとについてであれ、それを誰が知るのか、と問うてみることができる。つまり「主体」という側面を知識の一つの要件として主題化することができるだろう。たとえば、沖縄の人々は夏場をどのように過ごしているのかという知識（生活の知恵）について考えると、当地の歴史と風土のなかで現に生活している人々がこの知識の主体である。

次に、誰が知るのであれ、それは何についての知識であるのかを問題にしてもよい。知識というものは実に多様であるから、身の回りの道具や調度品など、さまざまな具体物についての知識も、気候風土に適した生活の仕方についての常識的な知識も、さらに科学理論が問題にする原子や分子の振舞いについての知識も、すべて「何かについての」知識である。そこで、ここでは、この何かをぎりぎりまで広くとって「世界」と呼ぶことにしよう。言い換えれば、われわれ人間の知りうる一切が世界であり、これが知識を構成する第二の要件である。

そして、最後に、知識は複数の人々によって共有され、まさしくこの点で知識の名に価するという側面に着目してみよう。知識の共有が可能であるのは、他の何にもまして言語の働きによってである。なるほど炎に触れると熱いとか、針で皮膚を刺せば痛いといったことは、言語とは無縁に成り立つ知識であるように思える。しかし、たとえば北国の人々が様々な「寒さ」を表す言葉をもっており、南国の人にとっては一律に「寒い！」としか感じられない寒さを、多様かつ適確に感じ分けている事実からしても、共同体の生活を織り成す文脈のなかで、言語というものが、感覚といった知識の源にまで根を張っていることは確かである。様々な寒さを主体であるわれわれに感じさせるとともに、多様な寒さの世界を現出させている、それが言語の働きだといえるだろう（『日常性』八七―九七頁参照）。

言語はこのように、主体と世界とを相互に媒介するだけでなく、一個人を超えて永続する知識の担い手にほかならない。これが知識を構成する第三の要件である。

筆者なりにパラフレーズしたが、村上の提示する知識の「三肢構造」とは、右のような三つの側面をもつ構造のことである（『非日常性の意味と構造』一九八四年――以下『非日常性』と略記――四三頁も参照）。では、これら三つの側面（三肢）は互いにどのように関係し、相互に働き、しかも一つの構造を成して機能できているのだろうか。その原初的な姿は、幼児が体験することをもとにすると、想像しやすくなる。

もの心がつく前の幼児が部屋の中にいて、父親がその傍らで日曜大工をしている。そのような情景を思い浮かべてみよう。父親はときおり、目の前で遊んでいる幼児に語りかけ、その子が自分たちと一つの食卓を囲む将来に思いをはせながら、子供用の椅子を製作している。言葉がまだ分からない幼児にむかってではあるが、父親は親子で囲む食卓の話題をあげ、子供に語りかけつつ金槌で釘を打ち付けている。幼児はまるで父親の語りかけに応えるかのように、柄のある玩具をしっかりと握り締め、父親と同じようなしぐさを繰り返す。第三者から見ると、このとき幼児は、自分とは別の人格である父親を眺めており、金槌に見立てた玩具を使って、自分とは違う父親の動作を模倣している。

しかし、幼児本人は第三者が理解するように意識して、握った玩具を上下させているのだろうか。幼児はおそらく、自分という意識など不在なまま、父親の語りかけに同調し、父親のしぐさに溶け込んでいるのである。主体・言語・世界がいわば渾然一体化した状態だといえる。村上はこのような状態を、主体（われ）が周囲のあらゆる情況から分化していない、したがって「われ」すら未成立の

「原われわれ」と名付ける（『日常性』七三頁）。三肢構造が三肢に分岐する以前の初期状態だといってよい。大人であっても、たとえば深刻なテレビドラマに見入っているときなど、どこか主人公に思いが同化してしまい、役柄のうえで主人公を追い詰める役者に憎悪の感情をむけてしまっていることがある。また、ボクシング中継に熱中すると、観戦しているだけであるのに、少なからず拳に力が入り、足を踏みしめ、身を前後左右に動かしてしまう。これらはかつて「原われわれ」であった日の名残りだともいえる。

主体・言語・世界がいわば一つの情動に渾然一体化した初期状態は、家族、地域、学校など、一定の共同体のうちに継承された様々な文脈に促されつつ、分化を遂げることになる。共同体のもとでのわれわれとして、また大小様々な共同体を橋架けて生活するわれとして、あるいは科学に携わる専門家共同体の一員であるわれとして、われわれは自立した主体になっていく。これと同時並行的に、かつて親の語りかけに同化していた意思疎通の道筋は、共同体の日常言語へ、また多様な共同体を横断する幅広い言語へ、さらには科学を彩る抽象的な理論言語へと分岐する。これらと表裏して、豊かな含蓄をもつ多様な日常的世界や、高度の普遍性を示す科学的世界が、重層的に分化するのである。

村上も再三注意を促しているように、分化した三つの側面（三肢）は、実体的に分離することができない。また、それぞれが独立に発展し、その後に重層化するのでもない。主体というモノがあり、言語というモノがあり、そして世界というモノがあり、三者はたかだか副次的に関係していると理解してはならないのである。おそらく、多くの人にとっては、むしろこの注意のほうが奇妙に響くだろう。主体であるわれわれ（われ）、言語、世界、それぞれ単独に考えれば、分かり切ったモノだけだからである。そして、この分かり切った三者が、どのように関係するのか、という点に関心が移ってしまうかもしれない。しかし、それでは三肢構造の正確な理解から、どうしても遠ざかってしまう。構造を三肢に分けるのは、あくまでも「機能的」な三分法なのである（『日常性』二〇七頁、および『非日常性』五二頁）。

以下では、ここで述べられた三肢の機能的な相互依存性を、具体例でイメージ化することにしたい。

## 三　日常言語の排他性と理論言語

日常的な知識からすれば、酸味のあるものは酸そのものか、あるいは酸を含むものである。他方、なめると苦く、その水溶液に触れるとぬるぬるとした感触がし、酸の働きを消すものはアルカリ（塩基）である。かつて、酸にはその「素」となる酸素が含まれていると考えられた。もちろん、今日の科学的知見とは異なるが、これは素人にも言葉として納得しやすい。しかも、過去のある時期までは、科学者たちもまた、酸素は酸の素であると理解していたのである。そのような時代の一場面を、何人かの登場人物によって描き出してみよう。

まず、酸味はもとより、味は一つひとつが個性であって、それらに共通する「素？」を想定するのは無意味だと考える食の通人Aに登場してもらう。通人Aは食通の仲間たちが織り成す文脈のうちでわれを形成し、かれなりの日常的世界で生活している。他方、酸の素は酸素であるという説明に、何とか理解を示そうとする素人Bがいたとしよう。Bもまたかれなりの日常的世界で生活している。素人Bにとって、通人Aのような姿勢は頑なすぎると思える一方、空気の成分と酸の成分が同じであるということも不思議である。おそらく、このBタイプが現代でも常識人の多数派ではなかろうか。いずれにせよ、素人Bは化学者の説明に一抹の疑問をもっているだけあって、通人Aとも意思疎通が十分に可能である。他方、酸味とは酸の性質にほかならず、様々な酸があるなかで、それらに共通する成分は酸素にほかならない、と主張する学生Cがいたとしよう。

さて、十九世紀の初めにH・デイヴィという人が、代表的な酸だと思われていた塩酸を詳しく調べたところ、そこには酸素が含まれていないことを発見して驚いたそうである。現在の知見からすると、水溶液にする前の塩酸は塩化水素であるから、塩素と水素の他に何も検出されないのは当然である。以上はかなり粗雑な歴史記述だが、それにしても、これが新発見であったという事実は、かつて化学者たちの共同体が学生C型の知識にどっぷり浸かっていた実情を雄弁に物語っている。ともあれ、デイヴィは当時の化学者たちに共有されていた考え方を捨て、酸に不可欠な成分は水素だという見解をとる。察するに、これは当時、非常識の極みであったろう。なぜなら、酸の素は「酸」素でなく、本当は「水」素だという言い分は、言葉の意味からして、ほとんど禅問答だからである。

ところで、デイヴィの見解を明確な知識にまで仕上げたのは、スウェーデンのS・A・アレーニウスという学者である。かれは様々な溶液の電解現象について研究し、電離説という考え方をもとに酸の強さについて説明を与えた業績でも有名で、一八八七年に酸と塩基についての新しい定義を提案している。その定義によると「酸は水溶液にしたときに唯一の陽イオンとして水素イオンを生む物質であり、塩基は水溶液にしたときに唯一の陰イオンとして水酸化物イオンを生む物質である」。見てのとおり、ここまでくると素人の日常的世界からは完全に隔たる。しかし、この点はともかく、アレーニウスの定義にもとづく新知識をマスターした専門家Dに登場してもらおう。Dは、当然、専門家共同体の文脈を共有している。

さて、学生Cは今後の学習により、専門家Dの考え方を理解できるようになるだろう。その一方で、素人Bは学生Cの説明にも半信半疑であるのだから、専門家Dの考え方に至ってはまったく理解が及ばない。その科学的知識が、たとえ日常生活に有益なものをもたらすとしても、素人BはDのような専門家に頼るしかないだろう。素人Bは専門家Dが与する科学者共同体の外にあって、かれらの理論言語も科学的世界も、まったく共有していないからである。

素人Bは酸を理解するために、もっぱら酸味の素を求め、かつての学生Cのように、酸の成分として酸素を考えることまでしかできない。他方、専門家Dは水素イオンという、素人Bには想像もつかない、異次元の対象の振舞いから酸を把握している。しかも、専門家Dは素人Bが知っているすべての酸を、アレーニウスの斬新な定義にもとづいて扱える。さらに、塩化水素のような、分析すると不可解であった物質だけでなく、日常的世界ではおよそ酸とは了解されていない物質まで、Dは酸として扱うことができる。このため、専門家Dの研究からは、多くの新知見や新知見の実用化が期待できるのである。さて、村上であれば、以上の事例から一体どのような論点を導くであろうか。

専門家Dは、素人Bと同じ日常的世界を共有する「われわれ」の一員として、素人Bらとの間に一つの共同体を形成している。それと同時に、Dはまた、専門家共同体を構成する一員でもある（『日常性』一二二頁参照）。かれは素人Bが酸について理解するのと同様に酸を理解しつつ、アレーニウス流の、化学的で普遍的な観点からもまた、当の酸について理解する。このように、専門家Dの観点からすると、日常的世界と科学的世界は少なくともある一部分で重なり合い、知覚世界が「二重焦点のように重層性をもって存在する」のである[1]（『日常性』一一三頁）。専門家が素人に及ぼす支配力は、三肢構造のうちの二肢、すなわち主体（われわれ）の側面と世界の側面に、それぞれ適確に位置づけられている。さらに村上は、三肢構造の残る一肢である言語のうちに、決定的ともいえる役割が潜んでいる事実を見極めていた。

日常言語は前節でもふれたとおり、われわれ諸個人の感覚という、経験や知識の源にまで根を張っている。まさにこのことが人間の桎梏となる逆説性を見落としてはならない。たとえば、ある思いを表現しようとして既成の日常言語を用いた瞬間に、世界は手垢にまみれ、ステレオタイプ化された分節化を遂げて立ち現れる。そして、自分では、これはどこか違うと感じながらも、それを受け容れざるをえない、といった体験がときおりある（『日常性』一二四―一二五頁）。ここからも察せられるように、日常言語は共同体の成員を、もの心がつく以前から規律訓育することで、成員としてふさわしいように塑型する機能を果たしている。また、特殊な隠語や仲間言葉がそうであるように（『非日常性』五三頁）、日常言語は共同体の成員と他者とを差別し、成員のなかでも規律訓育をすりぬけそうな者を異常者として排除する働きをもつ。科学的世界とそれに関わる理論言語が示す排他性は、こうした日常言語の排除機能が、いわば純化されたものにほかならない。かくして、日常言語が単なる意思伝達の手段ではなく、日常的世界とそこで生きる人間を根底から支配する媒体であるのと同様、理論言語は科学的世界と専門家共同体の成員を支配し、統制する強力な装置として機能するのである（『非日常性』二二九頁）。

以上が村上の実に見事な分析である。素人は日常的世界の成員として日常言語を使う主体にすぎない。他方、科学の専門家はさらに、科学的世界を構成する理論言語に精通した専門家共同体の成員でもある。専門家はこのため、日常的世界と「部分的に重なり合う」科学的世界を「二重焦点」のように捉えることができ、この重なり合う部分を介して、理論言語を自在にあやつり、日常的世界を大きく左右していたのである。しかし、こうした二重焦点は、科学にかぎらず、素朴な日常性のなかにも、ごく普通に認められるのではないか。

## 四　選択的自由と支配的な知識層

沖で釣って締めた魚を何時間後に刺身にすれば一番その旨みが際立つか。時間が前にずれると味わいにどう影響するか。後にずれるとどうか。このようなことは、その方面の専門家でなくとも、ある程度の経験をつめば、その日の気温と魚の大きさから推測できるそうである。沖〆の魚を見て数時間後の刺身の味を感じる。これなどは素朴な日常性のなかの二重焦点といって差し支えない。この種のことは他にも無数に認められるだろう。にもかかわらず、近代科学の二重焦点だけが、なぜ圧倒的な支配権を掌握しているのだろうか。また、二つの異質な世界が、部分的にせよ本当に重なり合うのだろうか。以上の問題を前節で用いた酸の例で検討してみたい。

学生Cによれば、酸に不可欠な成分は酸素であった。素人Bは、半ば疑問を抱きつつも、この考え方に理解を示していた。学生Cが酸について思い描くのは、酢酸、乳酸、硫酸、硝酸など、それぞれに固有の性質をもつ酸の共通成分、すなわち酸素とその含有のされ方で彩られた世界である。他方、通人Aは酢酸や琥珀酸をはじめ、食用の酸に関心があり、それぞれの製法、産地、保存状態の違いなどから、それらすべてに個性を認める。かれは酸っぱさを一括する理解に根深い不信感をもち、酸味と酸素の関係など問題にしない。通人Aの世界は文字どおり味覚の地図である。では、塩酸での発見から水素を選ぶまでのデイヴィはどうか。おそらく、酸についての世界は混沌とし、酸の成分は酸素でないという疑念だけが、混沌のなかを駆け巡っていたことであろう。

このように、そして村上も認めるであろうように、言語の意味という点でも構成される世界の点でも重なり合いはない。では、二重焦点という面ではどうか。デイヴィは一旦おくとして、学生Cは素人Bと日常的世界・日常言語を共有する同じ共同体の一員であると考えてよい。加えて、Cは右にあげたような見地にも立つ専門家共同体にも与するため、二重化された主体である。しかし、かれは同じ共同体の一員である通人Aを、けっして説き伏せることができない。さらには、素人Bに対する説得も、根本的には不可能である。

たとえば、学生Cが素人Bを完全に説き伏せるために、実験装置を工夫して酢酸や硫酸から酸素を発生させるとどうか。これは決定打にならない。液体からの酸素の発生であれば、水の電気分解でも酸素は発生するが、水は酸ではないからである。どれほど実験装置を工夫しても、発生した酸素は酸からではなく、水分か実験装置に由来すると考えてはいけない決定的な理由があるだろうか。このように、素人Bの理解は、いつまでも中途半端にとどまるだろう。

たしかに、ここまでの展開では、素人Bの頑なさが印象づけられたかもしれない。しかし、あえて見方を逆転してみよう。むしろ、酸に不可欠な成分は酸素であると断定する学生Cのほうが、頑なさでは数段上ではないかといったようにである。その種の断定を土台に築かれた科学的世界や理論言語は、築き上げられた後に、日常的世界からも日常言語からも完全に切断されてしまう。そして、この事情は実際、化学の歴史をたどりなおすと明確である。

デイヴィは塩酸の分析によって「酸に不可欠な成分は酸素でない」という見解に達していた。他方、学生Cは「酸に不可欠な成分は酸素である」ことを疑わない。全面的な対立である。塩酸の実例をあげても決着はつかないだろう。そもそも、酸というからには水溶液だということを前提にすれば、水は酸素と水素から成る物質であるから、水溶液にされた塩化水素、すなわち塩酸は、この点で酸素を含んでいる。したがって、学生Cの見解は、塩酸の分析で覆されるわけではない。また、デイヴィと学生Cの二人が理論闘争をしても、前提のところで物別れに終わり、理論とは無縁の闘争になる可能性が高い。

さらに、通人Aは理論的なことを黙殺して、目障りなCを打倒するために、酸素否定派のデイヴィに与したとしてもおかしくない。というのも、デイヴィの主張は文言上、Aの言い分と同じだからである。他方、素人Bは当初、いずれに与するか迷うだろう。というのも、Bは学生Cに、半ばしか理解を示していなかったからである。しかし、デイヴィが水素を採用した途端、戦況は一変する。通人Aは当人の意図と無縁に、闘争から弾き出されるか、または自ら戦線を離脱するほかない。素人Bはデイヴィの異様な考えに狂気すら感じ、学生Cの説明が少なくとも半ばは理解できる実情から、きっぱりと酸素肯定派のCに与するだろう。さて、現実の歴史は、いかなる決着をもたらしたのだろうか。前節で示したように「酸は水溶液にしたときに唯一の陽イオンとして水素イオンを生む物質である」。すなわち、アレーニウスの定義が、闘争の終結宣言であった。その意味するところは、一見この定義とは無関係に思えるかもしれないが、実は次のとおりである。デイヴィのような酸素否定派は、塩酸をはじめ、ある範囲の酸には酸素を含まないものがあると主張してよい。他方、学生Cや素人Bのような酸素肯定派は、ある範囲の酸が従来どおり酸素を含んでいると主張してよい。否定派は酸素を含まない酸の研究を何ら妨げられず、肯定派は酸を含む酸について、すでに有している知識を決して侵害されない。また、肯定派は否定派の新知見を、従来の（酸素を含む）酸についての知見ではないと考え、主張する自由と権利を、常に行使できる。さらに、通人Aはどの立場に与する自由も、与しない自由も、原則として妨げられない。以上。

アレーニウスやかれの継承者Dは、定義にも見られるように、水素イオンの放出という面で酸を捉える。これは今まであげたどの理解とも異なっている。肯定派と否定派を調停する立場であるため、主体という点でも次元を異にしている。しかもそれだけではない。この定義は意味論的に考えて、いかに従来の理論言語から――もちろん日常言語から――隔たっていても、従来の知識が従来の条件のもとで得る結果に、何ら変更を迫らない。そのかぎりで、旧式の理論言語が意味論上、従来どおりの科学的世界を構成することは妨げられない。日常的主体、日常的世界、日常言語に対しても、この点は同様である。

なめてみて酸っぱいのが酸である事実を、たとえそのまま受け容れても、専門家Dの理論言語は支障なく機能する。この理論言語は結果的に、従来の（酸素を含む）酸についての知識を損なうことなく、水素イオンの放出といった別の観点から酸についての知識を拡張し、総合し、従来の知識を完全に再構成する。Dの理論言語は酸素を含む酸についても、また塩酸その他、酸素を含まない酸についても、一律かつ厳密に説明できるのである。考え方によっては、酸素を含まない酸はもう「酸」と呼ばずに、別の名で呼んだほうがよいともいえる。が、これも自由である。なぜなら、呼び名がどう変わろうと、Dの理論言語とそれにより構成される科学的世界は、本質的に変化しないからである。

与えられた結果は決定的である。通人Aは今までどおりでかまわない。もちろんBやCの立場へ変説してもよい。しかも、新たな選択肢として、Dの立場も加わった。変説しながら通人としての世界を生きぬく自由もある。素人Bにとっても事情は同じである。学生Cは、酸素否定派の領域を侵犯しないかぎり、従来の知識をそのまま維持してよい。変説もまた思いどおり自由である。選択の幅が広がっただけで、既得権は侵害されないのであるから、誰にも文句のつけようがない。それでも専門家Dは、いずれの主体・言語・世界をも包括し、統合している。この点がもっとも重要である。既存の主体（共同体）、言語、世界に、意味論上も統辞論上も変更を迫ることなく、選択の自由を拡大する支配的な層が新たに付け加えられていた。これが近代科学の歩んだ歴史にほかならない。

実際、D支配の時代は、デンマークのJ・N・ブレーンステズとイギリスのT・M・ロウリによって終止符が打たれ、かれらの支配もまた、アメリカのG・N・ルイスによって克服される。このいずれもが、アレーニウスの場合と同様、選択的自由の幅を拡大しての政権交代劇であった。村上によると、理論言語は高次になればなるほど「規約」としての性格——明文化、一義性など——が顕著になるので、選択性と自由度が高くなる（『日常性』一八六頁）。しかし、以上のような観点からすれば、高次の理論言語が転換するときには、低次の言語をすべて生き残らせる必要があり、しかも選択の幅と自由度を拡大できなければならないのである。ちなみにこの観点はN・ボーアの対応原理とも相性がよい。この点はともかく、科学の歴史的な発展のもとで、われわれは何も失わなかったのだろうか。

## 五　古典的な科学革命論への復帰

何かを獲得するということは、同時に、別の何かを失うことである。そして、得ただけで失ったものはないと思えるときほど、本当は取り返すことのできない、貴重な何かを失っている。科学の発展を通じて、われわれが獲得するのは選択の自由であった。選択の幅が次第に拡大され、選びの自由は万人に等しく配分されたのであるから、失われたものは皆無のようである。しかし、それならば、なおさらのこと、われわれが本当に失ったものは大きいに違いない。

通人Aは、地域ごとの風土と、それぞれの郷土で暮らす人々が歴史のなかで培ってきた食文化をこよなく愛し、個性豊かな味覚の世界が伝統として末永く存続するよう願っていたとしよう。一つひとつが独特の奥行きをもつ味というものが、個別具体的な食文化から切り離され、酸味一般、酢酸、酸、酸素、水素、水素イオンといった、個性とは無縁の没人間的な記号になる時流を、Aは受け容れられない。この傾向はやがて伝統文化をだめにするだろう。そのような危惧から、かれは前節であげた理論闘争に身を投じていた。しかし、闘争が終結してみれば、選択肢を自由に選んでよいということである。仮に通人Aが従来の姿勢を貫いても、実際には、かれの危惧が的中する方向で現実は動く。

他方、学生Cは化学物質の危険性をよく知っているが、化学の進歩そのものは否定しない。しかし、誰にとってもなじみ深い酸素の水準を超えて、制御不可能かもしれない物質が化学者（科学の専門家）によって勝手に作り出されることに、Cは当初から反対であった。かれの場合、選択が自由だとはいえ、勝利した新理論に追従しなければ、専門家共同体の一員となる進路から外れてしまう。

素人Bは、自ら科学的にものを考えることに絶望し、すべてを専門家に任せるしかないと思うようになっていくだろう。

このように、科学理論が一挙に転換した後、時間の経過とともに多くの願いが徐々に、かつ根本的に失われていく。「理論系における変化は、かなり鋭い、急激な変化が可能である。しかし、〔中略〕そうした変化に対応するより日常的な場面での変化は、より鈍く、緩やかなものにならざるを得ない」（『日常性』二〇九頁）。村上はこう指摘している。しかし、このような変化の二様性が生ずるメカニズムを、かれの三肢構造で解明できているとは思えない。そのメカニズムは、以上で見たとおり、予定された将来の道行きが時間の経過に従って徐々に余儀なくされる《選択肢の拡大かつ自由の結果的統制》である。

近代科学の功罪が議論されてすでに久しい。とりわけ現在では、地球環境問題や生命倫理問題など、物心両面で人間に課された最終問題ともいえるものが、にわかに現実味をおびてきている。そうしたなか、従来の専門細分化された諸科学・技術をグローバルな視野から捉え直し、人類共通の目標実現にむけてそれらを再統合しなければならない、といった議論が散見される。しかしながら、すでに明らかなように、近代科学は常に再統合を繰り返している。それは支配的な知識層の政権交代が激しく、また頻繁であるほど、下位の知識層を自発的に服属させ、選択的な自由を提供する大きな見返りとして、日常的世界を生きるわれわれから、選択以外の自由を余すところなく奪ってきたのである。

近代科学の知識構造は「特定の宗主国なき帝国主義」の観を呈している。しかも、その活動形態は、多国籍企業によく似ている。この帝国主義は、とうの昔から領土的な拡大を望んでいない。クローン、臓器移植、遺伝子操作、再生医療、人工知能、サイボーグ技術……。こう並べると、あらためて気づかされるように、誕生、死、思考といった、無自覚的にも、どこか不可侵だと信じられてきた人間固有の聖域が、すでにターゲットとなっている。近代科学はやがて、こうした聖域の隅々までを侵食し、いたるところを選択的自由で埋め尽くすだろう。科学の革命輸出は今も続行中である。しかし、いったいこの革命路線は、どこからくるのであろうか。

紙幅の都合から、この問題には、結論めいた粗描で答えるしかない。そもそも、人間支配の由来を歴史のうちに求めれば、おそらく人類の起源か、それ以前にまで溯るだろう。とはいえ、支配というものが大きく様相を変える「転回の文脈」であれば、ある程度は確定できる。その時期は、村上が特徴づける、十二世紀の西欧に始まった「大ルネサンス」の完成期、すなわち科学革命の時代である。そして「転回の文脈」を引き受けた一人はガリレオであった。

しかし、ガリレオが錬成したコペルニクス主義の境地は、しばしば誤解されている。真相からすると、かれがもたらした新境地は、構造的に重なり合うことのない天動説と地動説という、互いにまったく異質な両世界体系を対話させ、いずれが選択されても、結果的に不都合が生じないことを可能にする境地であった。大地が静止していても運動していても、慣性の法則が成り立つのであるから、塔の上から落下する物体の運動は寸分も変わらない[2]。それゆえ、大地の静止と運動のどちらを選択しても、物体の運動は一律かつ科学的に説明できる。この論証はまさに、近代科学の新境地を示しているだけでなく、選択的自由を拡大する完璧な成果であった[3]。もちろん、現代の視点から過去の思想の一面に注目し、その一面を近代科学の祖型に仕立て上げるのは誤りである。が、それを承知のうえで、あえてこの成果に注目したい。

歴史の文脈からすると、ガリレオの新境地は、優れて宗教的な性格のものであった[4]（『文明のなかの科学』一四四頁）。すなわち、その新境地はプロテスタント諸派およびカトリック勢力による自宗派の至上性をかけた闘争を通じて、いわばカトリック側の内部抗争から歴史のなかに登場したのである。ガリレオは当時の新しい技術的知識を総動員し、あえて世俗の自律化に途を開きつつ、いかなる世界観をも相対化する――この意味で絶対的な――境地に、カトリックの宗教的な権威を置き直そうとしていた[5]。天界の理解に有効なこの新境地が今後、地上（現世）の成り立ちを理解し、かつその成果を利用するために採用されることになれば、カトリック主導のもとで地上における神の国が実現するであろう。ガリレオの提案はこのように忖度できる。そして、自律化の緒に着いた俗界はその後、選択的自由の恩寵をどこまでも拡大する近代科学によって、神の有無についての選択さえ許す、史上かつてない至福千年の科学技術文明を築いたのである。

以上のような科学観と歴史観は、たしかに村上のものとは異なっており[6]、一面では、コペルニクスからほぼ一世紀半を〈転回＝革命〉期と見る、古典的な科学革命論への復帰にほかならない。しかし、これは村上から多くを学んで得た、一つの「逆遠近法的」な歴史解釈である（『科学史の逆遠近法』一九八二年を参照）。

## 注

（1）村上は従来の「共約不可能性」を批判して、独自に「間接的、かつ部分的な共約「関係」」という考え方を提唱している（村上陽一郎「科学の世界と日常の世界」『理想』一九七六年七月、第五一八号、一五頁）。そして、さらに「機能的な二重言語説」の観点から、かれは理論と事実との関係や理論相互の関係を捉え直している（同論文、一七頁）。しかし、私見では、たとえば紙面に印刷された活字「青」が青くない――黒いインクで印刷されていてもよい――ように、言語の意味は色彩から端的に切断されている。その一方で、言語の体系を背景とした「青」の意味と知覚される青い色彩が相互にそうであるように、両者は切断されたまま部分的に「境界を接している」のである。

（2）ガリレオからニュートンに至って完成された慣性の法則によると、特定の物体が静止しているのか、あるいは等速直線運動しているのかを客観的に確定する目的で、当の物体をどのように調べてもまったく無意味である。このため、認識（知識）の客観性の根拠を事物の側に求めたところで、徒労に終わるほかないことが判明してしまった。ニュートン力学の成果を正確に理解したカントは、慣性の法則に秘められた底無しの真相を見極め、認識の客観性を客観（事物）の側に求める従来の通念から脱却して、客観性が成り立つための条件を主観相互の関係に求める。そして、各主観が採用する基準系――〈時間－空間〉系――相互の対等性（対称性）を、かれは客観性のア・プリオリな根拠とした（瀬戸一夫『カントからヘルダーリンへ――ドイツ近代思想の輝きと翳り』東北大学出版会、二〇一三年、第一章第一節、特に三六―六二頁参照）。カントのこの洞察からも分かるように、P・ディラックから南部陽一郎へと連なる二十世紀物理学の――視点違いに左右されない――対称性の追究もまた、科学革命（コペルニクス革命）の新たな展開だったのである。

（3）この科学革命が意外にも、過去を論理整合的に改変したという真相については、瀬戸一夫『神学と科学』（勁草書房、二〇〇六年）一二一頁参照。私見では「過去を温存しつつ理路整然と改変する論理（?・）」の追究こそが、キリスト教圏に近代科学をもたらしたのである。なぜなら、人間の原罪を否定しないまま、しかも否定しえないその過去を、救い主イエスが贖罪により改変できたのでなければ、全能の神による人間の救済は〈完全でない（?・）〉からである。たしかに、これは現代人にとって、不合理な考え方だと思える。ところが、科学の歴史を振り返ると、過去の改変は意外にも合理的な理解の仕方になっている。前近代の人々は、諸天体の運動を、観察されるとおりに理解していた。科学革命は実のところ、この過去を否定しないまま、しかも前近代の人々には諸天体が「運動しているように見えていた」ことにしている。そして、逆説的にも、かれらを地動説の証人へと生まれ変わらせたのである。つまり、科学革命は文字どおり「事後的に過去を改変した」のであり、これは救済をめぐるキリスト教の信仰と同型である。付言すると、近代科学の基本である〈主観－客観〉関係の由来を、神が世界を創造し、自らに似せて人間を創造したという信仰に求めても、これはイスラーム教も共有する旧約聖書の教えであるから、近代科学がイスラーム圏ではなくキリスト教圏で生まれた理由にはならない。なお、科学の発展に伴い、前近代の人々が証人にされるだけではなく、研究者たち自身もまた、意図が裏切られるかたちで、後の世に勝利した理論の貢献者に仕立て上げられている。現在、ニュートン流の直線的な慣性にもとづく相対性原理の座標変換は、皮肉にも「ガリレオ変換」と呼ばれている。円慣性に終生こだわったガリレオは、自らが強力に推し進めたコペルニクス革命によって、ニュートン力学の成立に貢献した預言者であったかのように、科学史上の聖人に列せられているのである。ガリレオは実のところ二重に抹殺されていたと言ってよい。しかも、この逆説的な発展は、近代科学の歩みを支配する歴史法則なのかもしれない。電荷（静電気）にこだわって電気現象を究明したL・ガルヴァーニの名は、やがて支配的になった電流

（動電気）パラダイムのもとで、冷酷にも「直流電気 galvanismo」に改変された。また、動電気パラダイムを創出したA・ヴォルタの名は、かれの功績を後に克服した電界パラダイムのもとで「電位差 voltaggio」へと改変され、今日でも電圧の単位として用いられている。これが近代科学の歴史にほかならない。

（4）認識の相対性と地動説との関係については、村上陽一郎「認識の相対性」（渡辺慧『知るということ——認識学序説』東京大学出版会、一九八六年、一五三—一七一頁所収（補稿））一六九頁参照。

（5）詳しくは、瀬戸一夫「「知る」ということについて」（河本英夫・一ノ瀬正樹編『真理への反逆』富士書店、一九九四年、九九—一五三頁所収）の第二節を参照されたい。

（6）村上の科学革命観と近代観については『科学のダイナミックス』の一—一七頁参照。また、村上の古典的科学革命論に対する批判的見解については、たとえば『近代科学と聖俗革命』を参照。

# 社会構成主義と科学技術社会論

横山輝雄

## 一　村上科学論の前期と後期

村上陽一郎は、長年にわたって科学について論じてきた。それは、科学史、科学哲学、科学技術社会論（ＳＴＳ）などの領域にわたるものであり、本稿ではそれを一括して「科学論」（Science Studies）と呼ぶことにしたい。長い時期にわたる村上科学論にはさまざまな変化がある。ヘーゲルの哲学に前期と後期があり「青年ヘーゲル学派」と「老年ヘーゲル学派」といわれるように、村上科学論も大きく前期と後期に分けられるように思われる。ここでは、科学史や科学哲学で社会構成主義科学論が影響力をもっていた時期の前期村上科学論を中心に扱い、それと科学技術社会論が登場した後期の村上科学論との関係を検討したい（前期には「反科学」「科学批判」「社会構成主義」などが一般に盛んであり、村上がそれらに含められることもあった。しかし後述するように、村上自身はそれらから距離をとっていた）。

村上の前期科学論は、「科学史・科学哲学」として特徴づけられる。それは、当時あるいは現在でも支配的な常識的科学観を批判した「新しい科学論」（村上の著書の一つのタイトルでもある）は当時「新科学哲学」ともいわれた。常識では、科学は理性的活動による合理的営為として、人間の他の営為から区別される。科学は確実な事実と厳密な論証の上に成立している信頼できる知識なので、政治的信念や宗教などと違うものと考えられている。村上の言葉でいえば、

今日でも、科学者の現場ではもとより、一般に、科学的知識だけは、時代が変っても、場所を隔てても、いつでもどこでも、誰にとっても、同じように成り立つ、客観性と普遍性を備えたものである、という信念は、非常に強固にひろがっている。(1)

こうした科学観を批判し「科学を人間の営みとしてとらえる」のが、前期村上の科学論であった。ところが、後期村上の科学論は、前期の議論を棚上げし、常識的科学観に回帰しているようにも思われる。前期村上がもっていた「科学批判」の契機がなくなり「体制化」した、といった受け取り方もあるが、はたしてそうなのであろうか。

前期村上の「新しい科学論」は、一九六〇年代後半から七〇年代の「科学批判」や「反科学」などの科学論と共通するものを多くもっている。科学を他の人間の営為と違う合理的なものとして特別視する科学観を精緻な形で展開していたのは、それ以前の科学哲学や科学史であった。論理実証主義やポパーの批判的合理主義の科学哲学は、科学は合理的方法によって進歩していくものとし、それを人間精神の合理的営為とした。そこでは、科学と非科学・擬似科学の間の「境界設定」などが議論され

た。クーンの『科学革命の構造』以降、それが批判され、「科学を人間の営みとしてとらえる」という方向の科学論は、科学は真空の中ではなく歴史的・社会的文脈にあることを強調するものであり、同じ頃の科学史や科学社会学におけるパラダイム転換と結びついていた。「科学知識の社会学」(Sociology of Scientific Knowledge：ＳＳＫ）などの「社会構成主義」と呼ばれる科学論がそれである。

科学史ではそれまで、科学は他の文化的営為と異なって普遍的で進歩する累積的な知とされていた。思想史や宗教史、美術史などと異なり、「依然として科学の歴史に関する限り、啓蒙主義的歴史観があまりにも強固」[2]であると、村上も指摘していた。そうした見地からの科学史は分野別学説史と呼ばれ「遡及主義」「勝利者史観（ホイッグ史観）」で書かれていたことが批判された。それは、現在の科学から過去を見て、そこに先行者・先駆者を求めていく科学史であり、その時代の歴史的文脈を無視した虚像であると批判された。またマートンの科学社会学が、それに先行するマンハイムの知識社会学から「知識内容は社会から独立である」として科学知識の内容には立ち入らず、科学者の行為規範や科学者集団の構造など制度のみを扱うようになったことが批判され、マンハイムの復権を主張した「科学知識の社会学」などが展開されるようになった。このように、科学哲学だけでなく、科学史や科学社会学を含めた科学論において一九六〇年代後半から一九七〇年代にかけてパラダイム転換が起こり、そこで誕生した新たな科学論の代表的なものが社会構成主義科学論である。その背景には、その時期の世界的な動向である「科学批判」や「反科学」があり、それまでの科学観が批判され、「科学を人間の営みとしてとらえる」ことが強調されるようになった。前期村上の科学論が、そうしたことを強調したのは、このような状況においてであった。

「科学の聖域化を支えている一つの前提、すなわち、自然科学は、人間の他の知的営為とは決定的に異り、客観的普遍的な真理の探究である、という前提に対する疑問」が村上の年来の関心であり、「自然科学は、科学の内部だけで、「科学的」なものだけで、言い換えれば、「非科学的」なもの、「科学外的」なものとは一切手を切った聖域のなかで、純粋に自己展開するような営みではなく、一言で言ってしまえば、「全人間的」な性格をもつものであるという論点こそ、筆者が永く考え続けてきたことがらの中核をなすものであった[3]」と村上は自身の立場を一九八〇年に特徴づけている。

このことは、科学だけでなく「「理性的営為」という近代西欧の価値の相対化に広がって」いく。「そもそも、理性的営為（しかもある限定された言葉遣いのなかでの「理性」を考えた上での）のみを、積極的な価値として評価するという「常識」それ自体が、むしろ西欧近代の造り上げた虚構として、対自化されつつあり、そこに新しい規範を読み取ろうとする営為が、知の前線のほとんど全面に亙って展開されているのが、今日的状況であると言ってよいだろう[4]」として、科学論だけなく「知の前線のほとんど」がそうであると当時の村上は認識していた。クーンの仕事も、科学理論の歴史的変化を連続的な進化・発展とすることを拒否した点で、文化人類学における文化相対主義に続くものとし、「まさしく「歴史の文化人類学化」を、科学史の世界で実行しようとしてのだと言ってよいだろう[5]」と位置づけている。村上は、ファイヤアーベントの「知のアナーキズム」や、知的多元主義・複数主義に共感しており、こうしたことが、科学を相対化し科学批判や「反科学」につながるものとうけとられ、当時反科学論者の一人として批判されたこともあった。

## 二　社会構成主義から科学技術社会論へ

しかし、一九八〇年代以降、「新しい科学論」や社会構成主義科学論がしだいに広がっていき、常識的科学観を変えていったわけではなかった。新しい科学論に聞くべき点があることは、批判された側も認める。しかし、社会構成主義者の「過激な」主張に対するバックラッシュが行われた。科学哲学では、従来の合理主義の「静的モデル」を修正した「動的モデル」によって科学の歴史的変遷を合理的に説明できるとする主張がなされた。村上が翻訳に関わったラカトシュの『方法の擁護』（新曜社、一九八六年）や、ローダンの『科学は合理的に進歩する』（サイエンス社、一九八六年）などがそれである。

科学史においても一定範囲の「社会的影響」があることは是認され、またニュートンが錬金術に傾倒していたこともとりあげられ、過去の科学者が現在とは違った複雑な文脈のなかにあったことが認められるようになった。しかし、「結局は」合理的方法が勝利し、大筋としての従来の科学史は保持できるとされた。科学社会学でも、「科学知識の社会学」などによる研究が個別事例ごとに検討され、優生学のような「周辺」では「社会構成主義」が認められるが、「真正な科学」では、短期的にはともかく長期的には合理的方法が勝利するとされ、マートンに回帰した。

こうした、内在的議論が進んでいくなかで、外在的な事件が起こった。それは、アメリカにおける「サイエンス・ウォーズ」であり、社会構成主義科学論などが科学者から批判されるという政治的事件である。日本ではアメリカのような大規模な議論はなかったが、多少の影響はあり、村上の科学論もそうしたものとみなされて批判されたりした。こうしたこともあって、一九九〇年代以降、社会構成主義科学論はフェミニスト科学論などを例外として周辺化した。入れ替わるように登場したのが科学技術社会論であった。

後期の村上も科学について引き続き議論しているが、科学史や科学哲学というよりも、科学技術社会論の領域の問題を多くとりあげるようになった。そこでは、歴史上の問題や哲学的問題よりも、現代における科学と社会、あるいは科学者をめぐる実践的問題に関心がむけられている。ところが、科学技術社会論における科学観は、「新しい科学論」以前の科学観に先祖帰りしているかのような、素朴なものになっているように思われる。科学技術社会論は、科学は社会のなかにあることを強調し、現代の科学と社会をめぐる問題を論じるが、科学は合理的方法によって獲得される信頼できる知であり、それが「ジャーナル共同体」としての専門科学者によって生産されていることがはじめから前提となっており、その上で科学と社会をめぐる具体的な問題が議論され、前期村上の科学論は忘れられてしまったようである。

前期村上の科学論が科学批判や反科学論的なものとしてうけとられ、サイエンス・ウォーズがらみで批判されたのに対して、後期の村上は批判的視点を喪失ないし棚上げして「体制化」したと批判されることにもなる。そこまでいかなくても、前期科学論と後期科学論は村上という同一人物によるものであるが、独立した別の二つの科学論として受け取ればよいのではないか、という理解もある。捏造問題などを扱う場合、「事実は一つ」といった素朴な科学観に依拠した上で発言する必要があり、

「事実の理論負荷性」といった議論をこの場面で持ち出すのは不適当だというわけである。

しかし、後期村上の科学論は、前期の科学論を封印ないし棚上げして現実の問題に向かったのではなく、それなりの連続性・一貫性があるのではないだろうか。この点を次に検討してみよう。

## 三 『ベルツの日記』をめぐって

かつての科学論でよくとりあげられ、近年の科学技術社会論ではとりあげられなくなったのが、『ベルツ日記』である。ベルツは、明治期の「お雇い外国人教師」であり、日本の近代科学受容を「切り花」にたとえた。すなわち、日本は近代科学をその「成果」だけ輸入するのに成功したが、その成果を生み出した、「根」「球根」を無視した、あるいは知らないという議論である。日本の科学は、ものまねの二級品でしかなく、そこから真の独創的科学は出ないだろう、とした。しかし、一九九〇年代以降、日本の科学技術が世界の先端となり、ノーベル賞学者も多く輩出するようになると、ベルツの議論は、まだ日本の科学の水準が低かった時代のものとして、科学技術社会論ではほとんどとりあげられなくなった。村上はその初期から『ベルツの日記』について論じており、そこに前期と後期の連続性の手がかりがある。

村上の最初の著書『日本近代科学の歩み』（一九六八年）では、ベルツの議論が重視されている。「世間は彼ら〔外人教師—引用者〕を学問の果実の切り売り商人とみなしたのである。教師は元来学問の培養者たるべきであり、彼らもまたそのような努力を払ったにもかかわらず、日本の人びとは、外

人教師から現代の学問の結実のみを採ろうと欲した」というベルツの評言について、

このベルツの評言は、当時の、いやそればかりではなく、日本が西欧科学を摂取しはじめて以来の、日本人の科学・技術に対する考え方の問題点を、きびしく突いたものと言えよう。それは、普通に言われているように、単に、日本が、明治期に西欧科学を本格的に受容しはじめたころが、西欧科学の結実期であり、その結実した果実をもいで収穫した、というような意味においてだけでなく、また、後進性のゆえに、果実を急いで採り入れなければならなかった、というやむを得ない事情だけで説明できるようなものでもなく、もっと根本的な、日本人の自然に対する接し方、付合い方に由来するような性格をもっているように思われる(6)。

当時は科学論の役割と意義を、「切り花」の根、球根、すなわち近代科学を生み出した「精神の仕事場」(渡辺正雄)を明らかにすることによって、日本に本当の意味での科学を根づかせる、あるいは二流にとどまるのではなく、世界の最先端となる一流の科学をめざすことに求めることが多かった。そうだとすると、二十一世紀に入りノーベル賞科学者を何人も輩出するようになった現在では、ベルツの評言はもはや不要ということになろう。しかし、ここで村上は「もっと根本的な」自然観を問題にしている。すなわち、「成果だけ」とる日本を村上は知的「不正直」としたうえで、一方で「日本人が、その歴史の最初から示してきた外来文化、とりわけ自然観の摂取・受容に際しての不正直さは最も賢明な方策であった、という見方も成り立つと思われる」とするが、「今後もそれでよい」わけではないことを強調する。それは、「科学・技術を、日本人の思想の本質的な基底部にかかわらない、上部のみの武器として考えているかぎり、つねに「御用科学」になるという一つの危険がつきまとっている。……このことは、さらに論を進めれば、科学・技術がつねに既存の国家権力や社会機構・社会体制に奉仕する、という事態を導きかねない」ためである。[7] これは、同じ時期の「問い直される科学の意味」（廣重徹）の科学体制化論などとつながるものであり、前期村上科学論が科学批判の一つして受け取られることにもなった。

しかし、約一〇年後に『日本近代科学の歩み』の新版が刊行されたおり、新たに「補章」が加えられた。そこでも、ベルツが再びとりあげられているが、そのトーンは以前とは異なっている。最初の版が刊行された一九六八（昭和四三）年と、「補章」が付された一九七七年のほぼ一〇年間に、科学をめぐる状況が変化したことを村上は次のように記している。

神武景気―岩戸景気―昭和元禄という物質的繁栄のなかで、科学技術の物神化とともに、それに対する微かな暗雲が予感されかけていたことだろう。この本〔の初版―引用者〕が書かれたのは、そうした繁栄のまさしく頂点であった。この年〔昭和四二年〕を頂点というのには、それなりの理由がないわけではない。いわゆる学園紛争によって、学生たちがそうした社会的状況に拒否の声を上げたのは、昭和四三年の後半からであった。翌四四年には、長らく殺虫剤の革命として神話化されてきたＢＨＣ、ＤＤＴの製造が停止され〔た〕[8]

として、反科学の思想が登場したことにふれているが、村上は「決して「反科学主義」が正しいとは考えていない」と自身の立場を述べ、「現在の科学技術の物神化とそれに対する反動としての「反科学主義」との狭間にあって、われわれはどのような建設的な見通しをもつことができるか[9]」という形で問題を設定する。

そして、「ベルツの評言は当たっているにしても、しかし一方から見れば、移植が可能であったということ自体のなかに、すでに論理的に見て、近代西欧の科学を産み育てた思想的培地の一部は必然的に科学に伴われ日本に移入されていたということが言えるし、それが根本的に日本の基本的思想構造と入れ替わったのではないにしても、それを少しずつ変容させた、と言うことは指摘できよう」として、「不徹底移植」に「未知の要素を含むものとしての期待」を寄せることもできるのではないかと示唆している。[10]これは前期の時点での発言であるが、ベルツの発言を全面的に支持しているわけではなく、ここに後期の工部大学校への注目などとの連続性をみることができる。

## 四　制度としての現代科学

科学批判や反科学に近いものとして受け取られていた村上であるが、詳細に検討してみると、前期の時点でも合理主義を否定して社会構成主義などの立場をとっていたわけではないことがわかる。アインシュタインをめぐる科学史記述について、廣重徹の科学史と、ラカトシュ流の「合理的再構成」の科学史をとりあげた議論にそのことがあらわれている。廣重は、マイケルソン゠モーレーの実験がエーテルの存在に疑問を投げかけたことを受けてアインシュタインが相対性理論を出したとするそれまでの科学史記述は、当時の歴史的文脈を見ずにその後の科学の知見から過去を再構成したものであると批判した。科学哲学者ラカトシュは、クーンなどの議論を非合理主義として批判して、科学者の「心理」ではなく、科学の「論理」が基本であるとし、科学史の中心線は「合理的再構成」が与え、それから逸脱した科学者の心理や歴史的偶然は科学史の本文ではなく、「脚注で」記しておけばよいとして、そうした立場からアインシュタイン理論の形成過程は合理的であるとした。この二人の対立について、村上は全面的に廣重の側につくわけではなく、ラカトシュを「二つの制限を付したうえで、科学史のなかにその位置を認めたいと思う。その制限の第一は、それが実際に起ったことであると僭称しないこと（ただし、筆者は、自分の流儀の下に編まれた歴史が実際に起ったことであると断言する意志はない）、第二は、それがある種の教育的機能を果すと思われる場面においてのみ許されること」としている。そのことは「もとよりラカトシュが生きていたら、このような制限付けは自説の矮小化であると怒るだろうし、同じく広重もまた、そんな譲歩は怪しからんと抗議するであろう(11)」と一見不徹底に思われる見解を表明している。つまり、合理主義科学史つまり歴史的再構成による科学史は、「新しい科学論」を認めた上でも存続する（共存する?）というわけである。これはどういうことであろうか。

ところで最近興味深い科学史書『科学の発見』（文藝春秋、二〇一六年）が刊行された。この本は、ノーベル賞受賞の物理学者スティーヴン・ワインバーグによるものである。「私は物理学者であって歴史家ではないが、年を経るにつれて、科学史というものにますます魅力を感じるようになってきた。

科学史は驚嘆すべき物語であり、人類史の中で最も興味深い歴史の一つである」と考えて、自身が大学で行っている科学史の講義をもとにしてこの本を書いている。訳者は「最先端の理論物理学者ならではの、深い洞察力と独自の確固たる史観に貫かれた、骨太かつ硬派の科学史なのである」とその意義をしるしている(12)。

『科学の発見』が「確固たる史観」にもとづく科学史であることはそのとおりであろうが、その「史観」はかなり問題をもったものである。ワインバーグは「現代の基準で過去に裁定を下すという、現代の歴史家が最も注意深く避けてきた危険地帯に足を踏み入れるつもりでいる。本書は不遜な歴史書だ。過去の方法や理論を、現代の観点から批判することに私は吝かではない」といい、その史観は「時代遅れの社会構成主義者と距離を置く」ものであると主張している。つまり遡及主義の確信犯である。この本に対して、社会構成主義者で『リヴァイアサンと空気ポンプ』（名古屋大学出版会、二〇一六年）などの著者の一人である科学史家シェイピンが「なぜ科学者は歴史を書くべきではないか」という批判的書評を書き、それにワインバーグが「政治や宗教とは異なり、科学的知識は蓄積されていくものである」と反論していることが訳書に記されている。これは、ラカトシュ的な「合理的再構成」の復活であり、前期村上が批判した啓蒙主義科学観への回帰である。しかし、ワインバーグは、シェイピンなどの科学史家の議論を知ったうえで、あえて発言しており、歴史上のニュートンが錬金術などと関わった複雑な歴史的文脈にあった事実などを否定するわけではない。しかし、ニュートンが現代においてもっている「歴史的意義」は彼が結果的に残した物理学理論であり、そうした科学的意義のあるものを年表上に位置づけることが「科学史」の本流であり、周辺的な「好事家的事実」はどうでもよいというわけである。ワインバーグは、シェイピンなどに反対して科学史の中核は自分の側にあるとして譲らないであろう。これは、科学史だけでなく、「特殊史」全般に共通する問題である。

パスツールの自然発生説否定実験が、当時のフランスの政治状況のなかでのものであるという社会構成主義的記述を認めたうえでも、パスツールの実験の「科学史的」意義は従来と変わらないという主張がある。フランスの政治状況のなかで描かれたパスツールは、科学史ではなく政治史あるいはフランス史であるというわけである。それは科学史ではあってもせいぜいのところ周辺的なものであり中核ではないとされる。これは、音楽史、美術史、建築史などの「特殊史」が一般史とどう関係するかという問題の一例となっている。

特殊史とは、音楽の楽曲分析や美術の様式論、あるいは芸術作品の真贋鑑定、過去の建築物の復元のための研究など、一般史家が扱えない特殊な知識を必要とし、一般史とあまり関係をもたない固有の領域を形成している歴史である。そうした特殊史において「当時の歴史的文脈」を強調していくと一般史に吸収されてしまうので、特殊史は「遡及主義」を脱することはできないのではないか、という問題である。最近の世界史教科書では、ニュートンが錬金術に凝っており、近代的ではない側面をもっていたことも記述されてはいるが、それはケプラー、ガリレオ、ニュートンがどのような科学上の発見を行ったかという教科書本文の記述の脇に添えられたニュートンの肖像画の解説としてである(13)。

実際、特殊史としての音楽史においても、科学論と似た問題がおこってきた。かつては、フーガやソナタ形式などの楽曲の構造分析を、作曲家の時代状況などと関係なしに「芸術作品」として研究してきたが、それに対する批判として、音楽をめぐる歴史的社会的文脈を重視する研究があらわれた。それは一定の成果をあげ、例えば「当時のバッハの音楽の受け入れ方は現在とは違う」ことが認識されるようになった。しかし、それが従来型の楽曲分析にとって代わったわけではない。というのは、「バッハの音楽」は過ぎ去った過去のものではない。現在、バッハの宗教音楽は教会ではなく、当時は存在しなかったコンサートホールで「鑑賞」の対象となっている。つまり、バッハの音楽は当時とは違う文脈の中で現在受容されている。そもそも「バッハの正しい受容」といったものがあるのだろうか[14]、というわけである。ニュートンが現在では科学における英雄として、運動方程式などの物理学理論とともにその名が受容され定着しているのと類似の問題である。

　特殊史は、その作者、製作者が残した「作品」——理論、楽曲、絵画、建造物など——を、当時の歴史状況から切り離して独自の「歴史」を構成している。特殊史のある特定の学説が「誤り」であること示すのは、様式史の枠内で新な解釈を提出したり、科学上の発見で、通説と違う「本当の発見者」を主張するような形では可能であるが、それは特殊史という枠組みを受け入れた上でのことである。「事実は理論を打倒しない」というテーゼは皮肉なことに、「歴史的事実の解明は、啓蒙主義科学史を打倒しない」ことを基礎づける可能性がある。異なった二つのパラダイム、ワインバーグ科学史とシェイピン科学史は「共約不可能」であり、一方が正しく他方が誤りという関係ではない。

　こうしたことは、科学だけでなく芸術をふくめた文化全般に共通する問題である。リンネなどの近代博物学が博物館・ミューゼアムの発展と密接な関連をもっていることが知られているが、ミューゼアムの思想は一見特殊西欧近代のものにみえない普遍的なものとして全世界にひろがっている。「科学」「芸術」などは、単なる観念・思想ではなく、現実の社会制度のなかにその位置をもった現実的存在である。歴史研究によって「昔は今と違っていた」といった指摘をしても、それによって現実が変わるわけではない。それどころか、そうした指摘は「本筋とかかわらない」ものとして、あるいは単なる「好事家的事実」とみなされてしまうことにもなりかねない。「科学」や「芸術」のような近代的価値に深くかかわるものの相対化を、実践的にやろうとすると、イスラム原理主義者によるバーミヤンやパルミラの世界遺産の文化財破壊などになりかねない[15]。

前期村上の相対化の議論で引き合いにだされた文化人類学にも同様の問題があり、科学批判と思われてきた文化人類学が、素朴な実証主義科学に回帰しようとする動きがあるという。マリノフスキーの時代と違い、現在は途上国もそれなりの近代化をし、グローバル・ネットワークに組み込まれている。「文化の多様性」の尊重が建前となり、「世界遺産」などの制度ができ、そのため現地の「文化」が観光資源になったり、一部が欧米の美術館に「芸術」として収蔵品になって、かつての「文化」そのものが解体・再編成され、そうでない「当時の文化」は過去の人類学者の記録にしか存在しない、という問題である。これは特殊史をめぐる問題と共通するものである。村上が、西欧近代の相対化は科学論だけでなく文化のさまざまな領域での動向であるとして、文化人類学を引き合いに出していたことを先にみたが、このような形での、その後の展開（挫折？）にどう対応するべきなのだろうか。

## 五　村上科学論とは

アメリカでは、進化論との関連で「創造説」をめぐる裁判が行われ、「科学とは何か」が議論され、科学哲学者が出廷して証言しているが、その多くは反創造説の立場から証言している。それに対して、社会認識論で知られる科学哲学者スティーヴ・フラーは、なんと創造説を支持する側の証人として出廷して「素朴な科学観は誤り」と証言し、物議を醸した。フラーは、自身が創造説を支持しているわけではないことを一方では明言していながら、同時に創造説擁護側として法廷で証言している。村上はフラーの『知識人として生きる』（青土社、二〇〇九年）を翻訳し、その「解説めいた翻訳者のあとがき」で、次のように記している。

フラーは、知識人の役割は、「トピカ」を優先することにある、と主張しているように思われる。「あることが真である」か否かという問いに、簡単に答えてしまうことの危険性、ある人間が、あることがらの真偽を決めるための証拠集めをすることには、常に限界が伴うことの認識、それが、フラーが、本書で最も強調したかった点であろう。それを認めることが科学者や哲学者のような「学者」と、知識人を分ける最大の分岐点でもあることになる(16)。

「学者」と「知識人」を対比したこの文章は、直接にはフラーについて述べたものであるが、村上自身にもあてはまるのかもしれない。科学をめぐる「トピカ」についてそれぞれの時点で介入することが「知識人」であるとすると、それぞれの場での発言を、全体として一貫した理論や学説として、つまり「学者」の仕事として整理するのは、村上科学論の解釈としては限界があるのかもしれない。

多元主義の思想家バーリンは、『ハリネズミと狐』(岩波書店、一九九七年)において、一つの基本思想、体系を中心とした求心的構築派(ハリネズミ)と、遠心的に多様な対象を自分固有の心理的生理的脈絡のなかでとらえるタイプ(狐)の、二つの人間類型を提出した[17]。前者すなわち求心派としては、プラトン、ルクレティウス、パスカル、ヘーゲル、ニーチェなどを、後者の遠心派としては、ヘロドトス、アリストテレス、モンテーニュ、エラスムス、ゲーテなどをあげている。この本はトルストイの『戦争と平和』を論じたものであるが、バーリンによればトルストイはこのどちらでもなく、「本来は狐族であったのに自分はハリネズミであると信じていた」特異な人物としている。村上科学論の性格を考える、あるいは村上科学論をどう解釈し継承するかについて、フラーの議論とともに、示唆的なものがあるのではないだろうか。

最近、一九六〇年代後半から七〇年代にかけての日本における科学論とりわけ、その後消えていった科学批判的な契機にたいする注目がなされてきている[18]。村上科学論、とりわけその前期科学論もその一つとして検討されるべきものを多くもっているといえよう。

## 注

(1)『歴史としての科学』筑摩書房、一九八三年、六一頁。

(2) 同上、九頁。
(3)『動的世界像としての科学』新曜社、一九八〇年、i—ii頁。
(4) 前掲『歴史としての科学』五七頁。
(5)『文明のなかの科学』青土社、一九九四年、一六四頁。
(6)『日本近代科学の歩み〈新版〉』三省堂、一九七七年、一六八—一六九頁。
(7) 同上、一八〇—一八一頁。
(8) 同上、一八九頁。
(9) 同上、一九〇頁。
(10) 同上、一九一頁、一九八頁。
(11) 前掲『歴史としての科学』一〇〇頁。
(12) スティーヴン・ワインバーグ『科学の発見』赤根洋子訳、文藝春秋、二〇一六年。
(13)『世界史B』東京書籍、二〇一一年、二四四頁。
(14) 大崎滋生『音楽史の形成とメディア』平凡社、二〇〇二年、三八頁。
(15) 松宮秀治『ミュージアムの思想』白水社、二〇〇九年、一一頁。
(16) スティーヴ・フラー『知識人として生きる』村上陽一郎・岡橋毅・住田朋久・渡部麻衣子訳、青土社、二〇〇九年。
(17) アイザイア・バーリン『ハリネズミと狐』河合秀和訳、岩波文庫、一九九七年、八—九頁。
(18) 金森修編『昭和後期の科学思想史』(勁草書房、二〇一六年)、拙稿「反科学から科学批判へ——柴谷篤弘の科学論」(『生物学史研究』第九〇号、二〇一四年)六七—七六頁、同「制度化と科学批判」(『生物学史研究』第九二号、二〇一五年)七一—七三頁。

# 村上科学論の社会論的転回をめぐって

柿原　泰

## 一　村上科学論の社会論的転回

村上陽一郎の科学論の著作群を年代順に通覧し、大胆に前期と後期に分類すると、前期は科学史・科学哲学を中心とした時期であり、後期はＳＴＳ（科学・技術と社会、あるいは科学技術社会論[1]）に重心が移った時期と言えよう。村上が論じてきたことは多岐にわたっており、その論考は多方面に配慮の行き届いたものであるにもかかわらず、このように乱暴な分類をしてしまうことは、単純化の誹りを免れないが、あくまでも議論の端緒を開くためのものであることをお断りしておきたい。

前期の村上科学論は、一九六〇年代後半から一九七〇年代にかけて、まず日本の科学史（『日本近代科学の歩み』）に始まり、さらに西欧近代科学史（『西欧近代科学』『近代科学と聖俗革命』）に向かった。一九七〇年代半ばから一九八〇年代には、「新科学哲学」と括られることもあるハンソン、クーン、ファイヤアーベントらの議論を咀嚼しつつ、科学の理論転換のダイナミクスについてなど、哲学的探究も重ねられた（『近代科学を超えて』『新しい科学論』『科学のダイナミックス』など）。それらの仕事においては、村上自身の言葉を借りると、科学史と哲学との融合、つまり「思想構造の哲学的分析のための実験室」としての科学史と「科学を通じての哲学的探究」とを統一的に捉えようとすることを目指しているという特徴を有していた[2]。きわめて多産の一九八〇年代を経て、一九九四年刊行の『文明のなかの科学』『科学者とは何か』のあたりが転換期となり、後期はＳＴＳ（科学・技術と社会）に重心が移っていった。後期の特徴は、科学史を軸に見た場合、近現代の科学の変質を見るために、そして現代の科学・技術・社会を考えるために、科学史を援用する、というようにも捉えられよう。

前期の科学史・科学哲学から後期のＳＴＳへと議論の重心が移動した理由を村上自身は次のように説明している。外的なきっかけとしては、一九八九年に東京大学での学内異動で、教養学部の科学史・科学哲学教室から先端科学技術研究センターの科学技術倫理分野へと制度上のポストが変わったことが挙げられる。職場環境の変化（たとえば、それまであまり意識していなかった工学系の人々が多い職場になったこと）、そこで期待される専門領域の変化があった。内的な理由としては、科学史においてそれまで取り組んできた時代は中世から十八世紀の近代科学までが主であったが、十九世紀以降の科学の制度化という事態も重要なテーマと考え、科学の現代史をどう捉えるかということ、そして科学者集団の制度や構造に着目し、科学の制度化という論点を切り開いたマートンの科学社会学に対して、科学者集団と社会との関係を追究するという面では十分でなかったとして、それら残された課題に取り組もうとしたという[3]。

こうした自身による説明のうち、前者の外的な理由については、常に誠実な仕事ぶりの村上らしく周囲の期待に応えようとした姿が想像でき、納得させられる説明である。しかし、ここではその点に着目するのではなく、後者の学問内的な動機のほうに注目する。

そこで、本稿では、村上科学論における前期から後期への移行を「社会論的転回」と名付け、その特徴と問題点について論じることとしたい。そのために、まず科学史・科学哲学を中心としていた前期に遡り、そのなかで村上が科学社会学に対してどのような関心を持っていたのかを探る（二節）。そうして見出される傾向が、後の社会論的転回から後期にいたる村上科学論の特徴と問題点とに結び付けて考えられないかを検討することとしたい（三節）。

## 二　科学社会学への関心

村上は、科学史、科学哲学、科学社会学という科学論の三つの学問領域をしばしば「学問的三つ児」または「科学論三兄弟」と呼ぶ[4]。前期の村上科学論において、自らは科学史・科学哲学を中心に研究を展開していたが、科学社会学への目配りも早くから欠かさなかった。科学社会学を主題とする著書は見られないものの[5]、一九七〇年代半ばころから、科学社会学についての論考を出し始めている。

村上が科学社会学に関心を向けるようになったのは、自身の回想によれば、ヘルガ・ノヴォトニーの言葉がきっかけであったという。その言葉とは、一九七三年に日本で開かれた第二回国際時間学会で村上が日本側準備委員会の事務局を務めたとき、会議参加者であったノヴォトニーが熱っぽく語ったという言葉であり、学問としての科学社会学という観点からみれば、マートンやクーンの仕事はまだ準備的段階に過ぎず、科学社会学を本当に担うのは自分たちだという内容であった。村上は、「科学史－科学哲学のなかにいて科学社会学という学問に私が多少とも真剣な関心をもち始めたのは、そのへルガの言葉がきっかけだったことは忘れられない」と回想している。(6)

村上は、一九七五年に雑誌『情況』(特集「現代科学論の里程標」)に「科学社会学の展開」を寄稿している。(7) このころすでに翻訳書では、マートン『社会理論と社会構造』やベン＝デイヴィッド『科学の社会学』などが出ていたものの、(8) 当時の日本の科学論の状況からすると、一九七〇年代半ばというまだそれほど科学社会学が注目を集めていない時期に、「科学社会学の展開」を提示する論考をまとめているというのは、村上の目配りのよさがあらわれているように思われる。(9)

一九七五年の『情況』論文の内容を見よう。そこで科学社会学の展開として取り上げられているのは、まず、マルクス主義からの議論として自然科学の階級性の問題、次に、客観性をめぐる認識論の問題であった。さらに、自然科学の認識論の新しい動きとして、ハンソンやクーンといった新しい科学論(「新科学哲学」とも呼ばれる)、そして廣松渉らが取り上げられ、とくにクーンのパラダイム論における「科学者集団」という概念の導入が科学社会学の問題意識のひきがねの一つであったことが指摘される。この点は、後年の議論においても、しばしば強調されるポイントである。

続いて、より社会学プロパーのほうに目を向け、知識社会学の流れにあったマートンが取り上げられる。マートンによれば、科学社会学は「文化的、文明的所産を生みだす不断の社会的活動としての科学とこれをめぐる社会構造とのダイナミックな相互依存」を研究主題とするものである、という。村上は、とりわけ科学の「エトス」(規範)という概念に注目し、解説を加えている。

科学社会学は、科学が人間の活動であるという側面を捉え、「科学者」を問題にし始めた。科学の認識論的側面ではなく、科学者の営為という関心から科学者を規定する社会的条件の考察に向かう。その典型的な著作として、前出のベン゠デイヴィッドの『社会における科学者の役割』(邦題は『科学の社会学』)が挙げられる。

以上の他に、科学社会学が積極的な役割を果たさなければならない問題として、国家と科学、科学と軍事、科学技術政策、科学と機密、公害問題、教育と科学、産業形態と科学、科学者と倫理などを、村上は列挙している。

このように見てくると、科学社会学は、科学の知識体系と社会との関係を認識論的に問題にするものと、科学の社会的機能とその弊害を問題とするものとに分けられる。村上科学論の前期の傾向からすると、前者の認識論的問題が中心的な課題であり、村上の科学社会学への関心も主として前者のほうにあったであろうことは想像に難くない。この論考の締め括りが、「「科学社会学」は、科学と人間とをつなぐ絆の探究である……その点で、この領域は、すぐれて「哲学的」でもある[10]」とされていることを見ても、科学社会学への関心は哲学的なもの、認識論的なものが強いという傾向があったと思われる。その数年後の『科学のダイナミックス』においても、現代科学論の系譜のなかで科学社会学が取り上げられるが、同様の傾向のものと位置づけられる[11]。

この一九七五年の論文「科学社会学の展開」から見て取れる村上の科学社会学への関心の特徴は、既に触れたように、哲学的・認識論的なものが強かったということ以外には、「科学者」に注目し、そのエトス、規範の問題へ関心が向けられていたことも挙げられる。この点は、「社会論的転回」を示す代表的著作であり、後期村上科学論の出発点にも位置づけられるであろう『科学者とは何か』（一九九四年）に繋がっている[12]。他方で、科学社会学が積極的な役割を果たさなければならない問題として列挙されていた問題群については、たとえば、国家と科学、科学と軍事、公害問題、産業形態と科学など、後期の村上科学論において、まったく取り扱われていないわけではないものの、本格的には取り組まれなかったように見受けられる。村上は、別の論文で、マートンの科学社会学が「社会」を科学者の社会（科学者集団、科学者共同体）のことと狭く捉えがちであることに対して、「マートンの見損なっていた科学者社会と社会全体との濃密で有機的な関係をはっきり見すえるところから、新しい科学論、科学観、そして科学者観が出発するはずなのだ」と指摘している[13]が、そうした方向に自身が進んでいこうとしたわけではないようだ。

村上自身の整理の仕方とは異なるが、科学社会学の展開について、マートン的な科学社会学以外に、次の二つの流れがあると見ることもできる。すなわち、科学社会学には「科学的知識の社会学」と「科学の社会科学」と呼べるようなものがあると。「科学的知識の社会学」とは、哲学的・抽象的に定式化されてきた事柄（たとえば、「科学的知識が共同主観的に基礎づけられる」）を、もっと具体的に、どのように歴史的・社会的に規定されているか論ずるもので、認識論の拡張された考え方である。「科学の社会科学」とは、近代科学は、政治的あるいは経済的な基盤をもち、技術という現実の社会と密接に関係した知的な営みである側面を論ずるもの（たとえば「科学の政治経済学」のような）とされる[14]。前者の「科学知識の社会学」はＳＳＫと略称され、ポスト・クーン派の流れに位置づけられるが、そうした科学社会学のその後の展開について、村上はそれほど関心を向けなかったように見受けられる。「科学知識の社会学」が認識論の拡張された考え方であるという側面に着目すると、すでに哲学的に定式化されてきたことをいまさらながら社会学的に追究するものと理解されて、魅力が感じられなかったのかもしれない。そうであれば、科学社会学に対して哲学的問題を重視した議論を展開するローダンやヘッセの翻訳に携わることはあっても、[15]「科学知識の社会学」(SSK)にはほとんど関心が向かなかったのも不思議なことではない。とはいえ、科学史研究の側面からみると、一九七〇―八〇年代にかけて、(英語圏の)科学知識の社会学は、歴史的な題材を対象にして社会学的な分析を加えることによって、魅力的な科学史研究を活発に進めていたように見えることからすると、[16]哲学的関心にこたえるものではなくとも、歴史的・社会学的に興味深い展開であったと思われるだけに、その方向性に関心が向けられなかったのはなぜだったのか、疑問に感じる。さらに、村上の科学社会学への関心は、後者の「科学の社会科学」という方向にもあまり向かわなかったように見える。この点を含め、次節で社会論的転回以降の後期の村上科学論について検討することにしよう。

## 三　科学者への注目と科学の変質の捉え方

後期の村上科学論へと社会論的転回を遂げる転換期の代表的著作として、『科学者とは何か』が挙げられよう。きわめて多くの読者を得たという意味でも代表的著書の一つと言えるだろうこの本では、唐木順三の科学者の社会的責任論から議論を始め、科学者のエトス、倫理、責任の問題を中心的に論じており、科学者共同体の形成や行動様式を手際よく解説している。前節ですでに触れたように、こうした議論の対象は、前期の村上科学論において言及された科学社会学への関心と結びついているところであると理解できる。

村上の科学社会学への関心は、科学者のエトス・規範や科学者共同体のほうに集中する傾向がある一方で、科学（や科学者）がどのような社会的・政治的な構造的ダイナミックスのなかでどのように機能したか、という方向には向いていかないようだ。前節で触れたように、村上は、「科学者社会と社会全体との濃密で有機的な関係をはっきり見すえる」ことが重要であり、科学社会学が積極的な役割を果たさなければならない問題として国家と科学、科学と軍事、公害問題、産業形態と科学などを列挙していたことを想起すると、取り組むべき重要な課題であるという認識はあったことがわかるのだが、実際にはそうした方向へと進んでいかない。

環境問題の捉え方を例にとると、公害を引き起こした経済的・社会的構造の問題、そしてそこに科学（や科学者）がどのように関わったのか（例えば、公害の原因究明を遅らせることに貢献する科学者たち、いわゆる御用学者の存在）を問題の俎上にのせていくという方向が考えられる。もちろんそのような議論は、他の論者が取り組んでいるので、その方向に議論を進めなくともよいと考えたのかもしれない。『科学者とは何か』においては、公害問題と環境問題の別を述べ、環境問題に対して、自然科学の細分化による狭い範囲に専門が限定された科学者では太刀打ちできないこと、したがって狭い専門に閉じこもらず、多様な知識を組み合わせる必要性と、行動規範の点でも狭い科学者共同体の内向きに閉じこもっていてはいけないことなどを指摘している。このような議論の傾向は、前期における科学社会学への関心の所在と繋げて考えると、理解できることでもあろうが、環境問題についての考察としてはそれだけでよかったのだろうか。疑問点として提示しておきたい。

次に、後期の村上科学論のテーマとして、現代の科学研究の変質を問題にしていることを挙げる。『文化としての科学／技術』（二〇〇一年）などで論じられているが、そこではどのように捉えているのかを見よう。

科学研究の様態《タイプ》の変化を歴史的に三つに分け、前科学期《プレ》、プロトタイプ期、ネオタイプ期とする。プロトタイプ期は、十九世紀に近代科学ないし科学者なるものが誕生したというそれまでの村上の議論をふまえ、現代科学の原型ができた時期とされる。二十世紀の半ば、代表例にアメリカの原爆開発・マンハッタン計画を挙げて、現代の科学研究が変質していく時期、それをネオタイプ期とする。前《プレ》科学期は、村上がしばしば主張するように、まだ「科学」とも呼べない時期で、十八世紀の聖俗革命を経る以前を指す。

こうした議論に対して、いくつか疑問点を提出すると、ひとつは、十九世紀のプロトタイプ期について、歴史から見て、言われるようなプロトタイプが形成されたといえるのだろうか。そこでは、いわゆる「科学の制度化」論と言われているものと重なる議論がなされているが、他の多くの論者と若干違うところもある。それは、例えば廣重徹や古川安の『科学の社会史』[17]をはじめとした「科学の制度化」論のなかでは「専門職業化」（professionalisation）という事態が重要視されているが、村上のプロトタイプ期の議論では、「専門職業化」は取り上げられず、科学の分野が専門化し分化していく（専門細分化）、そして専門の個別学会が組織化されていくこと、あるいは、科学者が論文というものを書くようになって、それがピアレビューで評価されるという制度ができてくること、それらのことに力点が置かれている。他方で、『科学者とは何か』においては、知識職能集団（profession）という観点から、科学者集団・共同体の形成と責任・倫理の問題が批判的に論じられているのに対して、他の論者の「専門職業化」論では、規範という視点からの考察が欠けており、プロフェッションの形成を責任・倫理の問題と絡めて見ようとするところがほとんどないことを指摘しておきたい。「専門職業化」ははたしてプロフェッショナル化と言えるのかどうかという疑問が生じる。

科学の専門職業化の議論については、近年の科学史研究の蓄積をふまえてみると、十八世紀末から十九世紀にかけて、例えばフランスのエコール・ポリテクニクで科学者たちがプロフェッサーに就いていくという事態や、ドイツで近代的な大学が成立し、そこに科学も位置づいてきたことなどから、専門職業化が進んできたとされるが、科学者あるいは科学研究者というものが職業になったと言えるほど、その当時に職が多くあったわけではないと捉えられる。十九世紀の中等教育の広がりのなかで、大学で科学を学んだ者が科学（理科）の教師になっていくという途ができたことは大きいだろうが、専門職業化がどの程度進んだのかという観点からすると、いまだ途上の時期にすぎないように思われ、現代の科学のプロトタイプとして捉えるにしては基盤が弱いのではないだろうか。

十九世紀の近代的な大学の成立については、しばしばフンボルト理念が強調されてきたが、近年の研究では、十九世紀の間にはフンボルト理念というものは実際にはほとんど知られておらず、二十世紀になってから再発見されて、つまり後になってから近代大学の象徴のように持ち上げられるようになったとされる。[18] この論点の可否自体は別途検討が必要であるのでここでは措くが、プロトタイプを措定しようとするとき、同じように今日的視点から歴史を見てしまってはいないだろうか、現代の視点に合わせるように像を作り上げてしまう傾向（ある種の勝利者史観）が出てしまってはいないだろうかと問いかける必要はあるだろう。分析のための視点が、現代の視点になることは実際上は致し方ないことであろうが、この科学研究の変質に関する議論においてはどうなっているのだろうか。二十世紀の現代科学から見てプロトタイプを措定し、そこから遡ってそれは十九世紀に成立していたとする、つまり二十世紀の現代科学の変質（ネオタイプ）を強調するために、十九世紀の歴史像をやや単純化して、諸々の特徴を押し込めたきらいがあるのではないだろうか。ここでは、十九世紀の科学史の描き方という点からみて、この議論を再検討する余地について、論点を提出するにとどめる。

プロトタイプ期の科学は、好奇心駆動型（curiosity-driven）であるのに対して、ネオタイプ期には使命達成型あるいは使命指向型（mission-oriented）の研究、プロジェクト化した研究に変質してきたとされ、そこに問題性をみるという図式になっている。そうすると、それらの科学のタイプそれぞれに対して、村上はどのように価値的な評価を下すのであろうか、また望ましい科学・科学者像とはどのようなものなのか、という疑問が浮かぶ。

プレタイプ期の科学（これを村上はまだ「科学」とは呼べないとするが）から十九世紀のプロトタイプ期に変化するのに、十八世紀の聖俗革命を経るという。聖俗革命によっていわゆる神の棚上げが起こったことを考慮すると、プロトタイプ期の好奇心駆動型の科学はどのように評価されるのだろうか。好奇心駆動型の科学は、ミッション（使命）がなく、形成された科学者共同体内部の仲間に向けた研究に没頭することによって、「無責任態勢」という（強い）言葉で表される特徴をもつようになったとされることからすると、望ましい科学のあり方だと村上は見ていないように思われる。しかし、使命達成型のネオタイプとの対比では、好奇心駆動型の「基礎科学」「基礎研究」を重要なものとして擁護しているように見受けられる。他方で、科学者の責任の観点から、好奇心駆動型の内向きに閉じた科学を問題視し、環境問題などを例に、科学者共同体を外部に開いていくことを説いている。このように見てくると、使命（ミッション）と言ってもそれが何を指すのかを問う必要がある。たとえば国家政策や大企業などから求められているものなのか、それとも公害問題・環境問題のような公共的な問題として解明・解決を広く人々から求められているものなのか、どのようなものとして捉えるのかで、大きく異なるであろう。使命というものを、科学者の意識や規範の問題としてだけ捉えるのでは問題把握として十分でなく、社会的な構造的問題として、どのような力関係、利害関係のなかにおける、どのような使命なのかを問うことが必要なのではなかろうか。とくに二十世紀後半以降、科学が体制化し（廣重徹）、国家資本科学技術（斎藤光[19]）とも呼ばれる情況においては、なおさらそうである。

そうしたことをはっきりと問題化すること、たとえば、国家資本科学技術の代表例である核・原子力の問題について、いかに現在のような情況を招くに至ったのか、歴史的に問い直し、政治的・経済的・社会的な構造的問題として捉えることは、現代の科学技術論における重要な課題であろう。村上科学論では、そうした課題への取り組みが弱いという問題点を抱えているように思える。

ここでは、前期の村上科学論における科学社会学への関心の所在の特徴からそうした傾向の一端を捉え、その傾向は社会論的転回以降の後期村上科学論における問題点にも繋がっているのではないかと考えた。そして、この問題点は、必ずしも村上の影響だとは言えないだろうが、日本の現在のST

S（科学技術社会論）のもつ傾向にも当てはまる問題点であるように思われる。

## 注

（1）なお、村上自身は、あまり科学技術社会論と呼ぶことはなく、「科学・技術と社会」（という題名の教科書的著作がある。一九九九年刊）あるいは（「科学・技術と社会」の英語 Science, Technology and Society の頭文字をとって）ＳＴＳと呼ぶことが多いようである。科学技術社会論学会が二〇〇一年に設立されているが、その後、たとえば二〇〇八年の時点でも、「「科学・技術と社会」（ＳＴＳ）」と呼んでいる。『科学・技術の二〇〇年をたどりなおす』ＮＴＴ出版、二〇〇八年、二三五頁。

（2）『西欧近代科学』と『近代科学と聖俗革命』の「まえがき」を参照。

（3）村上陽一郎（聞き手・平川秀幸）「〈科学の現在〉を捉える」『現代思想』第二九巻第一〇号、二〇〇一年八月、三四—三六頁。

（4）たとえば、村上陽一郎編『現代科学論の名著』中央公論社、一九八九年、vi—viii頁。

（5）日本の社会学のほうから、村上の仕事がどのように評価されているかをうかがわせる例として、次の二つの例を挙げておく。『社会学文献事典』（弘文堂、一九九八年）には、重要文献として『近代科学と聖俗革命』が選ばれている（項目執筆は著者・村上自身による）。また、『社会学ベーシックス』第三巻『文化の社会学』（世界思想社、二〇〇九年）にも同じく『近代科学と聖俗革命』が選ばれている（解説の執筆者は斎藤光）。

（6）村上陽一郎「刊行によせて」（Ｒ・Ｋ・マートン『マートン科学社会学の歩み——エピソードで綴る回想録』成定薫訳、サイエンス社、一九八三年）i—ii頁。なお、村上は、ノヴォトニーもメンバーであった *Sociology of the Sciences Yearbook* の編集委員（Editorial Board）に Vol. 16（1993）から Vol. 23（2003）まで名を連ねている。

(7) 村上陽一郎「科学社会学の展開」『情況』第八四号、一九七五年七月、五―一四頁。
(8) ロバート・K・マートン『社会理論と社会構造』(森東吾・森好夫・金沢実・中島竜太郎訳、みすず書房、一九六一年)、ノーマン・W・ストーラー「科学社会学」松本和良訳(T・パーソンズ編『現代のアメリカ社会学』東北社会学研究会訳、誠信書房、一九六九年)二〇三―二一五頁、ヨセフ・ベン=デービッド『科学の社会学』(潮木守一・天野郁夫訳、至誠堂、一九七四年)など。それらよりも前の重要な文献に、J・D・バナール『科学の社会的機能』(坂田昌一・星野芳郎・龍岡誠訳、創元社、一九五一年/勁草書房、一九八一年)が挙げられる。
(9) このころの日本の科学論における科学社会学については、詳細に検討することができなかった。早い時期の科学社会学の論考の例として、中村禎里「日本における生物科学の条件――科学社会学のこころみ」(初出一九六六年、『生物学と社会』みすず書房、一九七〇年、所収)を挙げておく。一九八〇年代になると、科学社会学を主題とした論文もだいぶん出るようになった。村上の一九七五年の論考からちょうど一〇年後の例を挙げると、『現代思想』特集「パラダイム論以後」(第一三巻第八号、一九八五年七月)には、成定薫による同題の論文(「科学社会学の展開」)を含めた数本の論考が、『理想』特集「科学・非科学・反科学」(第六二八号、一九八五年九月)には、倉橋重史「科学社会学の最近の動向」を含む数本の論考が掲載されている。
(10) 前掲、村上陽一郎「科学社会学の展開」一四頁。
(11) 村上陽一郎『科学のダイナミックス』(一九八〇年)の「I 現代科学論の系譜」の「8 科学社会学との関連」(初出は『数理科学』一九七九年十月号)。
(12) マートンのエートス(CUDOS)に対比させてPLACEを提唱したザイマンの翻訳も村上は手がけている。J・ザイマン『縛られたプロメテウス――動的定常状態における科学』(村上陽一郎・川崎勝・三宅苞訳、シュプリンガー・フェアラーク東京、一九九五年)。

(13) 村上陽一郎「社会的存在としての科学者――科学社会学的立場から」『AJICO NEWS & INFORMATION』No. 65、一九七八年八月、七頁。
(14) 伊東俊太郎・村上陽一郎・佐々木力「座談会」(伊東俊太郎・村上陽一郎編『講座科学史 二 社会から読む科学史』培風館、一九八九年)三四三―三四四頁。
(15) L・ローダン『科学は合理的に進歩する――脱パラダイム論へ向けて』(村上陽一郎・井山弘幸訳、サイエンス社、一九八六年)、マリー・ヘッセ『知の革命と再構成』(村上陽一郎・横山輝雄・鬼頭秀一・井山弘幸訳、サイエンス社、一九八六年)。
(16) 翻訳のあるものをいくつか例示すると、D・ブルア『数学の社会学――知識と社会表象』(佐々木力・古川安訳、培風館、一九八五年)、ロイ・ウォリス編『排除される知――社会的に認知されない科学』(高田紀代志・杉山滋郎・下坂英・横山輝雄・佐野正博訳、青土社、一九八六年)、スティーヴン・シェイピン『「科学革命」とは何だったのか――新しい歴史観の試み』(川田勝訳、白水社、一九九八年)。SSKからの科学史研究の代表的研究で、一九八五年刊行の次の書も最近翻訳された。スティーヴン・シェイピン、サイモン・シャッファー『リヴァイアサンと空気ポンプ――ホッブズ、ボイル、実験的生活』(吉本秀之監訳、柴田和宏・坂本邦暢訳、名古屋大学出版会、二〇一六年)。
(17) 廣重徹『科学の社会史』(中央公論社、一九七三年、岩波現代文庫版、二〇〇二―〇三年)、古川安『科学の社会史』(南窓社、一九八九年、増訂版、二〇〇〇年)、ほかに、吉田忠「科学と社会――科学の専門職業化と制度化」(村上陽一郎編『知の革命史1 科学史の哲学』朝倉書店、一九八〇年)九三―一七一頁。
(18) 潮木守一『フンボルト理念の終焉?――現代大学の新次元』東信堂、二〇〇八年。
(19) 斎藤光「「科学技術基本法」の構図と意味――国家資本科学技術の錯視作用と不可視化」『情況』第四期第四巻第一〇号、二〇一五年十二月、一〇三―一一六頁。

# 村上医療論・生命論の奥義

小松美彦

## 一　序にかえて

村上陽一郎は、廣松渉追悼論文集『廣松渉の世界』（『情況』一九九四年五月臨時増刊）に、「科学哲学と廣松渉」と題する小論を寄せている。それは、廣松が大森荘蔵の後任教授として東京大学教養学部教養学科の科学史・科学哲学分科に学内異動して以降、科学哲学をめぐって果たした偉功を追想し讃えたものである。村上と廣松との〝意外な〟学問的共通性については後述するが、本稿でまずこのエロージュを取り上げたのは、その冒頭の件《くだり》のためである。「私の書棚の一角、それもかなりな量の一角を、廣松渉の著書群が占めている。それは、圧倒的な質と量であって、一種の威圧感を放って立っている」（一三三頁）。

この件は、おそらく多くの者が思うように、廣松渉の部分を村上陽一郎に置き換えても成立するものだといえよう。村上は、一九六八年（三二歳）の『日本近代科学の歩み』を嚆矢として、二〇一六年（傘寿）の現時点までに、単著書だけでも五十冊近くを上梓してきたのである――周知のように、単著以外に、数多の編著・共著・論文・随筆・翻訳・座談等々がある。しかも、それらのテーマはまことに多岐にわたっており、また、信仰と実存に根差した独自の科学史観と啓蒙思想が通奏低音をなしているように感じられる。

このように奥行きの深さと裾野の広さを擁した村上の業績群のうち、本稿では「医療論・生命論」について論じてみたい。主に参照するのは、『近代科学と聖俗革命』（一九七六年。以下、『聖俗革命』）、『生と死への眼差し』（一九九三年。以下、『生と死』）、『生命を語る視座』（二〇〇二年。以下、『視座』）である。当該テーマに係わる他の村上文献も渉猟したが、紙幅の制約上、言及できないものが少なくない。この点に鑑みれば、やはり多くを論及できない『新しい科学史の見方』（一九九七年。以下、『新しい科学史』）は、短編の教科書ではありながらも、村上科学史学の集大成として全業績のうちの要の一書だと思われることを、はじめに記しておきたい。

論述は次のように進める。まず、村上医療論・生命論の「全形の特徴」と「基本思想」とを押さえる（二節、三節）。ついで、それらを支える「人間観・存在観」に踏み込む（四節）。そして最後に、以上の議論を深化させながら、村上の学問的営為の要諦を考察する（五節）。こうした作業は、ひとえに狭義の医療論・生命論の検討にとどまらず、村上の事績全体における広義の医療論・生命論の奥義を剔出する試みでもある。

## 二　全形の特徴

村上医療論・生命論の全体的な特徴から見ていこう。

まず、第一の特徴として、村上の著書を一度でも通読した者なら誰しもが感じることであろうが、議論がきわめて慎重に展開されるという作風が挙げられる。断定表現は控えられ、誤解されかねない記述には念が押され、想定される批判に対しては静かに説得がなされる。こうして平明かつ温雅な文体で論述されていくのである。村上の「センス」（美学）といってよいだろう。

ただし、時として、強めの批判や立場表明が登場する。人工中絶（『視座』六四頁）、代理母出産（同、一四九—一五〇頁）、受精卵利用（同、一一四、一一七頁）、クローン技術（同、一〇八—一一二頁、ただし批判は弱い）、などに対してである。とりわけ、人工中絶に対する批判は、フェミニズムの主流派の基本主張にまで及んでいる。すなわち、受胎後何週間かまでの胎児は苦しみ痛む人間としては認めず、「それ」を殺しても殺人には問われない現状を、「ナチスの例と本質的にどこが違うというのだろうか」（『生と死』二二七頁）、と人工中絶一般を問うたうえで、フェミニズムの主張をこう断ずるのである。

一時期「産む産まないは女の権利」という表現がまかり通ったことがあった。そこでは胎児は明らかに「もの」ではあっても、自分と同じように痛み苦しむ「人間」であるという意識はない。

ユダヤ人を牛馬のように扱った扱い方と、どこが違うと言えるのであろうか。（同、二二八頁）

慎重で静謐な叙述という第一の特徴には、時おり現れるこのような怒りに近い批判や否定が含まれている。省みるなら、かかる批判・否定は基本的には人間の生殖・出産をめぐる技術操作に対してなされているのだが、それらはローマ・カソリックが公認しないものと重なっている。[1] ここに体現されているように、村上の議論はたとえ抑制が感じられようとも、やはりキリスト教的なのであり、それが第二の特徴である。

この第二の特徴をさらに見るなら、それは『生と死』の本文の閉じ方に象徴的に具現していよう。同書の最終章は「「死を想う」・「死を語る」」という題名であるが、眼目は「永遠の生命」の考察である。この「永遠の生命」こそは、まさしくキリスト教の中心理念に他なるまい。『生と死への眼差し』の「眼差し」は、つまるところ「永遠の生命」に向けられていたのであり、それをもって本文は閉じられているのである。しかもまた、その末尾で村上は、賞獲得競争とは無縁で透徹した科学批判を生涯にわたって繰り拡げた分子生物学者シャルガフを引き、「永遠の生命」に関して独自の解釈を示しているのである。

ものやこと、そして人が、この世の表面から消えて、朽ち去ったとしても、その「記録」はその神秘体のなかに残る、残らざるをえない。それが「世界」である。その記録の神秘体のなかにわれわれも永遠に生き続けられる、というよりは生き続けなければならない宿命にある。そんな風に考えられるのではないか。

「永遠の生命」も、そう考えてみると、肩を怒らせて信じてみなければならない信仰箇条ではなくなってしまう。ごく当たり前のことであり、何ら特別なことではない。存在したということは、すなわちその神秘体の一員である、ということに等しいのだから。私はそう考えてほっとしている。〔…〕この思いがけないほど当たり前の教えを、私は異色の科学者E・シャルガフの著書から学んだ。(2)(同、一二三八頁)

繰り返しを憚らずに確認すれば、右が医の倫理や脳死やエイズや尊厳死等々について論じてきた『生と死』の幕引きの言葉である。生と死をめぐる「眼差し」は、すぐれて(ユダヤ・)キリスト教的な「永遠の生命」を焦点(消失点)としていたのであり、それゆえ、同書は「永遠の生命」を中心に据えたキリスト教的な遠近法の書物となっていると見なせよう。

以上のような第二の特徴については他の論拠をいくつも挙げられるが、先を急いで第三の特徴に移ろう。第一と第二の特徴がいわば「構え」のそれであったのに対して、第三の特徴は医療論・生命論における「方法」に関するものである。

結論から述べると、村上医療論・生命論の最大の方法論的特徴は、科学史・科学哲学的であることであろう。次節で見る「基本思想」とも重なるが、村上は生命の把握や医療が物質科学化している事態を最も問題視し、その問題性を科学史と科学哲学の観点から解き明かしていくのである。この特徴は規模を別とすれば随所に見られるが、ここでは「医の倫理」を主題とした「医の倫理と科学者の倫理」（『生と死』所収）の論述法を追ってみよう。

近年では「医の倫理」というと、米国発の「生命倫理」（バイオエシックス）が想い浮かぶだろう。実際、日本の高等教育や各機関・制度で大勢を占めている「医の倫理」も、米国型の生命倫理に他ならない。「自律・無加害・善行・正義」を四原則として、それらを臨床にプラグマティックに当てはめることを基本とするものである。[3] この米国型生命倫理の隠れた特質の一つは、議論が非歴史的だということである。すなわち、米国型生命倫理には、そもそも生命がいかなるもの・ことであり、その把握がどのように歴史的に推移して今日に至ったのか、「生命」の「倫理」にあって必須のはずのこの根本を探究する姿勢はまず見受けられない。たしかに、生命倫理が「ヒポクラテスの誓い」を起源として、中世の「キリスト教医療倫理」や啓蒙時代の「医のエチケット」を経て、現在のものに帰着した概要が論じられることはある。だが、その多くは編年史的な〝年表〟にすぎず、現今の生命倫理にとって旧来の「医の倫理」は凌駕すべきものでしかないのである。

このような生命倫理に対して、村上の論考「医の倫理と科学者の倫理」は、議論の立て方を全く異にする。それは、古来、医師がいかなる職業者であったかの確認から始まる。つまり、古代ギリシア以来、医師とは、単に病気を癒す技術者ではなく、患者の苦しみを分かち合うことを本義とする職業者であり、一種の知的サービス業者であることが確認される。ただし、知的サービス業という点からすると、十九世紀になって誕生した科学者も同様である。村上によれば、知的サービス業という点では医師と科学者は同種ではあっても、しかし、両者がもつ行動基準・倫理にはズレがあり、このズレにこそ、現代の「医の倫理」をめぐる重要な問題が潜んでいるのではないかというのである。

こうして村上は、この仮説を論証・実証すべく、医師／医療と科学者／科学の歴史を詳述する。[4] そして、両者の歴史的な性格のズレが明らかになったところで、問題の核心を突き出す。「一言で言ってしまえば、医師は現在では科学者になってしまったのではないか」（同、五一頁）、と。すなわち、医師の科学者化・医療の科学化により、医師本来の行動基準・倫理が科学者のそれへと変移し、この事態を現代の「医の倫理」を考えるさいの前提とすべきだというのである。だが、そうだとすると、現在にあって真に考えるべきは、伝統的な「医」ではなく、新参の科学者の行動様式を伴った医師像に他ならないことになる。かくして、村上は、かような新規の医師と医がもたらした陰の部分を、ここでもまた歴史的に押さえたうえで（特に優生学とナチスの人体実験）、「医療の世界は、かつてのヒッポクラテスの時代の「倫理綱領」とは全く異質の「倫理」を考えなければならない場所に立たされることにもなったのである」（同、五八頁）、と結ぶのである。[5]

以上のように、「医の倫理」をめぐる議論ひとつ取っても、村上の議論の仕方は時代の趨勢（米国型の生命倫理における議論）に反して、いたって歴史的であり、科学史・科学哲学が基盤となっているのである。

## 三　基本思想

前節で概観した三種の大枠的な特徴（慎重な論述展開と時折の裁断、キリスト教的、科学史・科学哲学が基盤）を有した村上医療論・生命論にあって、思想内容はどのようなものであろうか。本節では、その最も基本的に思われるもの（基本思想）を見ていきたい。

第一に、患者を痛み苦しむ生身の個人として、しかも全体的な個人として捉え、徹頭徹尾尊重する、ということが挙げられる。

この基本思想は、一般論や抽象論にとどまらず、賛否が大きく分かれる現実的な具体的問題に対しても貫かれている。たとえば、前節で見たように、村上はまさにこの思想から、人工中絶とそれを是とするフェミニズムの主張に論難を浴びせた。また、脳死・臓器移植臓を慎重に問いなおす場面では、人間が臓器や五感の寄せ集めではなく、「一つの感覚体」「一つの解釈体」「一つの行動体」だと把握したうえで、こう明言している。「言うも愚かなことながら、ある人が、仮に心臓に障害があって、それによって「苦しみを受け取っている」としても、しかし、「苦しんでいる」のはその人の「感覚体」としての全体であり、「解釈体」としての全体でもあり、そしてまた「行動体」としての全体でもある」（『生と死』七九頁）。ここで「全体」が強調されるのは、村上の基本思想にはキリスト教の人間観が、わけてもカソリックの人間観が浸透していることも関係していると思われる[6]。

患者に関するこのような把握は、おのずと医師に対する見解に繋がっている。それは、村上がしばしば《pathēma》―《sympathy》の元来の意味に言及する点によく表れている（たとえば、『生と死』三〇、七九、一八七、二二三頁）。すなわち、ギリシア語で「病気」を意味する《pathēma》の元々の意味は「苦しみを受ける」であり、したがって、医師の役割は、患者の苦しみを単に技術的に癒すだけではなく、その苦しみを「共にする（syn）」ことだった。つまり、英語の《sympathy》という語の本来の用法（syn＋pathēma）を遂行することが医師の役割であった、というのである。

患者と医師をかように捉える村上にとって、両者の関係はあくまでも対等であらねばならない。父たる医師が子たる患者に強権を下す父権主義的関係はもとより、患者が自身の判断を医師に委ねる母権主義的関係も肯んじないのである。そこで村上が提唱するのは、「人格と人格が切り結ぶ医師—患者関係」（同、一二三頁）である。その実現は満腔の願いのように感じられる。ただし、ここで言われる「人格」という言葉にも、キリスト教的な意味が溶け込んでいる可能性に留意が必要であろう。「人格」とは、十三世紀の至高のキリスト教神学者トマス・アクィナスの所論（*De Potentia*, II, q.8 a.4 co. Respondeō, 1279）以来、キリスト教思想では「人間の尊厳」概念の中核をなしてきたからである。[7]

以上のような村上の一連の医療観の原点には、患者を生身の全体的存在者とする揺るぎなき把握が基本思想として既在するのである。

さて、「人格と人格が切り結ぶ医師—患者関係」を追求する村上が重視するのが、「自己決定権」と「インフォームド・コンセント」（以下、ＩＣ）である。村上にとってそれらは、法律や社会慣習的な同意に勝るものであり、この重視の内実が第二の基本思想になっているといえる。それらに対する通常の評価とは評価の次元そのものが異なるからである。

畢竟するに、村上にとって自己決定権とＩＣとは、まず、「人格と人格が切り結ぶ医師—患者関係」を実現するための一つの突破口なのである。ただし、いや、そうであるからこそ、この突破口をめぐる村上の姿勢は非常に厳しい。ＩＣを通じた患者の自己決定を「生涯をかけた決定」（『生と死』一九頁）と呼び、別の場面ではさらに、「自分の存在をかけた判断」（同、九〇頁）と、ただならぬものを感じさせる表現で言い換えているのである——この点については存在観との関係で後に触れる。

しかも、村上は次までも言明する。

仮に医師の側から見て、患者の下した決断が不合理であったとしても、例えば、それが、その医師が扱う患者の平均救命率を下げるような決断であったとしても、それが患者の十分な配慮のなかで引き出されたものである限り、医師はそれを引き受ける義務があるだろうし、逆に医師は、そのような決断を患者から引き出すために、あらゆる努力を傾ける義務を担わされていることになるだろう。

如何なる生を生きるか、それは、他人の容嘴《ようし》を許さないことであり、その人自身の決定すべきことである。医師が、患者の生を左右できると考えたり、自分にすべてを任せない患者は間違っていると考えるとすれば、それは、ここ一五〇年ほどの近代医療の「成功」なるものがもたらした傲慢の結果である。（同、一九─二〇頁）

村上にあって類例の少ない激烈な主張であるが、氏の深奥に患者の「生涯をかけた決定」「自分の存在をかけた判断」という認識が控えているからこそのなせる業であろう。それゆえ、ここには、注目すべき重要な説明が加えられている。患者の意思決定には「先生にお任せします」という形態も含まれ、それは医師という権威への妄信や隷従ではなく、あくまでもICの結果でなければならない、というものである。そして、この意味で「お任せします」が成立したとき、「そこに初めて、人間と人間としての医師と患者の新しい、豊かな信頼関係も得られるはずである」（同、二〇頁）、と述べているのである。

してみると、村上にとって自己決定権とICとは、「人格と人格が切り結ぶ医師―患者関係」を実現するための方法論的な突破口であるばかりではないだろう。臨床現場でそれらの理念が本来の意味で成就することによって、旧来の父権主義的・母権主義的関係が同時に乗り越えられている状態、つまりは、「人格と人格が切り結ぶ医師―患者関係」が開花した状態のことでもあるだろう。自己決定権とICとは、理想を生み出す可能性であるとともに、その可能性が実現した状態でもあるのだ。村上による当の二概念の重視の内実が通常とは次元を異にし、そして基本思想になっている所以である。

ただし、かように評価できるからこそ、少々付言しておきたい。それは、そもそもICにおいては今日の議論では省略・忘却されてしまっている理念――管見のかぎり村上も全く論及していない――が基礎をなしている、ということである。日本では唄《ばい》孝一が指摘してきたことだが[8]、ICの深層には《integritās = integrity》というキリスト教の伝統概念が横たわっているのである。元来は、「触れてはならないもの」という意味をもち、それゆえ、神によって創られたままの一つに纏まった完全な人間の在りようを指し、「被全一性」とでも訳しうるこの概念は、トマス・アクィナスが医術による四肢切断の当否を論じるさいの基盤となり、さらに十六世紀のキリスト教的新プラトン主義者フェルネルが生理学に導入して、近年の米国の生命倫理の議論でも潜在的な要をなすものである[9]。それは、村上が生身の患者を捉えるときに重視した「全体（tōtus = totality）」というやはりキリスト教的な伝統概念と、意味的に重なる部分がある。かくして、ICとは、神が恵与した人間の「被全一性」に人間自身が技術的に介入することの是非という神学問題に係わっているはずである。以上は、他ならぬキリスト者村上が精査し討究すべきことに思われるのである。

議論を本題に戻し、さらに進めよう。

村上医療論・生命論における基本思想の第三は、近代科学に対する批判、より正確には、啓蒙期以降の科学に対するあくなき批判である。その内容は次の記述に凝縮している。

科学というものはどういう特徴を持っているのかという問いを立てた時に、いろいろな答え方があると思うのですけれども、私は比較的簡単に答えられると思っています。〔…〕

つまり、結局は「もののふるまいでこの世界に起こる現象をすべて説明してしまおうとする努力」、と考えたらいいでしょうか。別の言い方をすれば、こころに関する概念とか言葉とかいうものを、一切説明や記述の中に立ち入らせないというある種の自己規制というかタブーを自分に課した知的な意図が科学である、と定義してさほど間違っていないと思っています。(『視座』一四四―一四五頁)

確認するなら、ここで言われる「科学」とは、古代から十七世紀までの西欧の「知＝〝科学〟」のなかに色濃く含まれていた「聖」の色彩を脱色し、もっぱら物質の科学へと転じた近代科学(啓蒙期以降の科学)のことを指している。つまり、村上は、人間の生までをも物質現象として扱い、物質現象としては扱いがたい「こころ」を研究領域から放逐した、現在の科学へと繋がる近代科学を批判対象としているのである。それゆえ、近代科学批判は、科学化した医療への批判に直結する。「医の倫理」をめぐって村上は書いていた。「一言で言ってしまえば、医師は現在では科学者になってしまったのではないか」、と。医師の本義が「苦しみ」への「共感」であるにもかかわらず、科学者になってしまった医師が用いる「物質を語る言葉には、「苦しみ」はない」(『生と死』八三頁)のである。

同様の批判は近代科学による「死」の把握に対しても注がれる。村上によれば、そもそも、「死とは、何らかの物質現象に対して、われわれが与える言わば巨視的な概念であり、綜合的な概念である」(同、八四頁)からである。現実の死にさいして、たとえ物質系がある状態から別の状態に移行したとしても、その変化過程それ自体が日常生活で「死」と受け止められてきた不可逆的な事態に対応するか否かは自明ではない。しかも、「死」とはそのようなミクロな物質過程以上のマクロで綜合的な何かである、というのである。

このような近代科学をめぐる村上の批判は、分析的なものにとどまらず、歴史的なものへと拡がっている。詳細は割愛するが、『聖俗革命』も『新しい科学史』も、乱暴に概括すれば、生命と人間を対象とする「学・知」までもが物質科学化する歴史過程を描き出したものと見て大過ないだろう。殊に『聖俗革命』の第Ⅱ部にあっては、聖俗革命を経て物質科学から放擲された「心」をさらに物質的に(「刺激―反応」の言葉で)扱う行動主義心理学の展開と議論が、徹底的なまでに批判的に追跡・追及されているのである。(10)

省みれば、本節で見てきた村上医療論・生命論の三つの基本思想は、全く別個のものではあるまい。それらは「人間の扱われ方」を共通の対象として、照射した側面が異なるだけであろう。つまり、「人間の扱われ方」の実践面を論じたのが「患者の把握の仕方」と「自己決定権・ＩＣ」であり、理論面を問題視したのが「学知の物質科学化」である。とすると、とどのつまり、村上医療論・生命論の基本思想の中心には「人間」が在るといえよう。そこで、村上の人間観へと、さらには存在観へと、考察の歩を進めよう。

## 四　人間観と存在観

村上の人間観の基本は、本稿のこれまでの議論から明らかであろう。村上は痛み苦しむ患者を徹底して尊重する。その姿勢は患者だけではなく人間一般に対するものに他ならず、「こころ」と「いのち」を備えた生身の全体的な存在者が村上にとっての人間なのである。自己決定権とＩＣの重視も、学知の物質科学化に対する批判も、この人間観に由来する。

かくて、当の人間観のもとに歴史を描いたのが『聖俗革命』の第Ⅱ部であろう。村上によれば、西欧には、「魂（プシュケー）」すなわち「いのち」や「こころ」の根本原理を人間以外の生きものに当てはめたり、あるいは、「愛」をあらゆる生命体へと拡張していくような「人間の拡大化傾向」と、その逆に、人間をいわゆる「ヒト」だけに、ひいては「我」だけに限定していくような「人間の縮小化傾向」との、二つの潮流がある。『聖俗革命』第Ⅱ部は、この見地から、西欧の知（科学）における人間観の展開を再構成したものといえよう[11]。そして近代にあっては、デカルトの「我惟うゆえに我あり」――人間を人間たらしめている思惟を備えているのは人間のうち「我」だけである――に淵源する「人間の縮小化傾向」を極北へと向かわせたのが、啓蒙期以降の科学なのである[12]。

　しかし、村上が引き受けようとするのは、以上のような人間の把握にとどまらない。そのような「人間が存在するとはどういうことか」、さらには、「そもそも存在とはいかなることか」という、より根本的なものであろう。村上は人間の全体性を論じる文脈で、次のように述べているのである。「われわれは、言わば、一つの感覚体であって、それが同時にまた一つの解釈体であったりあるいは一つの行動体であったりする、としか言えないような存在様式をもっているのではないか」(『生と死』七九頁)。ここで着目したいのは、末尾の、「としか言えないような存在様式」という表現である。

　この視角から『聖俗革命』第Ⅱ部を捉えなおすと、第Ⅱ部は、「としか言えないような存在様式」を有した人間を、物質科学と化した生理学や生物学や心理学では把握できないことを科学史・科学哲学的に論じたものと見なせよう。そして同書の終盤では、村上は精神分析の成果を援用して、かような人間について別様に語っている。すなわち、「人間存在」とは、「「人間」としての生物学的な一般性に縛られていると同時に、あるいはそれ以上の強さで、一人一人の歴史に縛られており、言ってみれば、ある形での普遍性に頼ることもできる代わりに、極めて特殊的・個別的な、一般化・普遍化を許されない一回性を特徴とするものである」(二五二―二五三頁)、というのである。

　こうして『聖俗革命』は、「としか言えないような存在様式」を備えて「一般化・普遍化を許されない一回性を特徴とする」人間を扱う学として、現象学と実存主義を評価したうえで、長きにわたる議論に〝開かれた結論〟を下している。「長い道程を経て、ようやく「人間」は、哲学者の手に返された、と言えるかもしれない。科学者たちがそれに付け加えた多くの付加的な知見と、それに対するさまざまな視点というお土産をたずさえて、「人間」は、あらためて哲学の対象へと動き始める」(二六〇―二六二頁)。つまり、村上は、自身が把握に努めてきた人間を扱う学として、哲学に期待を寄せているといえよう。

むろん、村上自身も、この開かれた結論の先を哲学的に探究する。たとえば、前掲の「「死を想う」・「死を語る」」とともに『生と死』の最重要に思える章「死すべきものとしての人間」において、「一般化・普遍化を許されない一回性を特徴とする」人間の在り方の極み、とりもなおさず「死」との関係で、人間存在を探究している。そして、この議論のなかに、村上の人間観と存在観を考察するうえで看過してはならぬ用語と内容が出来《しゅつらい》するのである。

会社の○○課の椅子に座っていたA氏は、私にとって第三人称的存在である限りにおいて、代替可能である。書類の授受や電話の応対という機能は、A氏の死によって中断されるが、しかしそれはB氏の着任によって代置される。しかし私の子供の死は、いかなる新しい子供の誕生によっても代置されないだろうし、私の親の死は、私にとって、ほとんど「私の死」であった。(『生と死』二二六頁)

ここに見られる「代替可能」という言葉は一般用語ではあるまい。他ならぬハイデガーが『存在と時間』において死を討究するさいに起点とした特殊用語であろう。しかも、この特殊用語に基づく村上の記述は、まさにハイデガーの代替可能性・不可能性の議論に他ならない。管見によれば、『存在と時間』や『形而上学の根本諸概念――世界―有限性―孤独』の時代のハイデガーの問題関心は、人間と動物と石の存在様式の相違の解明であった。すなわち、そもそも石は死なず、動物は死ぬ（落命する）が己の死に非自覚的であるのに対して、人間だけが己の死を代替不可能なものとして己自身で引き受けて生きることができる存在者である。村上がハイデガーについて正面から詳論することはないが、村上の人間観と存在観にはハイデガーがきっと厚く底流している。(13)しかも、ハイデガーの単なる踏襲ではなく、超克が図られている。少なくとも直接には「私の死」しか論じなかったハイデガーに対して、村上は「他者の死」の検討を通じて人間存在の探究に向かっているのである。「私の親の死は、私にとって、ほとんど「私の死」であった」、と。

翻ってみれば、廣松渉もまた、思想基盤の一つをハイデガーに置いていた。(14)ハイデガー自身、デカルトは「我惟うゆえに我あり」をめぐって「我惟う」については議論を深めたが、「我あり」に関しては存在論的な考究を怠ったとして、死を論軸に世界内存在としての人間（現存在）の在りようを突きつめたわけだが、それに対して廣松は、ハイデガーが「共同現存在」として人間を把握した点は高く評価しながらも、「間主体的かつ対象関与的な機能的連関」の項を自存化させるという物象化的錯視に陥っている、と批判した。死との関係でいうなら、「死への不安的気遣いという在り方、つまり、落命への恐怖ならざる「死との関わり」なる事態は、まさしく共同主観的な共同現存在においてあるのであって、決して〝未在的に既在する〟死を不安的気遣いが暴露・発見するのではない(15)」と喝破した。かくして廣松は、共同主観・四肢構造を掲揚しつつ、人間存在をハイデガーの言う「世界内存在」にとどまらぬ「歴史内存在」として捉えていったのである。

デカルトの人間把握を人間の物質科学化の端緒として批判する村上は、明示的には語っていないものの、ハイデガーや廣松と同様に、「我惟うゆえに我あり」の「我あり」を探究したといえよう。この点を含めてハイデガーを基礎の一端とするところに、従来は指摘されることのなかったと思しき村上と廣松の学問的共通性が伏在しているのではないか[16]。

ただし、マルクス主義者廣松が「社会的諸関係の総体」としての人間に照準を合わせたのに対して、キリスト者村上は神が創造した「神秘体」としての「世界」に住まう人間の在り方へと向かった。先に（二節）引いたように、村上はこう述べているのである。「ものやこと、そして人が、この世の表面から消えて、朽ち去ったとしても、その「記録」はその神秘体のなかに残る、残らざるをえない。それが「世界」である。その記録の神秘体のなかにわれわれも永遠に生き続けられる、というよりは生き続けなければならない宿命にある」。

しかも、廣松がマルクスと同様に「死」や「孤独」を決して自論に導入しないのに対して、村上はそれらに拘る。村上は存在を論じるにあたって廣松と同じく「関係性」を重視するが、関係性のなかの孤独と、関係性を断ち切る死に、あくまでも拘泥するのである——その意味で村上は廣松よりもハイデガーにずっと近い。ハイデガーを彷彿させる次の引用からも看取できるように、村上の人間観と存在観の基底には、死と孤独が海山のごとく屹立しているのである。そして、自己決定に関する「自分の存在をかけた判断」というあの〝ただならぬ〟表現も、この基底から発せられたのであろう。

この「私」の死のもつ徹底的孤絶さのゆえに、人は、迎えるべき死への恐怖を増幅された形で感ずる。日常的世界のなかでは、つねに人間として、人どうしの間の関係性のなかで生きてきたわれわれは、たとえ絶海の孤島に独りあってさえ自然のなかに友をつくり人間的生活の回復への微かな期待を決して捨てることのないわれわれは、死において、かかる一切の人間としての関係性を喪って、ただ一人で、死を引き受けなければならない。このことへの恐怖こそ、逆説的に、人が人間として生きてきたことへの明証となるだろう。(『生と死』二一三頁)

## 五　村上の使命と医療論・生命論の奥義

いったい、五十有余年にわたる村上の学問的営為全体はいかなる要諦を有し、医療論・生命論はそれといかに関係しているのであろうか。最後に、前節までの議論を深化させ、筆者なりにこの問題を考えてみたい。鍵となるのは、やはり人間観と存在観である。

「こころ」と「いのち」を備えた生身の人間は、つまり、全体的な一つの感覚体・解釈体・行動体「としか言えないような存在様式をもっている」「一般化・普遍化を許されない一回性を特徴とする」人間は、「人格と人格が切り結ぶ」関係を実際に結びえたとしても、やがては死に、関係性は断ち切られる。それが、「死すべきものとしての人間」の宿命に他ならない。人間はあらかじめそのようにできてしまっている。その点で、人間はいわば〝絶対的受動的存在者〟であろう[17]。だが、村上はハイデガーと同様に、絶対的な孤独と断絶をもたらす死に逆説的な活路(救い)を見出しているのではないか。このことは前節末尾の引用からも窺えるが、ただし、村上が活路(救い)を見出すのは、ハイデガーとは異なり、己の死ではなく他者の死であろう。

認識主体どうしの間を繋ぐいかなる橋堡もなく、認識の対象として捉えられる限りにおいて、いかに愛し合い忘我と没我のうちに擁し合う二人の恋人たちにせよ、「我と汝」との間の距離を埋め尽くすことが不可能であるのと同時に、さらに言えば、そのとき一方の死は、より決定的な孤絶性において起こる〔…〕のと同時に、生き残る第一人称は、第二人称的他者の死を、少なくとも自分の死であるかのように摑むことができるのである。
死が剔り出す人間の諸相のうちの重要な一つは、この人間のもつ矛盾する二重の存在構造にある。(『生と死』二一七―二一八頁)

村上がここで言う「第二人称的他者の死」とは、村上自身の近親知己や同時代の人々の死に限らないのではないだろうか。村上がこの世に生を受ける以前には、有名と無名とを問わず無数の死があった。村上の生後も同様である。そして、人間だけではなく存在したものたちはすべて、かの「神秘体」のなかへと入り、それらはキリスト者村上にとって、「第二人称的他者の死」に近い「もの・こと」になっているのではないか(=人間の拡大化)。村上は記している。

存在したものは、有名であろうと無名であろうと、善であろうと悪であろうと、小さなものであろうと、大きな存在であろうと、美しい曲や絵画であろうと、平凡、凡庸な作品であろうと、名言であろうと、陳腐な言説であろうと、とにかく何であろうと、存在したものは、今も存在す

る。それは一種の「神秘体」（コルプス・ミスティクム）のなかに加えられて、朽ちることなく、
その一員を構成する。（同、二三七頁）

そして、この後に先に引いた文章が続くのである。「ものやこと、そして人が、この世の表面から消えて、朽ち去ったとしても、その「記録」はその神秘体のなかに残る、残らざるをえない。それが「世界」である。その記録の神秘体のなかにわれわれも永遠に生き続けられる、というよりは生き続けなければならない宿命にある」（同、二三八頁）、と。しかし、そうだとすると、「神秘体」のなかに加えられて「記録」として残っているもの・こと・人、すなわち広義の「第二人称的他者の死」は、誰かがそれを主体的・能動的に開示しないかぎり、人知れず記録のままでありつづけることになるだろう。

ここで想起すべきは、『聖俗革命』の終局で示された歴史観である。村上は、今日成功しているとされる立場から編んだ科学史を、円錐をモデルに「成り上がり物語」（他書では、「勝利者史観」「ホイッグ史観」など）と批判しつつ、自身の科学史観を提示した。それは、現在の科学の到達地点を過去に投影して、射影部分だけの進展過程を現在へと収斂する形で記すのではなく、射影の外側の部分も、つまり、非科学的とされるものを含めて時代時代の多面性を、可能なかぎり描き出すという科学史観である。しかもまた、現在の科学の到達地平をも省み、その外へと眼差しを傾けんとする科学史観である。こうした視座に基づき、村上は、コペルニクスやケプラーやニュートンの神学的・錬金術的・占星術的な側面を、シュタールのフロギストン説を、そしてギリシアや「大ルネサンス」が内包

していた豊かな可能性等々を、「科学史の逆遠近法」によって描き出してきた。[18] それが、『西欧近代科学』『科学史の逆遠近法』『新しい科学史』『奇跡を考える』……であろう。

ただし、このような科学史観は必ずしも村上に新奇なものではないだろう。少なくともその原型は、前世紀中葉にバターフィールドと並んで「科学革命」という歴史把握を示したコイレに胚胎していよう。とすると、村上にあって真に固有なものとは何か。はたして、それは、かような科学史観が人間観・存在観と一《いっ》に溶け合っていることではあるまいか。

前述のように、「神秘体」のなかに加えられ「記録」として残っているもの・こと・人は、つまり、広義の「第二人称的他者の死」は、誰かが開示しないかぎり、記録のままでありつづける。この存在構造にあって、「第二人称的他者の死」を開示することこそが村上に固有の科学史観に他ならず、そして、「逆遠近法」によって実際に開示してきたのが村上の一連の研究であろう。たしかに、「としか言えないような存在様式をもっている」「死すべきものとしての人間」は、〝絶対的受動的存在者〟に相違ない。だが、それでもなお、現世の絶対的受動的存在者には相対的な能動性が残されており、村上はそれを使命として科学史という方法によって実践してきたのではないか。すなわち、「言葉で書かれた書物＝聖書」を読む村上が、「神が書いたもう一つの書物＝自然」に関する知の歴史に遍く光を当てて照らし出すこと、科学史の円錐的解釈からはこぼれ落ちてしまった「この世の表面から消えて、朽ち去った」ものたちを開示すること、そして、人々の行く末に灯りをともすこと、これが絶対的受動的存在者村上の使命＝相対的能動的実践なのだといえよう。

想えば、人間を世界内存在と捉えたハイデガーは、さらに、「人間は存在者の主人ではない。人間は存在の牧人なのである」[19]と唱道した。他方、「ものやこと、そして人が、この世の表面から消えて、朽ち去ったとしても、その「記録」はその神秘体のなかに残る、残らざるをえない。それが「世界」である」と説いた村上は、「世界」と「世界内存在」の概念内容をキリスト教的な独自の視点から改めたといえよう。そして、村上はみずからを「世界」（「存在」）へと差し出し（投企し）、開示される可能性をもちつつも「記録」にとどまっていた逝きしものたちを実際に開示しつづけてきた。この意味で村上は「存在の牧人」なのであり、それが五十有余年にわたる村上の学問的営為の要諦であろう。

総じて見るなら、以上のような人間観・存在観・科学史観、さらには実践と融合した村上医療論・生命論とは、広範な事績の一部分ではあるまい。そうではなく、事績の全体に貫流する命脈となっていよう。これが村上医療論・生命論の奥義に思われるのである。

以上のすべてを踏まえ、「啓蒙」をめぐる村上の枯淡な言説を確認して本稿を閉じよう。

本当に伝えられなければならないことは、なかなか伝わりません。日本では「啓蒙的」な立場というのは軽く見られがちで、とくに専門家にとっては「片手間」のように考えられることが多いのですが、実は独特の才能とセンス、それに大きな努力と叡智が必要とされるのが「啓蒙」なのです。（『視座』七頁）

## 注

（1）ただし、安楽死に関しては、カソリックの公式見解と異なる。また、生殖技術以外に向けられた批判として、医師の白衣に関するものがある。村上は、医師の白衣が衛生対策のものであり、その意味で「不潔」の象徴であることを語ったうえで、近年の風潮を次のように裁断している。「今は驚くなかれ、大学病院の近所の「食堂」が、その「白衣」を着たままの馬鹿で溢れている」(『生と死』一一四頁)。学部生時代に生物学の研究室に所属していた筆者は、実は、白衣のまま村上のゼミに入室したことがある。村上は次週のゼミで、右と同様の白衣の話を語った。筆者は己の「馬鹿」を体得したのであった。

(2) シャルガフの著書とは、『ヘラクレイトスの火――自然科学者の回想的文明批判』(村上陽一郎訳、岩波書店、一九八〇年)のこと。

また、村上の逢着した「永遠の生命」からすると、まず「永遠の生命」とは、「最後の時」に到来するのではなく、「今の時」において先取り的に到来していることになる。それゆえ、「最後の時」と「今の時」とはクロノジカルに別個ではなく、ひとつに収縮している。つまり、村上の「永遠の生命」にあっては、既に「メシア的臨在」が半ば成就しているのであり、パウロの言う「メシア的時間」は、元来は完了していないはずなのに半ば完了している「今の時」を指すことになるのではあるまいか。筆者はキリスト教神学に門外漢であるため全くの見当はずれかもしれないが、そのように思った(参照―ジョルジョ・アガンベン『王国と栄光――オイコノミアと統治の神学的系譜学のために』(高桑和巳訳、青土社、二〇一〇年)四六三―四七一頁、同『残りの時――パウロ講義』(上村忠男訳、岩波書店、二〇〇五年)九七―一四一頁)。

(3) 四原則は、トム・ビーチャム/ジェイムズ・チルドレス『生物医学の諸原則』第一版(一九七九年)で提唱され、日本の医学・看護教育の多くでは自明の大原則になってきた。だが、本国の米国では批判にも曝され、同書の第四版(一九九四年)以降では実質的に撤回されている。詳細は以下。香川知晶「バイオエシックスにおける原則主義の帰趨」(小松美彦・香川知晶編著『メタバイオエシックスの構築へ――生命倫理を問いなおす』NTT出版、二〇一〇年)一六三―一八三頁、小林秀樹「『生命医学倫理』における共通道徳理論の

展開」（『筑波大学紀要 倫理学』第二三号、二〇〇七年）六五―七五頁。

（4） この歴史的検討は、『西欧近代科学』（一九七一年）、『聖俗革命』、『科学史の逆遠近法』（一九八二年）などで詳しく行った議論を、当該の問題意識から再構成したものである。それは、後に、『科学者とは何か』（一九九四年）や前掲の『新しい科学史』でさらに詳述ないしは整序されることになる。

（5） ただし、「全く異質の「倫理」」がいかなるものであるのか、少なくとも同書では明示されていない。仮に、村上が同書の他章で評価している自己決定権やインフォームド・コンセントを中心原理とするものであるなら、それについては本稿次節で論じる。

（6） カソリックでは人間の把握にさいして「全体（tōtus）」を重視することが、少なくとも十三世紀のトマス・アクィナス（たとえば『神学大全』第Ⅱ-二部第六五問）から、二十世紀のローマ教皇のピウス十二世（「全体性の原則（the principle of totality）」）やヨハネ・パウロ二世（『回勅 いのちの福音書』）に至るまで、顕著なのである。

（7） 神の被造物のうち人間にだけ尊厳が存するのは、人間だけに「人格（persōna）」が備わっているため、と考えられてきた。殊にカソリックにあっては、「人格」とはそのような概念である。ちなみに、現代のカソリックの生命倫理は「人格主義生命倫理」と自称される。エリオ・スグレッチャ『人格主義生命倫理学総論――諸々の基礎と生物医学倫理学』（秋葉悦子訳、知泉書館、二〇一五年）は、そのうち特に優れた一冊だと思われる。

（8） 唄孝一「インフォームド・コンセントと医事法学」（『第一回日本医学会特別シンポジウム「医と法」記録集』一九九八年）一八―二九頁、同「患者の権利――正しいインフォームド・コンセントとは」（『人権のひろば』第二一号、二〇〇一年）一七―二一頁。

（9） 筆者は、「人間の尊厳」概念を歴史的に検討する文脈で、《integritās = integrity》についてもある程度考察した（『生権力の歴史――脳死・尊厳死・人間の尊厳をめぐって』青土社、二〇一二年、第五章）。また、フェルネルによる同概念の生理学への導入に関しては、近刊『西洋生命論史――〈いのち〉は科学で分かるか』（仮題、筑摩書房）を参照されたい。

（10）次節ですぐ見るように、村上自身、『聖俗革命』は「人間の拡大化傾向」と「人間の縮小化傾向」の歴史を論じたものであることを述べている。ただし、記載の分量からしても後者に比重があるといえよう。なお、『聖俗革命』第Ⅱ部は、生命論史の議論が生物学史・生理学史に限定されていた当時にあって、心理学史（と進化論史）に拡張したという点で斬新であり、現在でも貴重である。近年では心理学史研究に同種のものがあり、エドワード・S・リード『魂から心へ――心理学の誕生』（村田純一ほか訳、青土社、二〇〇〇年）は、その優れた一冊である。また、隠岐さや香『科学アカデミーと「有用な科学」――フォントネルの夢からコンドルセのユートピアへ』（名古屋大学出版会、二〇一一年）は、『聖俗革命』第Ⅰ部の議論を継承発展させたものといえよう。付言するなら、管見のかぎり、村上の聖俗革命（啓蒙期）の議論にはルソーが登場しない。特にその人間観・自然観は啓蒙期の「人間の縮小化傾向」のなかにどのように位置づけられるのであろうか。

（11）村上が「人間の拡大化傾向」の例として挙げるのは、イエスの説く愛、アッシジのフランチェスコやシュヴァイツァーの言説と活動であり、近代以前の「人間の縮小化傾向」として示すのが、「通俗的な意味でのキリスト教神学」である。

（12）ただし、『聖俗革命』の最終末尾で村上が次のように述べていることを注視しなければならない。「われわれが乗り超えなければならないのは、いわゆる「西欧近代科学」なのではなく、西欧近代科学に対する近代主義的＝啓蒙主義的解釈なのだ、ということ、生命観、人間観の面で言っても、その近代主義的解釈なのだ、ということを、われわれは、ここに一つの結論として提出しよう。本当の「西欧近代科学」とは、実は、もっとずっと豊富な可能性を秘めており、そうした近代主義的＝啓蒙主義的な解釈を乗り超える手だてさえも、自らのなかに充分内包しているとも言えるのである」(二七四頁)。この意味でも次の鼎談は必読であろう。広重徹・村上陽一郎・廣松渉「近代自然観の超克――近代科学技術への批判的視座」(『情況』通巻五〇号、一九七二年)三―二八頁。

(13) 村上は、前掲の「科学哲学と廣松渉」のなかで、ハイデガー関連のエピソードを披瀝している(一三四―一三五頁)。村上が学生時代に原佑の『存在と時間』の購読ゼミに参加しようとしたところ、村上が科学哲学者大森荘蔵の門弟であったため、原から特有の毒舌をもって追い返された、という主旨のものである。この逸話は、村上が学生時代からハイデガーに関心をもっていたことを図らずも示していよう。なお、後述する村上の「歴史観」は、『存在と時間』以降のハイデガーの歴史観と重なるところがあるように思われる。すなわち、『存在と時間』の問題設定がアリストテレスに負っていたことを省み、アリストテレス以前の歴史がもつ根源力とその可能性の開示を目指した、中期・後期のハイデガーの歴史観である(参照―村井則夫「ハイデガーと前ソクラテス期の哲学者たち」(神崎繁・熊野純彦・鈴木泉編『西洋哲学史I――「ある」の衝撃から始まる』講談社選書メチエ、二〇一一年)三四九―三八八頁)。

(14) 特に次の論考から窺い知ることができる。「近代合理主義の歴史的相対化のために」(廣松渉『マルクス主義の理路』勁草書房、一九七〇年)、「ハイデッガーと物象化的錯視」(同『事的世界観への前哨――物象化論の認識論的=存在論的位相』勁草書房、一九七五年)。

(15) 『事的世界観への前哨』一二〇頁。

(16) この件に関連するエピソードを記しておく。一九八五年四月、東京大学の科学史・科学哲学分科と科学史・科学基礎論専攻のガイダンスが行われ、その後に進学生・新入生歓迎の酒席が設けられた。博士課程一年の瀬戸一夫と筆者が幹事であり、我々は恒例の教員自己紹介を一風変えて教員相互の他己紹介にした。村上の紹介を担ったのはたまたま廣松となったが、そこで廣松は村上の『聖俗革命』を称揚したのであった。

(17) 〝絶対的受動的存在者〟については、キリスト教倫理学者滝沢克己のたとえば次を参照。滝沢克己『「歎異抄」と現代』(三一書房、一九七四年)。また、関係性のなかの孤独と死の問題は、三部作以降の夏目漱石が追究した問題でもあり、本稿で見てきた村上の問題意識は漱石とも重なっているように思われる。

(18) 「大ルネサンス」とは、村上が「大ルネサンスの構想」(『大航海』第五号、一九九五年、一〇―一一頁)でおそらく初めて提唱し、十二世紀ルネサンスから十七世紀の科学革命期までを大局的に一時代とした歴史把握。『新しい科学史』は、この歴史把握を重要な論軸とした通史書。なお、昭和一七(一九四二)年に行われた座談会「近代の超克」では、河上徹太郎を中心に、ルネサンスを十八世紀(啓蒙期)頃までとする把握が自明のようになされている。村上の評価を知りたいところである(河上徹太郎ほか『近代の超克』冨山房百科文庫、一九七九年、一七一―一八六頁)。また、コペルニクスやケプラーやニュートンなどの多面性を強調する村上が、デカルトに対してはあまりそうしないことに、筆者は疑問がある。

(19) Martin Heidegger, "Brief über den Humanismus," in *Wegmarken*, Gesamtausgabe Bd.9 (Vittorio Klostermann, 1976), p. 342 (ハイデッガー『「ヒューマニズム」について――パリのジャン・ボーフレに宛てた書簡』渡邊二郎訳、ちくま学芸文庫、一九七七年、八四頁)。

# 批判に応えて

村上陽一郎

## 一　自分なりの総括

自分の自覚のなかでも、知的関心の向かう方向はかなり広い。本書冒頭の「学問的自伝」のなかで、自ら「なんでも屋」という表現を使ったが、生い立ちが示すように、和洋の音楽、文芸などにも人並みの関心はあり、大学に入って、自分とは縁なき衆生として、講義をとらなかった科目は、考えてみると法学の技術的な側面に関する領域など、僅かであって、数多くの科目を聞きかじった。これは、自分の性癖として、生涯ついて回る傾向となった。ただ、整理の都合上、これまでに辿ってきた仕事を、大まかに次のように分けておきたい。

1　科学史
i　近代西欧における科学の成立史
ii　日本思想史における科学
iii　歴史記述の方法論

すでにお判りのように、実際の研究成果は、iiが早かったが、そこでも底流にあるのは、西欧で科学と言われる知的な営みが、どのような経緯で整い、どのような特性を持ち、どのような影響力を他に及ぼすのか、という問題意識であった。この問題意識は、半世紀以上経った今でも、私から離れていない。とくに西欧の科学の持つ「特性」への関心は、歴史的な領域であると同時に、後出の2の科学哲学にも関わる。「学問的自伝」でも触れたように、私の中では、科学史と科学哲学とは物事の表裏のような関係で、切り離して考えることのできないものとなってきた。その意味では「お前は科学史の専門的研究者でも、科学哲学の専門的研究者でもない」という、ときに聞こえてくる蔭口は、甘んじて受けようと考えてきた。それは、「学問的自伝」の記述でも明らかなように、一部は専門化を嫌う私の性癖であり、一部は教養学部学生時代に刷り込まれた〈later specialization〉の教えの結果でもある。この歳になるに及んでなお、「人より専門化が遅れ」ていると言っては、逃げ口上に聞こえるだろうか。

西欧の知の歴史のなかで、キリスト教が果たした役割についての常識的な解釈〈例えば「暗黒の中世論」〉への疑問は、煎じ詰めれば自分の信仰にまで辿り着かざるを得ないことは、否定できない。しかし、その疑問を進めるに当たっては、可能な限り「護教論」にならないような努力はしたつもりである。

そうした努力のある意味での副産物が、iiiの問題であった。とくに、古代・中世・近代という歴史の三区分への強い違和感への対応は、「学問的自伝」で述べた、大学での科学史の教師として、都立航空工業短期大学で、初めて教壇に立って、その区分を〈当然として〉口にした瞬間から始まった。さらに、日本の歴史との照合で、日本史でも、当然のように古代・中世・近代が用いられ、そのプロクルステスの寝床にどうしても入りきらない江戸時代を「近世」という概念を造って切り抜けようとする状況に接して、どうしても考え直さなければならない、と考えるに到った。「学問的自伝」でも書いたが、いわゆるアナール派の歴史論から陰に陽にヒントを得たことは確かである。

2　科学哲学

i　科学理論の共約不可能性を巡る議論

ii　科学方法論

iii　科学の認識論的基礎

iv　言語論

iは、通称「相対主義的知識観」に立つとき、避けて通れない、ある意味では多少専門的な話題である。主として学会誌などに投稿した論稿をもとに、一般向けの書物も幾つかあることになる。概念の意味は。それが依拠する個々の思考枠の在り方に依存する、と考えると、直ちに、同じ言葉で呼ばれる概念でも、思考枠が異なれば、そこに発生する意味も異なることになる（この点はivの言語論に繋がることになる）から、相互に翻訳関係が成り立たない、というのが、「共約不可能性」の議論である。

この翻訳（共約）不可能性に関して、大きなヒントを得たのが、杉田玄白の『解体新書』の序文に当たるところで、杉田が述べていた「翻訳に三義あり」という一文であった。何故彼は、探せば適当な訳語が見つかると思われるような原著の術語に、新しい術語を造って対応したのか（例えば「神経」）、という点に考えを巡らすことは、私にとって、極めて重要な作業だったのである。

ただ、翻訳不可能性、あるいは共約不可能性という概念は、それを言い立てた瞬間に自己矛盾に陥る、つまり、二つの思考枠の間の共約不可能性を言い立てている人の立つ立場は、二つの思考枠を共約的に見ているのでなければならない、言い替えれば共約不可能性は、共約可能性の上に初めて成り立つ概念であるという主張は、私の比較的オリジナルなもの（少なくとも当時は）ではなかったろうか。そして、この「矛盾」の解決のために、提案したのが方法論としては「逆弁証法」であり、概念としては「寛容」（より正確には「機能的寛容」）であった。

iiに関わるものとしては、私の議論は、実はほとんどデカルトに依存していると言ってよい。科学の方法を律している基礎概念はデカルトの『方法序説』によって用意された、と考えているからである。この点を組織的に述べた書物は見当たらないかもしれないが、諸論稿では、繰り返し言及している。つまりデカルトの心身二元論の「身」の側を引き受けたのが科学であったという論調である。この点は心理学などに言及するときにも、重要な支えになった（例えばJ・B・ワトソンの行動主義心理学の登場は、明確にこの点から説明できる、と考えている）。

iiiに関する論考としては、あまり関心を引かなかったが、ivとも関連して、人間の日常生活における日常言語と、科学における理論言語の階層性の議論という、ちょっと特殊な形をとった。この議論は、認識の相対性という哲学上の主張と通底するところもある。

なお相対性の問題意識はほとんど必然的に、文化の多元主義と結びつく。それと比較して、文明という「普遍主義」の一形態への批判的姿勢が生じる。別段珍しい議論ではないかもしれないが、この問題は最初の問題意識に戻って、日本文化（「日本文明」への疑問も含めて）論にも関わることであった。

ivでは、言語はコミュニケーションの道具である前に、認識の道具である、という立場から、様々な論考のなかで展開してきた。最後の職場である東洋英和女学院大学では、保育こども学科があって、時に講演を頼まれたりしたが、その際にも、子供への言語的働きかけが、子供の認識能力を育てる、という趣旨の話をしてきた。感覚世界の分節化ということが、言語の最大の機能である、という仮説であり、人間の基礎構造としての「ノモスとカオス」という発想の原点にもなっている。ヒトが人間になる、というプロセスで決定的なのは言語の習得であり、それは文化多元主義にも繋がると同時に、ノモスを形成する基礎でもある。私の、ノモスとカオスの搖動的平衡という人間理解の根本も、この点から導き出される。

3　科学社会学

i　科学の制度化

ii　科学研究の倫理

iの問題は、聖俗革命論と表裏をなしている。私は、十九世紀に現代科学の誕生を見るが、一般の論調としては、それは「科学の制度化」と呼ばれるに過ぎない、とされるからである。ただ制度化論ではすべては片付かない、というのが聖俗革命論を考えるポイントだったのだが、この点では、必ずしも賛同を得られていないことは承知している。ただ、科学の制度化という点では、二十世紀に入って、より革命的な「制度化」(例えば論文の生産性基準の絶対化、被引用度による業績評価、褒賞制度の確立など)が起こっていることをどう捉えるか、という問題は避けて通れない。科学者という職能に関して、現代の姿を確認しておくことは、十九世紀以降の制度化のなかで生まれた科学者像との比較において、極めて重要である、という論点は強く意識してきた。

研究者の倫理の問題は、二十世紀なかごろから、様々な問題が生じてきたことに触発されている。一つは一九六〇年代にNAS(全米科学アカデミー)が発表した〈*On Being a Scientist*〉(第二版を基にした邦訳が下記にある。池内了訳『科学者をめざす君たちへ』化学同人社)というパンフレットを偶然手に入れたこともきっかけの一つであった。当時のNASの会長F・プレスは昔からの知人で、その関係で手に入ったこのパンフレットの内容は、私にとっては衝撃的であった。というのも、この内容は九五パーセントまで「科学者コミュニティ」内部の行動規範で、科学者が一般の外部社会に対してとるべき責任に関しては、数行のみ、しかも、これ以上は論じない、と言明されていたからである。もう一つ、日本化学会が行動規範を造る際、多少とも外からお手伝いをして気が付いたことだが、最大規模を誇る日本物理学会は未だに行動規範がない点、また、技術者の共同体では、早くから、内部規範と外部規範の両面に言及した行動規範を公表しているという事実などを考え併せると、この問題は、科学者の行動様式という点でも、重要な面を含んでいることに気づいたことを記しておきたい。

4　医療と医学関係

4に関しては、もともと父親が基礎医学ではあるが医師だったこと、自分に健康の問題が生じる前には、とにかく医師を目指していたこと、そして、かつては死病と言われた病から私を救ってくれたのも医学であったこと、などから、常に医学・医療に関しては関心を抱き続けてきた。それは現在の医学が、科学的な研究成果の上に成り立っている結果として、ともすれば「科学的」からはみ出した人間の諸相を無視、あるいは軽視する傾向が見られることへの反発にもつながり、さらにちょうど学生時代から日本でも勃興し始めた生物学の分子生物学化の方向への危惧も重なって、生命倫理や医療倫理への発言が多くなったと考えている。

## 5　安全学

実は5の安全学関係の仕事も、医療のなかでの安全対策が、他の業種に比べて格段に不十分である、ということを医療現場で実感として知ったことが、直接のきっかけで始めたものである。当然ながら、科学や技術で対応できることとさえ、医療では十全に行われていない、という問題と、科学・技術の対応では処し切れない問題をきちんと腑分けした上で、やれることは何でもやる、という方向に社会を動かしていければ、という珍しく、野心に近いものも私の中に生まれていた。その後の事態の展開を見れば、自分の仕事のゆえと誇るつもりは全くないが、改善の方向に動いている（一例だけ上げると、最近は、医療機関で、何をするにしても、患者に自分の名前を報告させる習慣が定着した）ことは、喜ばしい限りである。ただ、安全学に関わった結果として、原子力の問題への実践的なコミットメントが生まれ、しかも、それが慚愧の念を伴う結果となったことは、私にとっては、辛い体験となった。

最後に、科学・技術に対する私の姿勢が、前半生と後半生では変わったのではないか、という論調が多く寄せられていることについて、総合的に一言しておきたい。早くから私は「反科学論者ではない」ことは明言してきたつもりである。「学問的自伝」でも述べたように、私の科学への愛は終生変わらない。しかし、その愛する科学が、ときに絶対的な正義をもって臨む、専制君主のような働きをしたり、異論を許さない尊大さと倨傲さとを発揮したりすることには、我慢がならない。常に「オルターナティヴ」（なかなか、適当な日本語が見つからないのだが、「もっと他のようであるかもしれない可能性」とでも言おうか）を意識しながら、ことを進めていく姿勢こそが、科学の真髄でなければならない、と考えている。その意味で、今とりあえず信頼できるものが何であるか、という視点で、科学に依拠すべきは依拠し、そこから離れるべきは離れ、という判断、ギリシャ語で言えば「フロネーシス」、ラテン語で言えば「プルデンチア」、日本語の「良識」の働きをこそ、すべてに優先させたい、それが私の願いである。

## 二　批判への応答

以下では、諸家の議論が、以上の問題のどれかと関わっているので、逐次それらの問題をトポスとして、諸家の批判への応答を重ねていきたい。

## 1　近代科学論をめぐって

1－iの問題での私の立場は、十六、十七世紀科学革命論への修正を試みることに、一応の独自性を立てようとするものであった。特にコペルニクス革命と呼ばれているものへの見直しを土台に、いわゆる科学革命論（クーンのそれではなく、バターフィールドやコイレによって二十世紀中葉に提案された議論）を対象にしている。通常は、科学革命をもって近代科学の出発点と見做し、それの直接的な発展形として、現代の科学をも捉える歴史観が常識となっている。私の着眼点の中心は、確かに科学革命期に、それまで西欧の伝統的だった自然に対して取り組む理論体系の一つ一つが、革新化されたことは認めるにしても、それが現代の科学の直接の源流ではなく、現代の科学が誕生するためには、もう一つの理念上の革新が、どうしても必要だったのではないか、というところにあった。その革新、つまり理念上の非連続面を十八世紀の啓蒙主義の展開に求め、聖俗革命と名付けたのであった。

今回その立論に最も厳しく批判的な論稿を寄せたのが、この時代の研究に目覚ましい成果を挙げてきた高橋憲一であった。最初に、正面から、この問題に取り組んでくれた高橋の真率さに敬意と感謝を表しておきたい。とりあえずは、この高橋論文を主に、当然他の論者の批判も取り込みながら、弁明（アポロギア）を試みることにしたい。問題の性質上、この点に関する私の言説は、かなり長くなるが、読者のご了解がいただければ幸いである。

## 立論の背景——キリスト教と科学

第一のポイントとして、私が以上のような所論にたどり着くに当たって、戦わなければならなかった論敵、あるいは崩さなければならなかった壁が何であったか、という点には、言及しておかなければならないと思う。それは、時代が進んだ現代には、理解し難くなっている恐れがあるからである。

第一の壁は、すでに色々な機会にも書いてきたことだが、次の事実を示すだけで、明らかになるだろう。私が、科学史・科学哲学の教室の一員（まずは学生として）になったとき、近代科学史の通史担当の非常勤講師として来講された平田寛教授（早稲田大学）が、教科書として指定されたのが、ドレイパーの『科学と宗教の闘争史』（当時創元社、現社会思想社刊）であった。この書が当の平田訳であったことは、割り引かなければならないかもしれないが、しかし、確かにそれが標準的な歴史理解であったことも確かである。ドレイパーばかりではない、例えばA・D・ホワイト『科学と宗教の闘争』（森嶋恒雄訳、岩波新書）も大学生協の書籍部に平積みになるほどの人気書物であった。因みに言えば、私はすでに述べたように、大学に入った年にキリスト教（カトリック）の洗礼を受けていたが、科学史の一年生として、平田の講義を受講しているときには、自分の信仰とは切り離して、それはそれで受け入れなければなるまい、とナイーヴに思ったことだった。

もちろん、私が曲がりなりにも執筆活動を始めた頃は、それから十年以上経っていたから、事態はかなり改善されていた。例えば、R・マートンの「マートン・テーゼ」（科学革命期のイギリスの「科学者」たちを動かしていたエトスが、プロテスタンティズム、なかんずくピューリタニズムであった、という所説）はある程度周知のことになり、リン・ホワイトJr.の *Machina ex Deo*（邦訳『機械と神』青木靖三訳、みすず書房、原著は一九六八年、邦訳は一九七二年）では、キリスト教は近代科学・技術文明を育んだ「子宮」にさえ擬えられている。科学革命期に生まれたとされる「科学」を生み出した人々は例外なく、キリスト教という宗教的基盤を捨ててはいないことは、ようやく明瞭になっていた。しかし、それは海外の状況であって、日本の通常の教育の現場も含めて、一般には、ガリレオ事件やダーウィン事件に事寄せて、キリスト教は、科学の発展に対する頑迷な弾圧者以外の何ものでもない、という常識が健在であった。

この常識が覆らない理由の一つは、現代の科学の立場からすれば、宗教は無用・無縁の存在として、その枠組みから排除されている、という明確な事情にある。もちろん個人的に、キリスト教や仏教を信仰する人間が、科学者として活動する例がないわけではない。しかし、今日においては、如何なる宗教的信念も科学とは無縁である、という理解は、恐らく間違ってはいまい。だとすれば、今日科学的に正しいと見做される主張に与した過去の人間も、同様に宗教と無縁であったに違いない、という思い込みが跋扈するのにも、理由がないわけではない。しかし、この点は、一般的歴史記述の問題とも絡むが、現代の概念枠や価値体系を、無条件に過去に当てはめるという、今日では歴史学の領域からは完全に排除されたはずの誤りを犯すことに他ならない（この点は、後に横山論文、野家論文との関連で議論をすることになる）。言い替えれば、科学革命期の「科学者」と言われる人々の「科学」なるものと、今日の科学との間には、少なくとも宗教との関係において、明確な非連続面があるはずである。そしてこの点が、後に私を聖俗革命へと誘う大きな動機になったことは明らかである。

なお高橋には、科学革命期の「科学」と十九世紀以降の「科学」の非連続性に関しては、すでに

「世俗化」と「制度化」という二つの理念によって、十分説明されているから、ことさら「革命」などということを言い出す必然性もないのでは、という主張も見られる。もちろん、既存の「世俗化」と「制度化」という切り口が、拙論のなかで主張されている側面の一部を説明していることは、私も承知している。ただ、その二つを組み合わせた上で、一つの歴史上の理念として提唱した、という例を、浅学ながら私はあまり知らない。

## マルクス主義的科学観

話を戻すと、私が当初ぶつかった壁、何としても壊すか乗り越えなければならないと感じた壁は、まさに上の点であった。しかし、この壁には、もう一つの鞏固で大きな壁が寄り添っていた。それは、当時の日本の科学史学界に体制として君臨していたマルクス主義的歴史観であった。

一例を挙げると、一九六一年に森北出版から『科学革命』という書物が出版されている。これは編者が日本科学史学会になっているが、ちょうどこの時期の日本では一部の研究者（例えば伊東俊太郎、荻原明男ら）が、バターフィールドやコイレの「科学革命」論を学界に導入する試みをし、この書物は、それに対して学会がどのように反応しているか、を示す好材料となっている。当時の学会の体制派が、科学革命論にさえ、理解を示そうとはしていないことが読み取れるのである。

ここでは、マルクス主義史観の概略を語る場ではないが、幾つかのポイントだけは指摘しなければなるまい。スターリン治下のソ連邦では、マルクス主義の名のもとに、強烈な思想統制が敷かれていた。その一つは「階級性」を巡るもので、論理学まで階級性論争に巻き込まれた。通常の論理学はブルジョワ的として忌避され、弁証法論理学が労働者階級の論理学として推奨された。その点で最も被害が大きかったのは生物学で、スターリンの寵愛を受けたルィセンコの「遺伝学」こそが、労働者階級の立場を具現するものとされ、西欧が進めていたモーガンらの遺伝子遺伝学は、ブルジョワ的として弾劾され、研究者のなかには粛清されたものも出た。

階級性の問題に絡むもう一つの理念が「反映論」と言われるもので、物理学と化学は、客観的な自然のなかの事実によって組み立てられる、という意味で、「自然の反映」像と見なされたのである。つまり、物理学や化学は、階級性論争の外に置かれ、客観的な真理へと、先入観を克服して近づいていく、知の前進を刻む領域として扱われたのであった。もっとも、付け加えれば、アインシュタインの相対性理論は、レーニンらが最も嫌ったマッハ哲学を受け継ぐものとして、長らくソ連邦ではタブーであった。

そして戦後の日本の思想界、学問の世界に、こうしたソ連邦の学問論の影響は大きく、何しろ、ソ連製の原爆は「きれい」だが、アメリカ製の原爆は「汚い」というような言説がまかり通った時代であったし、ソ連邦のミチューリンの手で開発されたということと、ルィセンコの権威との組み合わせで、喝采とともに日本に導入されたヤロビ農法（ヤロビザーチャというロシア語に由来するが「春化処理」などと訳されるように、秋蒔小麦を春蒔に変えること）は、一時期、特に長野県などの進歩的な農村を席巻したのでもあった。また生物学者のなかには、ルィセンコ説を評価する人々も現れたのであった。

## 内在史と外在史

このような思想的背景の下で、科学の理解、あるいはその歴史的展開の理解について、特殊なイデオロギーが強く支配していたのが、当時の日本のとりわけ科学史学会であった。これは必ずしもマルクシズムから生まれた概念ではないが、当時の重要なキーワードに「内在史」と「外在史」というのがあった（〈internalism〉、〈externalism〉の翻訳である）。今ではほとんど問題にされないが、内在史というのは、科学（より正確には物理学の理論体系、あるいは化学、生物学の理論体系）は、一つ一つが閉じた体系であって、外部からの影響を被ることなく、その内部で、データの観察・収集、そこからの仮設の帰納、仮設の検証、修正というような手順を踏んで、完成へと向かって進歩していくものだ、と考える立場を言う。外在史は、そうした過程において、思想、哲学、価値観など、科学の領域の外にあると思われる要素が、科学理論の展開の歴史に影響を与える、という立場をとる史観である。階級性論争などから察すれば、あるいは上部・下部構造論などから考えても、マルクシズムの立場は、むしろ外在史に近寄ると考えられる。事実外在史的な業績の出発点とも言えるのは、一九三一年第二回国際科学史会議（ロンドン）でのソ連邦の研究者ゲッセンの報告（後に『ニュートン力学の形成――〈プリンキピア〉の社会的経済的根源』〔秋間実訳、法政大学出版局、一九八六年〕として訳出されている）で、明らかに外在史的な立論である。しかし、生物学ならともかく、物理学理論を下部構造から説いたのがまずかったのか、ゲッセンはその後粛清されたと伝えられる。余談だが一九七四年に日本で開かれた国際科学史会議にソ連邦は大デリゲーションを送り込んだ。その際、ミクリンスキーやカピッツァのような「大御所」も来日したので、ゲッセンの運命について尋ねてみたが、その質問は全く無視されたことを思い出す。

いずれにしても、この種のイデオロギーに裏付けされた科学に対する理解は、（ある意味では、あの熾烈な階級性論争からすれば、明らかに一種のすれ違いがあるが）客観的な事実に基づいて、着実に前進する営みであり、かつアへンである宗教を敵とする真理の砦である、というのが大まかな筋であった。そして、この発想は、マルクス主義のイデオロギーを離れても、当時の科学史を担う一部の科学者（その多くは、科学の領域での研究エネルギーを失って、自分の領域の歴史的な記述に転向した人々であった）の科学観にも一致するものだったから、科学史の世界の常識ともなっていた。

## 歴史の三区分

もう一つの巨大な壁は、科学史を離れて、歴史記述全般に関わる問題であった。これも何度か書いてきたことだが、私が高校時代に学んだ世界史の教科書は、世界史と銘打ちながら、中国を除くと、主要部分がヨーロッパの、それも政治上の動きの記述に絞られていた上に、何よりも、古代、中世、近代という歴史区分が厳然と記述枠として存在し、しかも中世には「暗黒の」という形容詞がつけられ、ルネサンスには「近代の曙」という言い替えがなされていたのであった。付け加えると、この歴史区分は、全世界の歴史に普遍的に充当すべき、という暗黙の前提があったことは、日本史を学んだときにも、同じ区分が使われていたことによって推測された（後で気がついたことだが、それでは江戸時代が解釈し難いという事情から、〈近世〉という苦肉のアイディアが生まれたのだった）。振り返ってみると、高校生のとき、私は、この時代区分にどこか釈然としないものを感じ、先生に質問したことを覚えている。「中世の人は、自分たちの時代を何と呼んでいたのですか」。先生は言を左右にして、まともには何も答えてはくれなかった。

科学史の入り口の辺りでおずおずと勉強していた学部学生の時の私には、この問いはもう少し内実を増して心に響いていた。この三区分は、明らかに近代人（それもヨーロッパの）が勝手に作り出した幻に過ぎない。そして、すでにそうした、西欧近代をすべての前提に置く「幻」にはきちんと名前が付けられていることも、勉強のなかで知った。「ウィッグ史観」と。そのころ親しみ始めたフランスの新しい（当時としては）歴史記述の一派、アナール派の論述が、私の疑問の後押しをしてくれた。他方、それも歴史学の内部での傾向であって、世間の常識は、基本的には全く動いてはいない、という思いが私の中に常にわだかまっていた。

私が学部学生から大学院に進み、科学論の文献や、歴史一般あるいは科学史に関する一次・二次の史料を読んで行くにつれて、まさしく上に述べたような科学観、科学史観、そして一般的な歴史観に対する強い不満が育っていったのであった。つまり、私が自分の仕事を進める上で、どうしても克服しなければならない壁、あるいは「敵」としなければならない壁は、上の三つであったということは、そして、その常識がほとんど霧消している（少なくとも学界のなかでは）今日とは、事情が非常に違っていたということは、理解して戴かなければならない。

もっとも「事情が非常に違って」と書いた。しかし、私の眼から見れば、「十分に変わった」とは言えないところも見える。例えばアメリカの科学史界の大御所O・ギンガリッチの責任編集による「オクスフォード科学の肖像シリーズ」（大月書店が邦訳を刊行）の一冊J・マクラクラン著『ガリレオ・ガリレイ』(原著は一九九七年刊、野本陽代訳)では、啓蒙書とはいえ、邦訳の副題には「宗教と科学のはざまで」という原著にはないフレーズが勝手に付け加えられていたり(原著の副題は「最初の物理学者」で、この表現にも問題はある)、内容面を見ても、いわゆるガリレオ裁判に関して、「一六三三年に地球が動いていることを確実に示すものはなかった。ガリレオは正しかったが、彼が非難されたのはそのためではなかった。彼は主として不服従の罪に問われたのである」と、非常に正確な記述もありながら、全体的なトーンは、明確に科学と宗教の軋轢を強調する性格のものになっている。

## 一つの答えとしての聖俗革命

私の最初期の著作である『日本近代科学の歩み』(一九六八年)や『西欧近代科学』(一九七一年)では、そうした壁への積極的な挑戦の意図は、まだ鮮明ではない。どちらかと言えば、当時の常識に寄り添う傾向も残っているのは、何とか世に受け入れられようとする若輩の悲しさであったとも言える。その点で、ようやく旗幟鮮明にして、壁の打破に向けた自分なりの挑戦を試みた一つの答えが『近代科学と聖俗革命』(一九七六年)であった。

高橋論文は、このワーディングにも異論があると書く。そして「革命」という言葉にそもそも違和があると主張する。その理由として、聖と俗とは相補的な概念であることを挙げ、さらに、私自身の、この革命はどの時代にも見られる、一種の微係数のようでもある、という言を引く。つまり、革命という、ひとつの時代を切り取るような言葉は、相応しくないのでは、というのが、その異論の骨子となる。

たしかに、この書が書かれた当時は、バターフィールドらの「科学革命」論のほかに、クーンの「科学革命」の概念が紹介され、さらに評判になったC・P・スノウの著作（『二つの文化と科学革命』松井巻之助訳、みすず書房）の標題にも同じ言葉が使われている（三者とも内容ははっきり違うが）といった具合で、「革命」流行りであったことにも、あるいはコペルニクス革命という言葉も科学史の世界で用いられていた事実にも、多少は引きずられるところがあったかもしれないし、用語として不都合であるという意見にはもっともなところもあるが、しかし、私の定義も比較的はっきりしていたことも事実ではないだろうか。「物事の記述・説明に、最終的には神を持ち出さなければ終わらない」という立場と、「そこには最早神は不要である」という立場（この二つは必ずしも「相補的」ではない）を、聖と俗として定義し、この二つの立場の、歴史上の不連続面を、十八世紀（主としてフランスの）啓蒙主義の主張のなかに跡付けたわけだが、この立場の転換過程は、かなり明確な時代的な区切りを示している、と考えることに、それほど大きな誤謬があるとは、今も思ってはいない。

フランス啓蒙主義の首魁の一人D・ディドロの個人史自体が、まさしく一種の回心（この言葉は通常は、パウロのそれや、内村鑑三がアマースト大学で体験したような、宗教的な場面で使われることが多いが、この場合は言わば逆の転換である）であり、革命と呼ぶに相応しいものであったことも判ったし、科学と直接関係はないが、カントが、あれほど執拗に、「人間的な倫理の基盤」を追求したのも、神の戒律を土台とせず、人間の理性・悟性のみに基づいて倫理・道徳を築かねば、という強い義務感の結果としてみることもできたことは、聖俗革命という概念を支える一つの事実となるかもしれない。

## イギリスはどうなのか

ただ、その点でもいくつかの異論が寄せられた。小川眞里子論文では、十八世紀啓蒙主義というが、それはフランス（一歩譲っても「大陸」）の話で、イギリスでは全く事情が違うと言ってよいのではないか、と、主としてR・ポーターの議論を引きながら述べられている。イギリス史に詳細な研究歴を持つ小川らしい主張で、確かに、政治思想的な面では、イギリスの「啓蒙時代」は十七世紀にすでにあり、他方十九世紀になっても自然神学の伝統は、極めて重要な要素として無視することは不可能である。ダーウィンの進化学説を土台にした先行の研究を持ちながら、自然神学に触れないのは、という小川の好意的な無言の批判も感じられる。

とりわけ、私の科学十九世紀発祥論に関する根拠が、ヒューエルやハクスリの議論、つまりイギリスが中心になっている、という点も考慮すれば、小川の批判は正鵠を得ていると言えそうである。その意味では、私の所論は大陸に偏り過ぎていることは認めよう。また、大学に理学部に相当する専門学部が誕生するのも、大陸においてであり、アングロ・アメリカンの地域では、むしろ中世（やむを得ず、この言葉を使うが）以来の大学の形式が保存されがちであったことへの無関心も、同じ偏りに由来するのかもしれない。私は、アメリカの大学の「後進性」を指摘することはあっても、イギリスの大学の問題にはあまり注意を払わなかったという反省もある。もちろんオクスフォードに最も典型的な古典教育、ケンブリッジには多少の理工学的な性向が見えること、そして、それらとは別個に近代的な大学として建てられたロンドン大学などの特性については、それなりに言及したことたびたびであるが。

## 世俗化論とキリスト教

加藤茂生の献身的な努力で、再現された故川田勝の論考のなかで、十九世紀以降の科学の環境を完全に世俗化という立場で割り切ってしまうことへの疑問が明らかにされている。つまり、そうしてしまうと、科学に関する限り、最早、宗教との関わりを論じるためのトポスが存在しなくなるのは、不都合ではないか、という問いかけである。これは、なるほどと思う。科学と宗教との関わりを、認識論的にも、あるいは制度論的にも、議論する余地を確保するために、どのような配慮が必要か、確かに一つの重要な問題提起と言える。

寄せられた論者からも指摘があるように、私は、学問的な発言に、自分の信仰を反映させないように、かなり留意してきたつもりである。ただ、当然ながら、聖書自体も含めて、キリスト教関係の文献に接する機会は、普通の日本人よりは、恐らく遙かに多かったに違いない。そして、善かれ悪しかれ、欧米の文化圏のなかで書かれた書物が、学問と文芸とを問わず、何らかの形でキリスト教からの影響を受けていることを考え合わせれば、それらを理解する点で、多少とも有利な場所にいたことは否定できない。それが、何人かの論者から、聊《いささ》かの揶揄も込めて「横文字派」だとか、「徹底した西欧人」などと評されることにもなるのだろう。

もっとも、小学生時代には、時の流れもあって、孔孟の教えは一通り身に着けたし、大正教養主義の権化のようだった父親の影響で、『新唐詩選』は愛読書になった。また比較文化の大学院にいたときには、仏教的環境が非常に強かった。指導教授になって下さった山崎正一は、イギリス経験主義哲学が専門であったが、同時に谷中の由緒ある名刹の住持でもあった。考えてみると、当時の東大の哲学系の教授たちは、僧侶である方が少なくなかった。また比較哲学の最も典型的なトポスは、東西の宗教が常に絡んでいたので、仏教に関わる諸事を学ぶ機会にもなった。京都天龍寺の故平田精耕老師の禅文化研究所とは、長くご縁を戴いたし、故秋月龍珉師とも知遇を得ることができた。その意味で、私は決して西欧一点張りの人間ではないつもりではいる。

もっとも話は脱線するが、禅とカトリックとは、様々な場面で親密な関わりがある。日本名愛宮真備（えのみや・まきび）というイエズス会のラサール神父が始めた神瞑窟という禅修行の道場もあり、今ではイエズス会門脇佳吉司祭が、禅に対する深い理解を示している。また京都の故弟子丸泰仙師も、ヨーロッパのカトリックの修道会と禅寺との間に、修道士や寺僧の相互受け入れを実践するなど、多くの実例がある。

全く余計なことを付け加えるが、音楽では、私は、洋楽を学ぶ前に、四歳から能楽の訓練を受け、長じても、同志と語らって、日本音楽国際交流会というＮＰＯ法人を結成し、日本の古典音楽の真髄を内外に紹介する活動を行ってきている。

### 新しい神学

横道に逸れたが、ここで長大な加藤茂生論文のなかで、「新しい神学」という概念に関して述べていることに触れるべきだろう。因みにこの加藤論文は、私の断簡に至るまでソースを丹念に博捜して、とにかく目を通してくれたと思われる作品で、業績としては全くカウントされないに違いない、このようなテーマで、緻密な論考を書いてくれたことには、感謝の言葉もない。そのなかで、私の「新しい神学」としての科学という表現が、正面から取り上げて考察されている。

加藤が正面から取り上げてくれたこの私の論考は、通常あまり言及されることのない、また私も、自分の学問的言説とは少し距離を置く領域のものと位置づけてきた問題であり、特殊な媒体に書いたものが多いという点もある。

加藤は、データ、事実などに関する私の考え方を丹念に検証した上で、最終的に、形而上、あるいは宗教上の議論にまで、非常にきれいな分析によって辿りついている。思い返してみると、自分でも大胆な、と思えるような発言にも真摯に向き合って書いてくれているが、加藤も見通しているように、こうした発言の元になる言説は、多く『ソフィア』という上智大学の刊行するジャーナルに掲載されたもので、一般の読者を対象にした書物では、これらほど「神学的な」な傾向を露骨に出したことはない。

ただ折角加藤が掘り起こしてくれた論点なので、キリスト教との関係を述べるこの場所で触れておくことにする。そうした論考が書かれた当時、私はシュヴァイツァーに深く魅かれていた。シュヴァイツァーへの関心は、父親譲りで、父は、医師であること、バッハを中心とする古典音楽の大家であり、オルガンの名手でもあること、そして「偉大な」思想家でもあることなどの点で、共感するところが多かったのだろう。その上、中学、高校を通じて、ドイツ語組の親しい友人であった横山喜之氏が、『生命畏敬の倫理』（新教出版社）を翻訳されたのにも刺激されたようであった。因みに横山氏は、内村派の無教会主義のキリスト者で、シュヴァイツァーの活動に傾倒していて、人付き合いの悪い父親が、家に招く数少ない選ばれた客であった。

後になって、シュヴァイツァーの言動にも、特にアフリカで一緒に働いている現地人の扱いなどの点で、期待とは異なることが幾つか伝えられ、晩年の父は、あまりシュヴァイツァーの名を出さなくなっていたが、横山訳の前掲書は、父親の書棚から、私の書棚に移って、高校から大学へかけての愛読書の一つになっていた。

加藤が伝えてくれる私の「新しい神学」は、恥ずかしながら、今振り返るとシュヴァイツァーの生命畏敬の倫理のカトリック的焼直しの感がある。ただ、リン・ホワイトJr.の*Machina ex Deo*（邦訳『機械と神』）のなかで、ホワイトがキリスト教を「今日の生態学的危機をもたらした歴史的源泉」として告発した際、主としてプロテスタントの側から、問題の『創世記』の記事、つまり、神がアダムとイヴを創造したのち、自らが造った世界を「従わせよ」と命令したことからくる、ユダヤ・キリスト教的な人間中心主義への強い反省が表明されたことを考えれば、カトリックの側として、どのように対応すべきか、という点を論じなければならない、という多少の義務感が私にあったことは確かである。プロテスタント側の反応は、〈dominium terrae〉（地の支配）という創世記の理念は、人間が被造世界の「世話係」（stewardship, servant）を命じられているのであって、恣《ほしいまま》に人間が被造世界を収奪してよいということを意味しているのではない、というのが骨子になっていた。

現在、環境問題に対する対策として「自然保護」という言葉が広がっているが、「自然を人間が保護する」という考え方自体、「地の支配」をそのまま実現しているともとれる。私が「新しい神学」

で提起したポイントは、現代において、科学は神学から離脱して久しいが、神学は科学を見捨てるべきではなく、それをきちんと取り込んだ体系を模索すべきである、というところにあり、その主張は今も変わっていない。例えば、進化論をめぐるヨハネ・パウロⅡ世の教書でも、科学はデータとの直接的なやり取りのなかで得られる知識体系、形而上学はそうした科学を理性が反省することで成り立つ（いわばメタ科学）領域、そして神学は神からの啓示による世界、と三分割論を述べている。共感するところもある一方で、この三領域が相互に乗り入れることはない（例えばガリレオ事件は、本来すみ分けるべき三領域が相互に侵犯し合ったことによる過ちであった、と見なしている）という主張には、問題があると考えている。人間の知的な働きが、それほど綺麗に三分割できるものではない、と考えるからである。ただ、こうした主張は純粋にキリスト教内部の問題というべきで、これ以上は、詳述することは避けたい。

## コペルニクス革命

科学革命論への私の批判に話を戻すと、多少議論は細部にわたるが、さすがに、コペルニクスの専門家（コペルニクスの主著『天球の回転について』の邦訳は、永らく矢島祐利のもの〔岩波文庫〕しかなかったところへ、部分訳ではあるが、高橋の労作が刊行されたことは、快挙と言ってよい）であるだけに、高橋の拙論への批判もかなり手厳しい。その一つは、コペルニクスにおいて、太陽中心説（通常日本では地動説と言われてきたもの）への転換が、何に因ってなされたか、という点での私の議論が、資料的裏付けを欠いた恣意的なものだ、というところにある。具体的なポイントの一つは、私が「ウプサラ・ノート」を無視しているという批判である。

そもそも、私がコペルニクスの議論に立ち入るきっかけは、プトレマイオスによって集約された、古代グレコ・ローマンの天文学理論、とりわけ惑星の運動論を検討するなかで、それが、基本的に二つの等速円運動の組合わせに依拠している、という点に焦点を合わせたことにあった。それらの体系では、肉眼で観測できるものとしての、水星、金星、火星、木星、土星の五惑星（そのうち水星は、太陽の近辺に居続けるので、観測データは乏しいが）に関して、それぞれが独自に不規則な運動を行うことの説明として、導円と周転円という二つの円運動が導入されていた。特に内惑星とされる水星と金星に関しては、導円と周転円との関係が比較的判り易いので、それをひねくり回している間に、それが簡単に太陽中心的な記述に変換できることに気付いたことが、私の問題意識の始まりだった。

この変換は、プトレマイオスらが（それを学んだコペルニクスも同様だが）、微調整のために周転円を数多く導入している実際の議論では、なかなか把握し難いが、簡便化を目指して周転円を第一次の一個だけに限定してみると、極く簡単に達成することができる。外惑星の場合は多少煩雑にはなるが、事情は同じである。つまり、当時の惑星の運動理論に限定して言えば、地球中心説も太陽中心説も、数学的な言葉を使えば完全に「同値」であって、優劣はないはずである、という結論が導かれる。余計なことを付け加えるが、ガリレオの場合でも、事情は全く変わらない。

そして、この結論は、地球中心説にとって反証的に働き、太陽中心説を支える天文学上の観測データとして、最も基礎的な「恒星の年周視差」が発見されたのが、十九世紀になってからである、というもう一つの事実を踏まえると、では一体何故コペルニクスは、同値であって優劣のない（しかし、別の運動学上の理由で、グレコ・ローマンの体系が採用していた）地球中心説を捨てることができたのか、という問いを必然的に呼び起す。

そして私の出したその段階での結論は、彼がクラクフのヤゲウェオ大学の学生だったころに親しんだ、ルネサンス人文主義者たちの新プラトン主義的な世界観、宇宙観の影響こそが、彼の転換を導く主要動機であった、というものであった。もちろんその間の直接的な因果関係を明確に示す資料はない。

同時にこの段階で、確かに私はウプサラ・ノートに十分な注意を払っていなかったという点は認めなければならない。一般の読者のために、簡単に解説しておくと、ウプサラ・ノートと言われるものは、コペルニクスが、初めて太陽中心説の大まかな概略を記したコメント（通常「コメンタリオルス」というラテン語の名で呼ばれる）を公にする（と言っても、刊行の意志*はなく、知己たちの間に配ったメモに近いが、例えばデンマークの天文観測者として名高いティコ・ブラーエの手許にも届いていたらしい）前の学生時代（？）に、彼が利用していた、天文学上の計算をするための基礎資料などに関して、自らの計算などを記したノート状の紙葉が一六葉残されており、そのなかに、各惑星の運動を、太陽を中心としたモデルで記述した荒書きのようなものが含まれている。これらの紙葉を一本に纏めたものを、ウプサラ・ノート（Uppsala Raptularium）と呼ぶことになったのである。〈raptularium〉というラテン語は、ポーランド語由来で、「日記」とか「備忘録」のような意味を持つ語である。

＊　刊行という言葉を使ったが、ちょうどコペルニクスの時代は、いわゆるグーテンベルク革命（ここでも「革命」という語が使われる）なるものが、一般に普及し始めたころであって、書物は手写本から刊行本に移

行しつつあった。彼の主著『天球の回転について』も、かなり初期の刊行本の一つとなった。かつて私はストックホルムのシェグレン文庫の整理を依頼された際、何冊かの初版本を調べる機会があり、それ以来、折に触れて各地で初版本に触れるように努力してきた。

その段階では、そこでの記述類も、前述の新プラトン主義的な宇宙観との関連のなかでしか、解釈しなかった（ために特段の言及をしなかった）ことが、高橋の批判を受けることになっていると思われる。ただ高橋も認めるように、コペルニクスの太陽中心説への転換を理由づける直接的な資料的（史料的）根拠は極めて乏しい。その意味では、開き直りととられることを承知で、この点に関して、完全に恣意性を排除した立論があり得るのかを、私は今でも疑っていることを付け加えよう。それと、そのこと自体が、私の科学革命論批判の重大な瑕瑾となるとは考えていない。

小さなことだが、高橋は、私の表現の行き過ぎの例として、ひろ・さちやとの対談のなかでの、太陽中心説が聖書に基づいている、という発言を取り上げている。確かに、それをどう根拠づけるか、問われることとは十分理解できるし、むしろ、ルターが示したように、聖書（旧約聖書『ヨシュア記』）のなかには、「陽よ留まれ」という文言があって、聖書の直接的な表現のなかに、太陽の運動を支持する材料はあっても、不動の中心としての太陽を示すような内容を見つけることはできない。その限りでは、明らかに私の発言は根拠を欠いており、短絡的の誹りを免れない。ただ、前後の文脈を読めばわかるが、若いコペルニクスに影響を与えた（と私が信じている）ルネサンス人文主義者の代表の一人M・フィチーノの『太陽論』などは、キリスト教的新プラトン主義者の常として、例えば『創世記』の記述を立論の根拠としている点があることも確かであり、その意味では、「太陽中心」モデルの提言が、間接的に聖書の記事に関連があると指摘することは、強ち間違いではあるまい。

**概念の普及**

高橋論文によると、聖俗革命論は、指摘されたいくつかの難点があって、結局普及しなかった、という判断が下されている。確かに、バターフィールドらの「科学革命」論やクーンの「科学革命」の概念に比べれば、比べるのがおかしいほど、「聖俗革命」論は普遍的に受け入れられたとは言い難い状況にある。一つには、私の性格から、十分なフォロー活動もせず、普及に力を尽くすこともなかった点があるかもしれないが、例えば日本の中等教育の教科書などにも採用されていないことを考えれば、高橋の指摘は正しい。ただ、国際的に見れば、例えば聖俗革命論を前提に、英語で書かれた「科学の科学化」("Scientization of Science," *Annals of the Japan Association for Philosophy of Science*, 1993, pp. 175-185) などの私の一連の論文は、海外の研究者にはそれなりの評価を得、結果として、E・メンデルゾーンやP・ヴァインガルトらから、『科学社会学年報』(*Sociology of the Sciences, a Yearbook*) の編集委員に招かれたり、ヴァティカン市国が設立した社会科学アカデミーの第一期選出会員に選任されたことは、自己宣伝の嫌いな私としても、記しておきたいと思う。

## 2　日本文化論というトポス

このトピックスでは、塚原東吾がユニークな論を展開してくれた。冒頭の「三村上」というのは、思いもよらぬ並列で、面映ゆい以上に、それはないでしょう、と言いたくなるが、それにしても、さすがに東アジアの科学史研究にも独特の成果を挙げてきた塚原だけに、私の著作への読み込みも、私自身の意図を超えたところがある。

提出された疑問には答える義務があるので、ここでは、それらの点に記述を絞るが、一つは、私が「文化と文明」の対比のなかで、条件付きだが「日本文明」という概念は成り立たないのでは、と主張してきたのに対して、これも留保付きの表現ながら、クール・ジャパンのような「文化」的な成果が、政治・経済的に、最大限に利用されている現象は、むしろ「文明化」の契機を内包しているのでは、と塚原は問題を提起する。

私も、そのことは心に引っかかってきた問題の一つである。ただ、一面こういう事態もある。かなり古い話になるが、白石さや氏の研究成果のなかに、アジアにおける日本のアニメーションの普及状況に関するものがあって、それによると、極めて広汎な国々のテレヴィジョン番組として普及した『セーラームーン』の主人公のスカート丈が、国によってまちまちであった、という。私は『セーラームーン』を熟知しているわけではないが、日本を露骨に感じさせるようなものはなく、むしろ国籍不明あるいは「中性的」な内容で、しかも国情に応じて微調整ができる仕掛けになっていることに注目したい。つまり、こうした作品は、「文化の偏り」において「最小公倍数的」と言おうか、いやひょっとして「最大公約数的」という表現の方が適切だろうか、とにかく、日本文化の真髄を押し出そうとする意図はほとんど感じられないように思う。その点は、テレヴィジョン用ではなく、劇場用の宮崎駿作品の多くが、全編にわたって「日本の文化」を表現しているのとは対比をなしているのではないか。

ここでもカローラの比喩を出すのだが、単に車に対して人々が抱く期待の最小限度を均等に実現しただけのもので、何ら文化的主張を体してはいないのがカローラだ、というBMWの会長の評価は、反論は如何様にもできるだろうが、一つのポイントではある。私の文明論で言えば、一つの（固有の）文化が、自らの文化的内容を「普遍化」しようとする意志の下で、実際に相当の地域に拡大し、相当の期間支配する状態が文明である。

そして、「セーラームーン」にせよ「カローラ」にせよ、文化の違いを超えて、どこかで共通、かつ一見「普遍」に見える要素を探し出して、それをできる限り実現したものを提供するのが、日本文化の特徴の一つだとすると、それが結果として、塚原の示唆するような「日本文明」的な状態を生み出しているのではないだろうか。

もう一つ、私の日本文化論の欠点として、塚原は、「国民国家論」的、あるいは「本質主義」的であることを指摘する。坂野徹論文もまた、同様の批判を持つ。塚原は、時代を考慮に入れれば、とやや同情的な留保を加えてくれているが、こうした批判は、確かに肯綮に中《あた》っている。ここでも現代は「大きな物語」が否定される傾向があり、それはむしろ私の歴史観の筋でもあるのだから、なおさらである。ただ、一言加えれば、「文明」も「文化」も、もともとは「大きな物語」を語るための道具立てであったように思う。それが弁解にはならないことは承知しているが。

## 3　歴史記述の問題に関して

### ワインバーグの開き直り

歴史記述（ヒストリオグラフィ）の問題に、正面から疑問を投げかけたのは野家啓一論文であり、横山輝雄論文である。野家は、ごく最近出版され、邦訳も追っかけて出版されたS・ワインバーグの『科学の発見』を土台にしながら、私の「正面向きの歴史記述」が、どこまで可能か、を問いかける。ワインバーグの著書は、私も原著が出版された直後に入手して、「ううん　ここまで開き直れるか」と感心した覚えがある。要するに、科学の歴史においては、過去の状況は、現代の科学の水準から理解し、かつ評価するほかはない、という、私が「ウィッグ史観」として批判した記述方法を堂々と採用する。横山論文も、ワインバーグのこの著作に言及しているから、これは一つの事件であったと言ってよい。

世界的に見れば、多くの論者が共通に指摘しているように、社会構成主義がアクメを迎えた頃に、ソーカル事件（別名「サイエンス・ウォーズ」）が起こって、ブームに水を差し、バックラッシュとしてワインバーグが現れた、という流れなのだろう。

念のために付け加えるが、野家自身は、恐らく横山も、必ずしもワインバーグ説の側に立つつもりがあるのではなく、野家は最後の文章で「天に唾きする」ことになるか、という意味の言葉を残している。多少ひねくれた見方をすれば、野家も横山も、私ならワインバーグにどう応答するか、お手並み拝見という下心があるのでは、とも思ってしまう。

ワインバーグの立場には抜きがたい大前提がある。現在の科学による「世界の説明・記述」が絶対に正しい、という前提である。ここには二つの問題点がある。一つは繰り返し述べてきたように、私は、こと、知的世界に関する限り、絶対を認めない、常に「もっとほかのようである可能性」の余地を残して置く、という姿勢をとってきたからである。この点に関しては、出発点の違いと言うほかはない。

もう一つの問題は、ワインバーグが、この大前提に誘導されて陥っている奇妙な錯誤である。私も、現代において自然を理解し、解釈し、記述する方法として、現在の科学の水準を「正しい」と認めるに吝かではない。しかし、歴史記述は、現代の私たちの前に広がる自然を如何に理解するか、ということを、探究の目的にしているわけではない。それは科学の役目である。歴史は、書くのも愚かではあるが、過去の人々が、どのように生き、どのように考え、どのように行動していたか、という点に知的関心を抱く。具体的に言えば、過去の人々が使っていた道具（思考のための道具も含めて）、観察していたデータ、彼らの日常を縛っていた価値観、などなどを、出来る限りにおいて、忠実に再現しようと試みる。それが歴史である。

横山は音楽を例にとっているが、その音楽の世界では、いわゆる「ピリオド楽器」による演奏という表現に象徴されるような問題が生じている。つまり、例えばバロック時代の音楽を演奏するには、その時代の楽器、その時代の奏法、その時代の解釈で臨まなければならない、という考え方である。弦楽器で言えば〈A〉音のピッチの問題から、ヴィブラート奏法は厳禁などの、タブーまで、様々な問題が生まれている。しかし、演奏の現場ということからすれば、現代の楽器で、現代の演奏会場で、現代人が好む方法で、過去の音楽が行われることを私たちは許している。

科学の問題もそれと同じだろう。現代の科学の現場では、過去の自然現象への解釈とは異なる、現代におけるそれで事を進めていくことに問題はないが、こと歴史記述に関する限り、過去のある時代に人々がどのように自然と対応していたか、という点を理解するためには、出来る限り、現代の解釈枠から離脱することがどうしても必要である。

私自身も認め、また野家も言う通り、この作業を徹底することは、ほとんど論理的に不可能である。その不可能性は、一つには、認識論上の問題として、人間の認識の限界に由来し、もっと直截に、我々は彼らではないからである、と言い替えてもよい。もう一つには、野家が最後の場面で述べていること、つまり歴史の方法論上の限界に由来する。過去を異文化と考える際に、文化人類学と異なるのは、文字通り相手が時間的過去だからであり、頼るべきものは史料のみである、そしてその史料はすでに「後知恵」によって構成されている、という野家の指摘は鋭い。

第一の、認識論上の限界については、私は初手から認めている。ただ、それで放り出すのは無責任の誹りを免れない、と思い、とにかく、一つの解決策（全面的ではないにせよ）として、共約不可能性の議論と絡めて、「機能的寛容」という概念を前提にした「逆弁証法」を提案してはいる。つまり人間の認識を限定する枠組みから、私たちは何ほどかは自由になれる余地、余裕、「遊び」を許されており、他の枠組みと自己の枠組みとを並べて対象とする、一歩引いた視点（枠組み）へと後退（弁証法のように「前進」ではなく）することが、「ある程度は」可能である、という立論である。これがどこまで有効か、十全な自信はないが、一つの解決策になり得るとは思っている。

第二の史料に関する問題は、その通りと容認するほかはない。史料批判（テクスト・クリティーク）において、できる限り「後知恵」による再構成のからくりを解明する努力を重ねるほかに途はない。

野家の論点にはないが、歴史記述の一局面として、橋本毅彦論文が、アメリカの科学史の世界の、社会構成主義に対する姿勢を描いてくれているのは、興味深く読んだ。すでに「学問的自伝」で触れたように、バーガー＝ルックマンの著書に興奮したとは言え、私は、橋本論文にある「百花繚乱」状態となった社会構成主義とは、終始ある程度の距離を置いてきたからである。

## 過去の〈負〉まで許容するのか

坂野論文も、私の歴史記述の問題に触れるところがある。もっとも、坂野の一つの論点は、歴史記述の方法について、村上は途中で議論を深化させる努力を辞めてしまっている、という指摘にあり、この点は弁明の余地はない。学界の空気も焦点から外れたような印象を与える方向にあったとはいえ、確かに私は怠惰であった。そして、昨年ワインバーグの『科学の発見』に出会って、まだ戦わなければならないのか、という思いをかきたてられた。しかし、恐らく私にはもうその時間も力量も残ってはいない。

坂野のもう一つのポイントは、「歴史上〝負〟と見なされる行為をどう評価するか」という問題で、私の歴史方法では、ホロコーストや従軍慰安婦の正当化につながりかねない、という指摘である。ここでも、私は、もう一度、歴史とは、能う限りにおける過去の再現である、というテーゼを繰り返さなければならない。ホロコーストを「悪」と評価するのは、現在の私たちの価値観である。しかし、一九三〇年代から四〇年代にかけて、ある種の人間たちにとって、それは歓迎すべき「善」であった。そのことは、どうあっても否定できない。そして現在の私たちが、過去から学ぶべきことがあるとすれば、人間というものは、「場合によっては」そういう価値観を持ち合わせることができる存在なのだ、という決定的な事実である。

その過去の人間たちの判断と行動とを、現在の私たちは「悪」と判断する。そしてそれと対決する。被害者が現在に苦しんでいれば、私たちの責任で、それを償う意志を示す。そこにこそ、現在の私たちの間に「和解」が生み出される余地もできる。そうではないだろうか。

勿論そこには、例えばホロコーストで言えば、戦後のドイツが徹底して追及した、ホロコーストの責任者たちを弾劾する根拠が問われることになるだろう。実際、多くの当事者は、自分は上官の命令に従っただけである、という自己弁護を試みた。実際にその弁論がある程度有効であった例も少なくない。他方、自らの生命をかけて、命令を実行しなかった人間もいる。そのことは、無条件の称賛と最大の敬意に値するとは言え、すべての人間に英雄であれ、と望むことはできない。しかし、論理的に言えば、現代の私たちが、現在の私たちの価値観に従って裁くことができるものがあるとすれば、それは当時の過去の社会全体である。だとすれば、そのなかにいる個々の人間は、現在の価値観から見れば「悪」とされる価値観によって判断し、行動したことを裁かれることになる。こうした場面で、私の心を過ぎるのは、「悪と知りつつ犯した行為には道徳的責任が問われるが、そうではないときには、問われることはない」というキリスト教の（一部の、かもしれないが）「罪悪観」である。非難が寄せられることは承知の上で、その点は書き残しておきたい。

### 社会構成主義再論

柿原泰は私の考え方の「変化」を「社会論的転回」と名付けてくれた。多少の差はあれ、諸家の目には「前期村上」と「後期村上」とがかなり変わっているという印象を持たれているようだ。横山論文も冒頭にその意味のことを述べている。一つには、私の言説が、科学に対する歴史的、哲学的分析から、社会学的分析へとシフトした、という観察に由来する判断であろう。確かに、東京大学における勤務先である教養学部から、同じ大学内部とはいえ、全く性格の違う先端科学技術研究センターへと配置換えになった、という客観的な状況の変化が、必然的にその変化を齎した、ということも、何人かの論考のなかで触れられている。

この「転回」は、しかし、半ば意識的であったことも否定できない。一つには、世界的な傾向として、科学史・科学哲学の兄弟としての科学社会学を日本に確立することが、この分野に携わるものとしての使命だと思われたことがある。特に、マートン流の「科学の社会学」（当初は、そう訳されていた）は、科学者の造る共同体を、社会の中の一つのサブ・ソサイエティとして捉え、その「社会」に対して、社会学的分析を試みるのだが、その方法の限界が気になっていたために、また、科学・技術の社会に対する負の問題に、どのように対処するか、という課題が、強く浮かび上がってきたことも あって、そうした課題に対する自分の姿勢をはっきりさせる必要を感じたために、そして、そうした課題に取り組むのに、科学史や科学哲学で積み重ねてきた仕事が、ある程度は役に立つと考えたために、この「転回」を起こすべき、という意識が働いたのであった。

主として科学哲学の立場から重ねられた認識論的な考え方が、社会に向いたときに、流行し始めた社会構成主義と重なる方向に向かうのは、ある意味では自然なことであったかもしれない。横山も、あるいは塚原も、その辺りを鋭く突いている。ただ、私にとって、社会構成主義は、後から追いかけてきた潮目のように感じられたこともあって、また、「学問的自伝」で述べたような理由もあって、バーガー゠ルックマンの仕事に、大きな衝撃を受けた割には、正直なところ、その後をフォローする気にはなれなかったことを、告白しておく。それが不徹底と言われるなら、甘んじてその誹りは引き受けなければなるまい。

## 医療・生命倫理

小松美彦が、この問題を取り上げた論考を寄せてくれた。その冒頭に廣松渉の名前が出てくる。ある種の人々にとって、ほとんど神格化されている廣松ではあるが、終生マルクシズムの本筋と信じるものを追求し続けて、厖大な仕事を残した廣松が、相対論を扱った著作などはあるものの、やや肌合いの違う科学史・科学哲学の教室に、どういう事情で就任することになったのか、そのいきさつを知る人もほとんどなくなった今日、ここに私の知る限りのことを書き残しておくことも無意味ではあるまい。やや横道に逸れるが、読者にはご容赦を願いたい。

一九六八年にいわゆる全共闘運動と呼ばれる学生反乱が起こるが、学生運動全般としても、それ以前から左翼運動は、「代々木系」と称される、日本共産党の立場に基礎を置く組織と、その指導・統制から外れた道を歩もうとする諸グループとに分裂しており、六八年以降の運動でも、両派は鋭く対立していた。廣松は若くして日本共産党に入党していたが、その後いわゆる反代々木系の「ブント」（共産主義者同盟）の結成とともに、その理論的支柱となり、六八年の学生反乱がブントの流れを汲む、「反代々木」系学生によって担われたために、廣松は彼らの側に立つことになった。その頃廣松は名古屋大学に哲学の教員として奉職していた。しかし、当時の名古屋大学の文科系教員組織は、「代々木系」にヘゲモニーを握られており、廣松は辞職に追い込まれた。無職になった廣松の学識と才能を惜しんで手を差し伸べたのが、当時千葉大学の哲学の教授だった中村秀吉だった。中村は、思想信条としては「代々木系」に属すると看做される人であったが、その点で、中村の採った態度はまことに清明なものだった。しかし、千葉大学での廣松の人事が進んで、教授会投票になったとき、代々木系組織票が動いて否決という思わぬ結果になった。苦境に立たされた中村に同情したのが、クワインの『論理学の方法』（岩波書店）の翻訳でも協力し合ったことがあり、中村と親しかった大森荘蔵であった。当初大森は先ず非常勤講師という形で廣松を東大教養学部（駒場）に招き、結句「我々の教室に廣松を呼ぼう」と助教授だった私に相談をかけた。その相談には、年齢の近い（廣松は私より三歳年長であった）廣松を迎えれば、私の教授への昇進がかなり遅れることになるが、了承してくれるか、という私への細かな心配りが含まれていた。その私は、言われてそうかと気付くほどここでもドジで、無論否やはありません、と答えたことを、昨日のように思い出す。駒場の教授会でも「代々木系」の勢力は根強く、大森は根回しに随分心を砕いていたが、相当の反対票はあったものの、この人事は無事に教養学部教授会を通過したのであった。

科学哲学の常識的理解からすれば、かなり色合いの違う哲学を追い続けてきた廣松である。やや異色の人事という印象を生み勝ちであった、廣松の駒場、科学史・科学哲学教室招聘の概略は、このようなものであった。その後、科学哲学と言えば、論理実証主義的な背景に限定されると考えられてきたこの領域に、マッハをはじめ多くの新風を吹き込みながら、廣松は、学生や大学院生に巨大な影響を与えたが、六十歳の退職のころには、すでに病魔の侵すところとなり、昼は牛乳のパックを呑むだけ、「左翼小児病ならぬ、左翼乳児病だね」などという冗談を叩きながら、退職後間もなく惜しくも亡くなったのであった。

小松論文は、最後まで、廣松と村上との対比の姿勢を持ち続けているが、私としては、自分が稀代の傑物である廣松と肩を並べる立場にあるとは思っていないことを、付け加えておこう。

さて、閑話休題。

小松は、私の医療倫理の考え方を、具《つぶさ》に検討し、その特質について、それなりの理解を示しつつ、結局は、私のキリスト教信仰を背後に設定することが、必然的であると判断する。しかも、私は、その点での自己解明を怠っている、と指摘する。例えば、インフォームド・コンセントについて私が述べるとき、キリスト教の伝統である〈integritas〉という概念との関連を、唄《ばい》孝一が指摘しているにも拘らず、考察されていないではないか、と述べている。この指摘には、頭を下げるほかはない。唄孝一とは、永らく交流があり、その所説にも、ある程度通暁しているつもりであったが、なるほど、小松が指摘するポイントについて、私は論じることを怠ってきている。英語に直せば〈integrity〉となるこの概念は、英語としても、訳し難い言葉の筆頭である、という意識があり、避けて通る怠慢があったと、顧みて思う。小松はこの点に着目した論考を（別に）発表している。

また、私が、妊娠中絶に関して、例外的に激しい攻撃的姿勢を示すことがあることにも、小松は注意を払っている。考えてみれば、これも確かに指摘の通りで、母親の胎内に宿った小さな「いのち」（ここでは漢字にしたくないので）に対して、余りにも無頓着な現代の風潮（もしかすると、これは現代の日本社会ばかりでなく、過去の日本歴史を通じて、なのかもしれないが）に、遣り切れなさを感じている私の、悪しき情緒性なのかもしれない。その情緒性は、他人事にしてしまうが、ある尊敬すべき同信の先輩が、教皇庁が発した「子供の数は、両親の責任である」という趣旨の、ある意味では妊娠中絶に対する緩和的な文書があった際に、今までの苦痛に満ちた自分の禁欲や、苛まれた罪悪感はどうなるんだ、と血を吐くように言われた記憶などから、培われてきたものでもある。

安全保障に関する新法の反対運動で、「殺し、殺される立場」になりたくない、という表現がよく使われる。その点には、私も完全に同意するが、それならば、日本社会のなかで、毎年二〇万を超える「いのち」が、概ね自分たちの都合で「殺され」ていることに、どうして目を向けないのか。それとも胎児は、「法律上」人間ではないのだから、という言訳を用意するのだろうか。それならば、ヒトES細胞は、その樹立のために、ヒト余剰胚を破壊するから、許すべきでないとする主張（典型的には島薗進氏）の根拠に、余剰胚といえども、正当な手続きをすれば人間になる可能性があるものだから、という説明がなされるが、では、どうして、同じ説明が、胎内に育っている「いのち」には適用されないのだろうか。前者は冷凍庫に凍結保存中のもの、後者は母体内で生きている、という差もあるのに。

やはりここでも、私は少し情緒的に気色ばみ過ぎているかもしれない。

## 安全学

この件に関しては、成定薫が、「三・一一」後の問題に関する私の言説を取り上げ、批判の対象としている。ほかにも同様の見解が散見される。

この批判は十分予想されるところで、何故あの自然災害に基づく人為的災厄後も、原子力発電に対する私の姿勢が容認的なのか、私の思考様式が、生涯の前半と後半で変化しているのではないか、という指摘とも関連して、当方にも反論ないしは弁明の準備がなければならないところである。

総論的なところから述べるが、私の著作類のなかで「前半期」のものに、現代科学・技術批判（この批判は、どちらかと言えば「ネガティヴ」な意味合であるとして集約されるものが多かったのは、確かな事実である。特に、現在の科学・技術（というよりは主として「科学」だが）を絶対視する姿勢には満足せず、「もう一つ別の」、つまり〈オルターナティヴ〉な可能性を常に模索し、試み続けるべき、という方法論に与し、主張してきた。ここではっきりと確認しておきたいのは、今でも、この方法論に対する私の信頼は、全く失われてはいない。

ただし、「学問的自伝」でも述べたように、幼いころから自然科学への憧れ、あるいは共感、あるいは敢えて書けば、自然科学への「愛」は、私という人間の根幹に座っており、科学批判はそこから生まれても、決して「反科学」へと育ったことは一度もない、という点も、ここに記しておきたいと思う。自然への畏敬に基礎づけられた、自然を探究する知的な営み自体は、人間に与えられた最も大切な資質の一つであり、そのことを疑ったことも、一度もない。小さなものであっても自然の謎を探し当て、それを解き明かしたときに体験する戦慄とも言える感動を味わう喜びを忘れて、論文の数を誇り、賞の獲得に憂き身をやつす現代の科学研究の在り方への、強い批判は抱き続けているが。

もう一つの抽象的背景は、すでにこれまでの記述のなかでもある程度は明らかにしてきた、私の人間としての性癖、恐らくは芳しくない性癖による。それは、「皆（あるいは大勢）と一緒」ということに、根本的に忌避感が働いてしまうことである。近代科学史に対する姿勢でもそうだったが、もっと下世話な話で言えば、皆で一斉にやるラジオ体操は子供のときから大嫌いだったし、チェロを弾く場合でも、学生時代は大学のオーケストラに入ってはいたけれども、本当にやりたかったのは精々四、五人の室内楽、学校コンクールなどで、皆が一斉に同じような作り笑いと仕種で楽し気な雰囲気を造ろうとする（一部の）合唱などは、見ていられない性分である、と言えば、言いたいことはわかって戴けるだろうか。数を頼りにする署名運動には、如何なる内容であっても、一切署名したことがない。もっと下世話に書けば、皆が「一斉に盛り上がる」（という表現が流行のようですね）とき、逆にすっかり冷めて身を引いてしまうのが、私の性分である。

そんなことが、一体今の話題にどう関係するのか、と言われよう。ただ、こうした性癖の齎す結果を、かなり潤色して知的な場面に当てはめると、こういうことになる。一般の論調が、ある方向に圧倒的に傾いているとき、カウンターバランスをとる方向に自らを置きたい、という思いが私を引っ張るのである。

科学史における学会の体制への反発にしても、常識化した歴史記述方法論への反発にしても、あるいは近代科学の一般的解釈への反発にしても、考えてみると、私の知的エネルギーの源泉のすべては、そんなところにあったという解釈が成り立つ、と、自認していることをここに告白しておく。気負ったことを付け加えておけば、若い（私から見て）友人であるS・フラーが、知識人の資格の一つとして、常にカウンターバランスを考えることを挙げていたことに、強い賛意を覚えている。

そこで「三・一一」以後なのだが、あの状態のなかで、原子力利用への否定的意見は、世間一般は勿論、知的世界でもほとんど満場一致の感があった。もちろん、当事者の間では、完全な否定論に反発する人々もいたには違いないが、そういう人々には発言や意見表明の機会は望んでも与えられず、望むことさえ憚られて、沈黙を守った。私の周囲にも、話せない、書けない、と漏らされる方が何人かおられた。だとすれば、何らかの合理的なカウンターバランスの言説はあり得ないものか、それを探り当てることが、私の基本的な意図になった。そこには、原子力安全・保安院の保安部会長の職（この職は成定が賢明に推定されているように、『安全学』を公表したことに直接結びついている）を曲がりなりにも務めながら、津波対策の問題をアジェンダに一度も乗せなかったことの罪償感も働いている。

したがって、私のこの問題に対する姿勢は、基本的に一貫している。日本の将来のエネルギー調達の選択肢として、原子力をどの程度にするか（無論ゼロ・オプションも含めて）、という点での価値判断には言及しない、ただ、現下に直ちにゼロ・オプションを採用する、具体的には一切の再稼働を認めない、という判断には、極めて大きな科学・技術的、かつ社会的な非合理性が潜んでいる（その点は明らかであるように私には思える）、という意見を述べよう。それがこの問題に関する私の考え方であったし、今でも変わってはいない。

もう一つ付け加えれば、成定がそうだというのではないが、一般的に原子力発電に関する議論は、世論も、知的世界でも、明確に白か黒かにすべての議論が色分けされてしまい、特に明確な反対以外の立論は、すべて原子力利用賛成論としてカテゴライズされてしまうという、残念な傾向が顕著である。廃絶するにしても、存続するにしても、考慮しなければならない要素がこれだけある、ということを、地道に探り尽くしながら、検討を重ねる、という作業こそが、今求められていると信じる。

最後に、全体の問題に絡みながら、少し異色の視点から書かれた瀬戸一夫の論考に触れておきたい。瀬戸は、科学の「支配」性を精査し、それを解明するには、私の「三肢構造」では不十分である、と診断し、自らの理解の素描を試みる。それは、私が「文明」という概念に施した解釈に一部は重なるが、しかし、歴史上の（つまり時間軸上の）決定的な転回点として、瀬戸は意外にもガリレオを挙げる。もっとも、対象が「文明」ではなくて、「科学」なのだから、それは意外でもなんでもない、とも考えられるが、私の場合、そうした役割に近い人間を探せば、どちらかと言えばデカルト（というよりは、潜在的カルテシアニズムと言い換えた方が正確かもしれないが）にぶつかる、という点でも、瀬戸の考えとは異なる。素描が完成された絵になるとき、画期的な結果を私たちは見るかもしれないと記すことで、この論を締め括りたい。

# 謝辞

ここに謝辞を記すことをお許し願いたい。

『出家とその弟子』（倉田百三）ならいざ知らず、私は「弟子」という言葉が嫌いである。というより、日本の社会で、あるいは学問の世界で、「先生と弟子」という関係のもつある種の状況に馴染めないできた。私の大森荘蔵に対する姿勢も、「弟子」というよりは、単に私が一方的に親炙しただけである。恐らく、本書に寄稿してくれた人々も、要するに、自分たちが学生だったり大学院生だったりしたときに、たまたま私が教師という立場にいた、という関係性のなかでのみ、関わったという意識をお持ちだろう。にも拘わらず、業績表に掲げるには相応しくないであろう本書のために、現役で最も忙しい時期を迎えている方が多いにも拘わらず、熱心かつ高度な論考を寄せて下さった諸兄姉に、心からの感謝を捧げる。振り返れば、私が東京大学を退官した時から続いてきた、この企画を温め、実現に向けて多忙ななかを尽力された、通称「三K」、つまり柿原泰、加藤茂生、そして故川田勝の三氏に対して、特別の感謝を捧げる。本当に有難う。川田氏の帰天は、永らくの闘病の末とはいえ残念極まりないことであった。ただ、時間的制約から、諸氏の論考に対して、十分に咀嚼する時間もないままに、本稿を終わらなければならないことが、心残りではある。誤解もあろう。本質的な論点を外していることもあろう。その点では、感謝とともに、お詫びも記さねばなるまい。

最後に、私を育ててくれた新曜社が、極度に出版事情の厳しいなか、本書の出版を引き受けて下さったこと、また昔からのお馴染で熟達の編集者渦岡謙一氏や若手高橋直樹氏にお世話になれたことも、有難い限りであった。記して感謝の言葉とする。

## 村上陽一郎 略歴・役職歴

**略歴**

1936年 東京に生まれる
1962年 東京大学教養学部教養学科（科学史科学哲学分科）卒業
1968年 東京大学大学院人文科学研究科比較文学・比較文化専攻博士課程単位取得満期退学
1965年 上智大学理工学部助手、文学部講師を経て、71年理工学部助教授
1973年 東京大学教養学部助教授、86年教授
1989年 東京大学先端科学技術研究センター教授
1993年 東京大学先端科学技術研究センター長
1995年 東京大学退官、97年東京大学名誉教授
1995年 国際基督教大学教養学部教授、オスマー記念科学特別教授、大学院教授を歴任
2007年 東京大学大学院総合文化研究科科学技術インタープリター養成プログラム特任教授
2008年 国際基督教大学退任後、客員教授、名誉教授
2009年 東京理科大学大学院科学教育研究科嘱託教授、同研究科長
2010年 東京英和女学院大学学長
2014年 東京英和女学院大学退任

**政府等の委員・役職歴**

OECD 科学技術政策委員会　副議長・委員
UNESCO-COMEST（World Commission on the Ethics of Scientific Knowledge and Technology）委員
科学技術会議　政策委員会　委員
文部科学省　社会技術フォーラム　委員
文部科学省　社会技術研究システム・公募型プログラム　領域統括
科学技術振興機構社会技術研究開発センター　科学技術と社会の相互作用領域総括
日本学術振興会　先端科学（FoS）シンポジウム事業委員会　委員長
経済産業省　原子力安全・保安院　検査の在り方に関する検討会　委員
経済産業省　原子力安全・保安院保安部会　委員（部会長）
など

＊なお、その他の政府などの委員・役職歴の詳細、民間団体の役職歴・受賞歴、その他の教歴については、新曜社ホームページに掲載の予定。

ちくま学芸文庫，2007年７月。初訳は1993年

編『近代化と寛容』ICU21世紀 COE シリーズ第２巻，風行社，2007年９月

**▶2008年**

○『科学・技術の二〇〇年をたどりなおす』NTT 出版，2008年３月

Yoichiro Murakami, and Thomas J. Schoenbaum (eds.), *A Grand Design for Peace and Reconciliation: Achieving Kyosei in East Asia*, Cheltenham: E. Elgar, 2008

**▶2009年**

○『あらためて教養とは』新潮文庫，2009年４月。初版は2004年『やりなおし教養講座』

千葉真との共編『平和と和解のグランドデザイン――東アジアにおける共生を求めて』ICU21世紀 COE シリーズ第10巻，風行社，2009年11月

スティーヴ・フラー『知識人として生きる――ネガティヴ・シンキングのポジティヴ・パワー』村上陽一郎・岡橋毅・住田朋久・渡部麻衣子訳，青土社，2009年12月

**▶2010年**

○『人間にとって科学とは何か』新潮社，2010年６月

編『日本の科学者101』新書館，2010年10月

**▶2011年**

○『あらためて学問のすすめ――知るを学ぶ』河出書房新社，2011年12月

Noriko Kawamura, Yoichiro Murakami, and Shin Chiba (eds.), *Building New Pathways to Peace*, Seattle: University of Washington Press, 2011

**▶2012年**

○『私のお気に入り――観る・聴く・探す』創美社発行，集英社発売，2012年２月

**▶2014年**

○『エリートたちの読書会』毎日新聞社，2014年４月

○『奇跡を考える――科学と宗教』講談社学術文庫，2014年12月。初版は1996年

**▶2015年**

○『科学の本一〇〇冊』河出書房新社，2015年12月

＊論文・エッセイも含む全著作リストは小社ホームページに掲載の予定。

H. コリンズ，T. ピンチ『迷路のなかのテクノロジー』村上陽一郎・平川秀幸訳，化学同人，2001年5月

○『岩波講座現代工学の基礎　技術関連系1　工学の歴史』岩波書店，2001年7月。2006年に『工学の歴史と技術の倫理』として再刊

大貫隆・島薗進・高橋義人との共編『グノーシス 陰の精神史』岩波書店，2001年9月

大貫隆・島薗進・高橋義人との共編『グノーシス 異端と近代』岩波書店，2001年11月

**▶2002年**

伊東俊太郎・広重徹との共著『思想史のなかの科学』改訂新版，平凡社ライブラリー，2002年4月。初版は1975年。1996年に改訂版

○『西欧近代科学——その自然観の歴史と構造』新版，新曜社，2002年5月。初版は1971年

○『近代科学と聖俗革命』新版，新曜社，2002年7月。初版は1976年

○『生命を語る視座——先端医療が問いかけること』NTT 出版，2002年10月

**▶2003年**

○『安全学の現在——対談集』青土社，2003年3月

○『科学史からキリスト教をみる』長崎純心レクチャーズ第5回，創文社，2003年3月

森岡恭彦・養老孟司との共編著『新医学概論』産業図書，2003年10月

**▶2004年**

○『やりなおし教養講座』NTT 出版，2004年12月。2009年に『あらためて教養とは』と改題のうえ新潮文庫

**▶2005年**

○『安全と安心の科学』集英社，2005年1月

Yoichiro Murakami, Noriko Kawamura, and Shin Chiba (eds.), *Toward a Peaceable Future: Redefining Peace, Security, and Kyosei from a Multidisciplinary Perspective*, Washington: Washington State University Press, 2005

**▶2006年**

○『工学の歴史と技術の倫理』岩波書店，2006年6月。初版は2001年に『岩波講座現代工学の基礎　技術関連系1　工学の歴史』として刊行

アーサー・ケストラー『偶然の本質——パラサイコロジーを訪ねて』村上陽一郎訳，ちくま学芸文庫，2006年7月。初版は1974年

○『文明の死／文化の再生』双書時代のカルテ，岩波書店，2006年12月

**▶2007年**

ポール・K. ファイヤアーベント『知についての三つの対話』村上陽一郎訳，

▶**1996年**

大井玄，堀原一との共編『医療原論──医の人間学』弘文堂，1996年４月

広重徹・伊東俊太郎との共著『思想史のなかの科学』広池学園出版部，1996年４月。初版は1975年。2002年に改訂新版

○『宇宙像の変遷』講談社学術文庫，1996年６月。初版は1987年。1991年に改訂版

○『医療──高齢社会に向かって』20世紀の日本９，読売新聞社，1996年７月

○『奇跡を考える』叢書現代の宗教７，岩波書店，1996年11月。2014年に講談社学術文庫

▶**1997年**

○『**新しい科学史の見方**』NHK 人間大学テクスト，日本放送出版協会，1997年１月

ポール・ファイヤアーベント『哲学，女，唄，そして…』村上陽一郎訳，産業図書，1997年１月

河合隼雄との共編『内なるものとしての宗教』現代日本文化論12，岩波書店，1997年８月

武藤義一・向坊隆との共著『科学とともに生きる』リブリオ出版，1997年11月

▶**1998年**

○『ハイゼンベルク──二十世紀の物理学革命』講談社学術文庫，1998年９月。初版は1984年

○『**安全学**』青土社，1998年12月

▶**1999年**

○『科学・技術と社会──文・理を越える新しい科学・技術論』光村教育図書，1999年１月

柳瀬睦男・川田勝との共編『日常性のなかの宗教──日本人の宗教心』南窓社，1999年１月

細谷昌志との共編『宗教──その原初とあらわれ』叢書 転換期のフィロソフィー 第４巻，ミネルヴァ書房，1999年５月

▶**2000年**

樺山紘一・高田勇との共編『ノストラダムスとルネサンス』岩波書店，2000年２月

編『21世紀の「医」はどこに向かうか』NTT 出版，2000年３月

○『科学の現在を問う』講談社現代新書，2000年５月

アブラハム・パイス『アインシュタインここに生きる』村上陽一郎・板垣良一訳，産業図書，2001年３月

▶**2001年**

○『文化としての科学／技術』岩波書店，2001年４月

○『科学史はパラダイムを変換するか』三田出版会，1990年11月

**▶1991年**

○『宇宙像の変遷』改訂版，放送大学教育振興会，1991年３月。初版は1987年。1996年に講談社学術文庫

ルイス・S. フォイヤー『アインシュタインと科学革命——世代論的・社会心理学アプローチ』村上陽一郎・成定薫・大谷隆昶訳，法政大学出版局，1991年７月。初訳は1977年

**▶1992年**

猪瀬博との共著『研究教育システム』朝倉書店，1992年12月

**▶1993年**

P. K. ファイヤアーベント『知とは何か——三つの対話』村上陽一郎訳，新曜社，1993年７月。2007年に『知についての三つの対話』としてちくま学芸文庫

バーナード・コーエン編，バーナード・コーエン総編集『マクミラン世界科学史百科図鑑２　15世紀～18世紀』村上陽一郎監訳，原書房，1993年７月

井口潔・藤澤令夫・飯島宗一との共著『科学と文化——人間探究の立場から』名古屋大学出版会，1993年7月

○『生と死への眼差し』青土社，1993年９月。2001年に新装版

A. C. フェビアン編『起源をたずねて』村上陽一郎・養老孟司監訳，産業図書，1993年９月

ピアーズ・ウィリアムズ編，バーナード・コーエン総編集『マクミラン世界科学史百科図鑑３　19世紀』村上陽一郎監訳，原書房，1993年11月

**▶1994年**

アンヌ・ドゥクロス『水の世界——地球・人間・象徴体系』近藤真理訳・村上陽一郎監訳，TOTO 出版，1994年１月

○**『文明のなかの科学』**青土社，1994年６月

ひろさちやとの共著『現代科学・発展の終焉——生命との対話　村上陽一郎 VS. ひろさちや対談集』主婦の友社，1994年６月

○**『科学者とは何か』**新潮選書，1994年10月

**▶1995年**

○『科学史の逆遠近法——ルネサンスの再評価』講談社学術文庫，1995年２月。初版は1982年

S. サンブルスキーほか『言葉と創造』村上陽一郎・市川裕・松代洋一・桂芳樹訳，平凡社，1995年６月

J. ザイマン『縛られたプロメテウス——動的定常状態における科学』村上陽一郎・川崎勝・三宅苞訳，シュプリンガー・フェアラーク東京，1995年12月

1986年１月
A. G. ディーバス『ルネサンスの自然観――理性主義と神秘主義の相克』伊東俊太郎・村上陽一郎・橋本真理子訳，サイエンス社，1986年２月
L. ローダン『科学は合理的に進歩する――脱パラダイム論へ向けて』村上陽一郎・井山弘幸訳，サイエンス社，1986年５月
○『技術とは何か――科学と人間の視点から』日本放送出版協会，1986年６月
イムレ・ラカトシュ『方法の擁護――科学的研究プログラムの方法論』村上陽一郎・井山弘幸・小林傳司・横山輝雄訳，新曜社，1986年６月
N. R. ハンソン『科学的発見のパターン』村上陽一郎訳，講談社学術文庫，1986年６月。初訳は1971年
○『時間の科学』岩波書店，1986年９月
マリー・ヘッセ『知の革命と再構成』村上陽一郎・横山輝雄・鬼頭秀一・井山弘幸訳，サイエンス社，1986年９月
○『近代科学を超えて』講談社学術文庫，1986年11月。初版は1974年
ポール・M. チャーチランド『心の可塑性と実在論』村上陽一郎・信原幸弘・小林傳司，紀伊國屋書店，1986年12月

**▶1987年**

杉本大一郎との共著『物理の考え方』平凡社，1987年１月
○『宇宙像の変遷』放送大学教育振興会，1987年３月。1991年に改訂版，1996年に講談社学術文庫
C. A. パトリディーズほか『存在の連鎖』村上陽一郎・村岡晋一ほか訳，平凡社，1987年８月

**▶1988年**

編著『先端技術と社会』「週刊朝日百科　日本の歴史」130号，朝日新聞社，1988年10月23日

**▶1989年**

編著『現代科学論の名著』中公新書，1989年５月
伊東俊太郎との共編『講座科学史１　西欧科学史の位相』培風館，1989年９月
伊東俊太郎との共編『講座科学史２　社会から読む科学史』培風館，1989年９月
伊東俊太郎との共編『講座科学史３　比較科学史の地平』培風館，1989年９月
伊東俊太郎との共編『講座科学史４　日本科学史の射程』培風館，1989年９月

**▶1990年**

M. ドゥ・メイ『認知科学とパラダイム論』村上陽一郎・成定薫・杉山滋郎・小林傳司訳，産業図書，1990年３月
E. シャルガフ『ヘラクレイトスの火――自然科学者の回想的文明批判』村上陽一郎訳，岩波書店，同時代ライブラリー，1990年10月。初訳は1980年

P. K. ファイヤアーベント『自由人のための知――科学論の解体へ』村上陽一郎・村上公子訳，新曜社，1982年6月
ジョン・G. テイラー『現代科学の基礎知識――生命・人間・宇宙科学のルーツと行方』村上陽一郎訳，学習研究社，1982年6月
編著『知の革命史2　運動力学と数学との出会い』朝倉書店，1982年10月

**▶1983年**

○『ペスト大流行――ヨーロッパ中世の崩壊』岩波新書，1983年3月
○『歴史としての科学』筑摩書房，1983年9月
フィリップおよびフィリス・モリソン，チャールズおよびレイ・イームズ事務所共編著『Powers of ten――宇宙・人間・素粒子をめぐる大きさの旅』村上陽一郎・村上公子訳，日経サイエンス，1983年10月

**▶1984年**

E. H. アッカークネヒト『ウィルヒョウの生涯――19世紀の巨人＝医師・政治家・人類学者』舘野之男・村上陽一郎・河本英夫・溝口元訳，サイエンス社，1984年3月
A. ブラニガン『科学的発見の現象学』村上陽一郎・大谷隆昶訳，紀伊國屋書店，1984年4月
○『非日常性の意味と構造』海鳴社，1984年6月
○『ハイゼンベルク』20世紀思想家文庫，岩波書店，1984年7月。1998年に講談社学術文庫

**▶1985年**

大橋力・小田晋・日高敏隆との共著『情緒ロボットの世界』講談社，1985年1月
村上陽一郎チーム『科学・技術の歴史的展望（大蔵省委託研究，ソフトノミックス・フォローアップ研究会報告書』大蔵省大臣官房調査企画課財政金融研究室編，大蔵省印刷局，1985年2月
○『物理科学史』放送大学教育振興会，1985年3月
コリン・ロナン『図説科学史』村上陽一郎監訳，東京書籍，1985年3月
豊田有恒との共著『神の意志の忖度に発す――科学史講義』朝日出版社，1985年4月
○『歴史から見た科学』女子パウロ会，1985年8月
M. L. R. ボネリ，W. R. シェイ編『科学革命における理性と神秘主義』村上陽一郎・横山輝雄・大谷隆昶訳，新曜社，1985年9月
スティーヴ・トーランス編『ＡＩと哲学――英仏共同コロキウムの記録』村上陽一郎監訳，産業図書，1985年11月

**▶1986年**

○『「科学的」って何だろう――科学の歴史の落ち穂を拾う』ダイヤモンド社，

▶**1977年**

○『科学・哲学・信仰』第三文明社，レグルス文庫，1977年１月

ルイス・S.フォイヤー『アインシュタインと科学革命――世代論的・社会心理学的アプローチ』村上陽一郎・成定薫・大谷隆昶訳，文化放送開発センター出版部，1977年４月。1991年に法政大学出版局から再刊

○『日本近代科学の歩み　新版』三省堂選書，1977年８月。初版は1968年

▶**1979年**

○**『新しい科学論――「事実」は理論をたおせるか』**講談社ブルーバックス，1979年１月

○**『科学と日常性の文脈』**海鳴社，1979年４月

イアン・ヒンクフス『時間と空間の哲学』村上陽一郎・熊倉功二訳，紀伊國屋書店，1979年４月

編著『知の革命史６　医学思想と人間』朝倉書店，1979年９月

フリードリッヒ・ヘルネック『知られざるアインシュタイン――ベルリン1927−1933』村上陽一郎・村上公子訳，紀伊國屋書店，1979年12月

▶**1980年**

○『科学と人間』富山県教育委員会，1980年１月

○『日本人と近代科学』新曜社，1980年１月

編著『知の革命史４　生命思想の系譜』朝倉書店，1980年２月

○『現代医療と人間』聖教新聞社，1980年６月

○『動的世界像としての科学』新曜社，1980年６月

伊東俊太郎・坂本賢三・長野敬・矢野道雄との共著〔述〕『来るべき知のディシプリン――科学史研究の現段階』朝日出版社，1980年６月

E.シャルガフ『ヘラクレイトスの火――自然科学者の回想的文明批判』村上陽一郎訳，岩波書店，1980年９月。1990年に同時代ライブラリー

編著『知の革命史1　科学史の哲学』朝倉書店，1980年９月

○『科学のダイナミックス――理論転換の新しいモデル』サイエンス社，1980年10月

▶**1981年**

P.K.ファイヤアーベント『方法への挑戦――科学的創造と知のアナーキズム』村上陽一郎・渡辺博訳，新曜社，1981年３月

編著『時間と人間』東京大学教養講座３，東京大学出版会，1981年３月

編著『時間と進化』東京大学教養講座４，東京大学出版会，1981年11月

編著『知の革命史７　技術思想の変遷』朝倉書店，1981年11月

▶**1982年**

○**『科学史の逆遠近法――ルネサンスの再評価』**中央公論社，1982年６月。1995年に講談社学術文庫

# 村上陽一郎 主要著作リスト

（単著のすべて，主な編著書および共著書，主な訳書）
単著には行頭に丸印を付し，著作紹介のあるものは太字で強調した。

**▶1968年**

ウィリアム・P. オルストン『ことばの哲学』村上陽一郎訳，哲学の世界５，培風館，1968年１月

○『**日本近代科学の歩み——西欧と日本の接点**』三省堂新書，1968年９月。新版1977年

**▶1971年**

○『**西欧近代科学——その自然観の歴史と構造**』新曜社，1971年４月。新版2002年

N. R. ハンソン『科学理論はいかにして生まれるか——事実から→原理へ』村上陽一郎訳，講談社，1971年12月。1986年に改題のうえ講談社学術文庫

**▶1974年**

アーサー・ケストラー『偶然の本質』村上陽一郎訳，蒼樹書房，1974年５月。2006年に改訳新版，ちくま学芸文庫

○『**近代科学を超えて**』日本経済新聞社，1974年10月。1986年に講談社学術文庫

**▶1975年**

広重徹・伊東俊太郎との共著『思想史のなかの科学』木鐸社，1975年３月。1996年に広池学園出版部から新版。2002年に平凡社ライブラリーとして改訂新版

渡辺慧『知識と推測１　科学的認識論——情報の構造』村上陽一郎・丹治信春訳，東京図書，1975年６月

渡辺慧『知識と推測２　科学的認識論——演繹と機能の数理』村上陽一郎・丹治信春訳，東京図書，1975年10月

渡辺慧『知識と推測３　科学的認識論——認知と再認知』村上陽一郎・丹治信春訳，東京図書，1975年12月

**▶1976年**

C. G. ユング，W. パウリ『自然現象と心の構造——非因果的連関の原理』河合隼雄・村上陽一郎訳，海鳴社，1976年１月

渡辺慧『知識と推測４　科学的認識論——量子論理と情報』村上陽一郎・丹治信春訳，東京図書，1976年３月

○『**近代科学と聖俗革命**』新曜社，1976年４月

## ま・や 行



## ら 行



## わ 行

## は　行

## た　行



## な　行

## さ　行

# 事項・書名索引

## ま　行



## や　行



## ら　行



## わ　行

## た 行



## な 行



## は 行

## さ 行

# 人名索引

## あ 行



## か 行

**執筆者紹介**（五十音順）

小川眞里子（おがわ まりこ）

1948年生まれ。東京大学大学院理学系研究科科学史・科学基礎論修士課程修了後、東京大学大学院人文科学研究科比較文学比較文化博士課程中途退学。博士（学術）。専門、19世紀イギリスの生物学史・医学史および科学とジェンダー。現在、三重大学名誉教授。著書:『フェミニズムと科学／技術』（岩波書店、2001年）、『病原菌と国家』（名古屋大学出版会、2016年）など。

小松美彦（こまつ よしひこ）

1955年生まれ。東京大学大学院理学系研究科科学史・科学基礎論博士課程単位取得退学。博士（学術）。専門、科学史・科学論、生命倫理学。現在、武蔵野大学薬学部教授。著書:『死は共鳴する――脳死・臓器移植の深みへ』（勁草書房、1996年）、『生権力の歴史――脳死・尊厳死・人間の尊厳をめぐって』（青土社、2012年）など。

坂野 徹（さかの とおる）

1961年生まれ。東京大学大学院理学系研究科科学史・科学基礎論博士課程単位取得退学。博士（学術）。専門、科学史・フィールドワーク史。現在、日本大学経済学部教授。著書:『帝国日本と人類学者――1884―1952年』（勁草書房、2005年）、『フィールドワークの戦後史――宮本常一と九学会連合』（吉川弘文館、2012年）など。

瀬戸一夫（せと かずお）

1959年生まれ。東京大学大学院理学系研究科科学史・科学基礎論博士課程単位取得退学。専門、科学基礎論・西洋政治思想史。現在、成蹊大学法学部教授。著書：『時間の政治史――グレゴリウス改革の神学・政治論争』（岩波書店、2001年）、『時間の思想史――アンセルムスの神学と政治』（勁草書房、2008年）など。

高橋憲一（たかはし けんいち）

1946年生まれ。東京大学大学院理学系研究科科学史・科学基礎論博士課程単位取得退学。理学博士。専門、中世・近代の西欧科学史。現在、九州大学名誉教授。著書：『コペルニクス・天球回転論』（訳・解説、みすず書房、1993年）、『ガリレオの迷宮――自然は数学の言語で書かれているか？』（共立出版、2006年）など。

塚原東吾（つかはら とうご）

1961年生まれ。オランダ・ライデン大学医学部で博士号取得。専門、科学史・科学哲学、STS。現在、神戸大学国際文化学研究科教授。著書：*Affinity and Shinwa Ryoku: Introduction of Western Chemical Concepts in Early Nineteenth-Century Japan* (Gieben Publ., 1993)、『科学技術をめぐる抗争』（金森修と共編著、岩波書店、2016年）など。

成定 薫（なりさだ かおる）

1946年生まれ。東京大学大学院理学系研究科科学史・科学基礎論博士課程中途退学。専門、科学史・科学論。現在、広島大学名誉教授。著書：『科学と社会のインターフェイス』（平凡社、1994年）など。

野家啓一（のえ けいいち）

1949年生まれ。東京大学大学院理学系研究科科学史・科学基礎論博士課程中途退学。専門、哲学・科学基礎論。現在、東北大学名誉教授・総長特命教授。著書：『科学の解釈学』（新曜社、1993年。増補改訂版、講談社学術文庫、2013年）、『科学哲学への招待』（ちくま学芸文庫、2015年）など。

橋本毅彦（はしもと たけひこ）

1957年生まれ。ジョンズ・ホプキンス大学Ph. D.（1991年）。専門、科学技術史。現在、東京大学教授。著書：『飛行機の誕生と空気力学の形成』（東京大学出版会、2012年）、『「ものづくり」の科学史』（講談社、2013年）など。

村上陽一郎（むらかみ よういちろう）

巻末の略歴、主要著作リストを参照。

横山輝雄（よこやま てるお）

1952年生まれ。東京大学大学院理学系研究科科学史・科学基礎論博士課程単位取得退学。専門、科学哲学、科学思想史。現在、南山大学人文学部教授。著書：『ダーウィンと進化論の哲学』（編著、勁草書房、2011年）、『精神医学と哲学の出会い』（共著、玉川大学出版会、2013年）など。

**編者紹介**

柿原 泰（かきはら やすし）
1967年生まれ。東京大学大学院総合文化研究科博士課程単位取得退学（科学史・科学哲学研究室）。専門、科学史・科学技術論。現在、東京海洋大学准教授。著書：『原爆調査の歴史を問い直す』（編著、市民科学研究室、2011年）、『工部省とその時代』（共著、山川出版社、2002年）など。

加藤茂生（かとう しげお）
1967年生まれ。東京大学大学院総合文化研究科博士課程単位取得退学（科学史・科学哲学研究室）。専門、科学史・科学論。現在、早稲田大学専任講師。著書：『二〇世紀日本の思想』（共著、作品社、2002年）、『アジア新世紀4　幸福』（共著、岩波書店、2003年）など。

川田 勝（かわだ まさる）
1966年生まれ。東京大学大学院総合文化研究科博士課程単位取得退学（科学史・科学哲学研究室）。専門、科学史・科学論。2014年逝去。著書：『日常性のなかの宗教――日本人の宗教心』（共編、南窓社、1999年）、S・シェイピン『「科学革命」とは何だったのか――新しい歴史観の試み』（翻訳、白水社、1998年）など。

新曜社

村上陽一郎の科学論
批判と応答

初版第1刷発行　2016年12月26日

編　者　柿原泰・加藤茂生・川田勝
発行者　塩浦　暲
発行所　株式会社　新曜社
〒101-0051
東京都千代田区神田神保町3-9　第一丸三ビル
電話（03）3264-4973（代）・FAX（03）3239-2958
e-mail　info@shin-yo-sha.co.jp
URL　http://www.shin-yo-sha.co.jp/
印刷所　星野精版印刷
製本所　イマヰ製本所

© KAKIHARA Yasushi, KATO Shigeo,
KAWADA Masaru, 2016 Printed in Japan
ISBN978-4-7885-1506-2 C1040

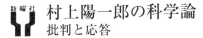

好評の科学関連書

村上陽一郎 著
**西欧近代科学** その自然観の歴史と構造〈新版〉
近代科学の歩みとそれを支えてきた「知」の構造を統一的に描き出し、「科学＝西欧の思想と文化」の根底にあるものを明らかにした科学史への最良の入門。増補新版。（品切）
四六判320頁
本体2400円

村上陽一郎 著
**近代科学と聖俗革命**〈新版〉
この革命なしに近代科学は成立しなかった。科学の基礎的枠組みを決定したもう一つの革命——「真理の聖俗革命」の意味を、初めて提起し詳述した画期的書の新版。（品切）
四六判314頁
本体2500円

P・K・ファイヤアーベント 著／村上陽一郎・渡辺博 訳
**方法への挑戦** 科学的方法と知のアナーキズム
鬼才ファイヤアーベントの名を一躍世界に高からしめた科学史の革命的読みかえ。（品切）
四六判464頁
本体4200円

井山弘幸 著
**パラドックスの科学論** 科学的推論と発見はいかになされるか
「パラドックス」というレンズを通して、科学的思考の現場にせまる一級の科学読み物。
四六判334頁
本体2800円

井山弘幸・金森修 著〈ワードマップ〉
**現代科学論** 科学をとらえ直そう
近代科学の本質を根底から問いなおし、原発など科学の進歩が内包する問題群を検証。
四六判274頁
本体2200円

ピーター・バーク 著／井山弘幸 訳
**知識の社会史2** 百科全書からウィキペディアまで
知はいかに社会制度となり資本主義世界に取り入れられたか。好評1巻の完結編。
四六判536頁
本体4800円

（表示価格は税抜き）

新曜社